U0359369

葫芦文化丛书

研究卷

总　主　编／扈　鲁
本卷主编／孟昭连

中华书局

图书在版编目（CIP）数据

葫芦文化丛书. 研究卷 / 扈鲁总主编 ；孟昭连本卷
主编. —— 北京 ：中华书局，2018.7
ISBN 978-7-101-13310-3

Ⅰ．①葫… Ⅱ．①扈… ②孟… Ⅲ．①葫芦科－文化
研究－中国 Ⅳ．①S642

中国版本图书馆CIP数据核字(2018)第130625号

书　　　名	葫芦文化丛书（全九册）
总 主 编	扈　鲁
本卷主编	孟昭连
责任编辑	朱　慧
装帧设计	杨　曦
制　　　版	北京禾风雅艺图文设计有限公司
出版发行	中华书局
	（北京市丰台区太平桥西里38号 100073）
	http://www.zhbc.com.cn
	E-mail:zhbc@zhbc.com.cn
印　　　刷	艺堂印刷（天津）有限公司
版　　　次	2018年7月北京第1版
	2018年7月北京第1次印刷
规　　　格	开本787×1092毫米　1/16
	总印张155.5　总字数1570千字
国际书号	ISBN 978-7-101-13310-3
总 定 价	960.00元

《葫芦文化丛书》编委会

序 一

    "葫芦虽小藏天地",作为一种历史悠久、用途广泛的古老植物,葫芦也是文化内涵丰富的人文瓜果,遍布世界各地,受到各民族人民喜爱,有着漫长的文化旅程。据考古发现,在距今约1万年至9000年的秘鲁、泰国等地人们就开始种植和利用葫芦。我国河姆渡遗址发现了7000多年前的葫芦及种子,另据甲骨文中"壶"字似葫芦状推断,我国先民认识葫芦的时间起点也很早。至"郁郁文哉"的西周时期,《诗经》等典籍中已有大量关于葫芦在饮食、盛物、祭祖、敬老、婚姻、渡河等方面的记载,我国的葫芦文化初具规模。经过数千年历史演变和人文化成,葫芦的实用性与艺术性被广泛开发和应用,涉及农工渔猎商等各行生产和衣食住行婚丧嫁娶的社会生活,以及节日、信仰、娱乐、工艺、语言、故事传说等方面,成为传统文化中的吉祥物和重要的民俗事象,衍生出蔚然可观的葫芦文化。如钟敬文先生所言,葫芦"是中华文化中有丰富内涵的果实,它是一种人文瓜果,而不仅仅是一种自然瓜果",葫芦文化是"中华民俗文化中具有一定意义的组成部分"。

    "风物长宜放眼量",由我国葫芦写意画专家与收藏名家扈鲁先生主编的九卷本《葫芦文化丛书》,以我国浩如烟海的传世典籍为基础,深入系统地挖掘整理了葫芦在种植、食用、药用、器皿、工艺及相关名称、民俗、传说等方面的历史与文化。其中仅葫芦工艺类的史料,就涵盖葫芦造型、葫芦雕刻、葫芦绘画、葫芦饰品、葫芦乐器等诸多方面,通过文学卷、器物卷、图像卷等等图文,系统地展示了传统葫芦在中国文学、绘画、音乐、工艺美术等方面承载的丰富文化内涵以及历代匠人的高超匏艺。

丛书不仅具有历史的、文化的视野,也深刻关注葫芦文化的传承与发展现实,对云南澜沧县、辽宁葫芦岛、山东东昌府等地的葫芦文化发展做出翔实纪录,结合葫芦大观园、葫芦烙画、葫芦针雕、葫芦民俗旅游村、葫芦宴等不同形式的葫芦文化传承与发展案例,全面分析各地葫芦画室、葫芦艺匠、葫芦研究、葫芦收藏、葫芦精品发展情况,深入探讨葫芦文化融入当代经济与生活的路径,葫芦于小处成为民众饮食起居所需之物,经济财富之源,信仰诉求形式等,大者则被塑造成为当地城市的文化地标、宣传品牌,有的成为社会经济产业的新兴途径、对外交流的文化名片。

这部丛书富有科学精神和人文视野,是葫芦文化研究与普及的一部力作,不仅对葫芦文化的发展历史与现实做出了全面系统的梳理和研究,也对民间文化、民间艺术的个案研究和历史研究做出了深入的探索,富有启示意义。中华文脉历久弥新,需要的正是这样磅礴而专注的努力和实践。

序言如上。不妥之处,敬请各位同仁和读者朋友指正。

潘鲁生

2018年3月29日

序　二

　　伴随着文明社会的发展，葫芦流布于世界各地，演化为人类生产、生活与生命信仰中的亲密朋友，用途广泛、影响久远，葫芦除了是一种自然瓜果外，还是一种人文瓜果。在中国，葫芦文化绵延数千年，是"中华民俗文化中具有一定意义的组成部分"。

　　在传承久远、洋洋大观的葫芦文化中，本丛书从史料、文学、器物、图像、植物、地域等角度加以梳理，采撷其粹，集结汇编，向世人展现博大精深的中华葫芦文化。谈及这套丛书的编纂，还得从我的经历说起。

　　我出生于《沂蒙山小调》诞生地葫芦崖脚下，从小生活在浓厚的葫芦文化氛围之中。忆及儿时，家家种葫芦，蜿蜒的藤蔓和悬垂的瓜果随处可见，传说八仙之一铁拐李的宝葫芦即采于此。又因中国古代曾称葫芦为匏鲁，遂以此为笔名，亦寓意匏姓鲁人。葫芦从开花作纽到长大成熟，不断轮回的画面在我脑海里生根发芽，缓缓流淌，生生不息。巧合而幸运的是，高中毕业后，我考取了曲阜师范大学，攻读美术专业，毕业留校工作，由于对葫芦题材花鸟画情有独钟，工作之余投入很多的精力和时间创作写意葫芦画，收藏葫芦，研究葫芦文化，参与国内外的葫芦文化活动。2007年，创建了葫芦画社；2010年，建立了葫芦文化博物馆；2013年，组织成立国际葫芦文化学会；2015年，启动了"最葫芦·葫芦文化丝路行"工程等等。这些努力赢得了业内前辈专家的认可，著名画家陈玉圃先生十分赞同我"开创'葫芦画派'"的观点；潘天寿先生的高足、我大学时花鸟画老师杨象宪教授在看过我的写意葫芦画和葫芦收藏后欣慰地说："从此我不再创作葫芦题材花鸟画，这个题材就交给你了"，并为我题写了"贵在坚持"四个大字，鼓励我坚持自己的葫芦题材创作方向。

为了更好地创作葫芦题材的花鸟画，了解各种葫芦的形态，如长柄葫芦到底有多长，大的葫芦到底有多大等，我开始收藏葫芦，随着葫芦藏品不断丰富，发现葫芦承载着丰厚的文化内涵，对葫芦背后的民俗文化也逐渐了解、熟悉并日渐痴迷。后来，越来越感受到葫芦文化的奥妙无穷，相比之下，自己所做的工作和取得的成绩真是沧海一粟，微不足道。同时，我认识到现实中葫芦文化在人类生产、生活和精神世界中的衰落，也是一个无法回避的重要问题，这促使我深感传承和创新优秀葫芦文化的重要性和紧迫性。为此，我曾许下弘愿，要让葫芦文化在我们这一代振兴而不是衰落，要大放光彩而不是黯然失色。这种想法一直盘桓于胸，久久难以释怀。

幸运的是，我的梦想在一次偶然的与友人相会中忽然变得触手可及。那是在2015年的初秋某日，老友叶涛教授（中国社科院研究员、中国民俗学会副会长兼秘书长）前来探访，并参观葫芦文化博物馆、葫芦画社。这次来访距离上次叶教授参观草创时期的葫芦画社已经过去了8年，参观过后，叶教授用"无比欣慰"对我8年来的成绩给予了充分肯定，并且凭着他敏锐的学术眼光和多年从事民俗文化研究的经验，一针见血地指出：葫芦文化是中华优秀传统文化的重要组成部分，古今学者名家对这一题材都有涉猎，但在全面深入、系统整理方面乏善可陈，建议由我组织编纂一套《葫芦文化丛书》，可为全面系统地研究葫芦文化奠基供料。老友一语点醒梦中人，一番高瞻远瞩的建言令所有钟爱葫芦文化者为之心动，我自然也不例外，所谓"夫子言之，于我心有戚戚焉"。当时，我就表示要做，且要做好此事。尽管如此，在许诺之后，自己的内心除了惊喜、振奋之外，更多的是一种忐忑不安，不禁扪心自问：国内有这么多葫芦研究专家，"我到底行不行？""为什么是我？为什么不是我？"类似的疑问盘桓脑海良久，但传承与弘扬中华葫芦文化的愿望亦是心头萌生良久之物，一份为弘扬传统葫芦文化而义不容辞之责让我毅然站在新的起跑线上，担起组织编纂《葫芦文化丛书》的大业与重任。决心一下，我开始组织有关人员分头搜集与葫芦有关的资料。当年 12 月份，叶涛教授再次专程来到曲阜，指导丛书编写事宜，经过充分讨论、酝酿，本次会面决定从《研究卷》《史料卷》《文学卷》《器物卷》《图像卷》等几个方面来梳理资料，汇编成册。接着，我开始四处联系专家、学者，并北上京津拜访名士，横跨南北，纵贯多省，十几个城市的几十名专家出于对葫芦文化的热爱和对我的厚爱，开始陆续加入到我们这个团队中来。

2016 年春节期间，热闹喜庆的气氛让我忽然想到，中国有几个地方都举办精彩纷呈的葫芦文化节，是不是再增加一卷《节庆卷》才会让这套书更完整？我顾不得春节休息，马上打电话和叶涛教授沟通汇报，他充分肯定了我的意见，觉得很有必要。但后来，深入思考后觉得由于每个地方特色各异，情况不同，在一卷里难以展现不同地域的全貌，我再次请教叶教授，最后我们决定增加《澜沧卷》《葫芦岛卷》《东昌府卷》地方三卷，以期对这三种具有地域代表性的葫芦节庆和葫芦文化做出全面深入的总结。至此，《葫芦文化丛书》已成八卷之势。这里需要特别说明的是，叶教授从策划、设计到每一卷的确定，甚至具体到章节，都付出了巨大的心血，每每是在百忙之中不辞辛劳地与我反复沟通、协商、指导，可以说，没有叶教授，就没有本套丛书，在此，我必须向叶涛教授表达最诚挚的谢意。

那个寒假，除确定了八卷本编纂任务外，我还联系中华书局，于2016 年正月十四日赴北京拜访，汇报编纂方案，得到金锋主任、李肇翔先生的充分肯定，并答应由中华书局出版发行丛书。随后，我组织部分青年朋友和专家学者，撰写和论证丛书提纲，制定编纂计划，一个庞大的学术计划若隐若现，在不断的实践中渐渐成形，悠然而启。

在众多学界同仁与友人的鼎力支持下，2016 年 3 月 12 日，《葫芦文化丛书》编纂工作会议在曲阜师范大学举行。会议召开前夕，在和与会专家聊天时，叶涛、张从军等教授提出，我们这套丛书尽管已经八卷，看似完备，但好像还缺少点什么，葫芦是从哪里来的，它的根在哪里？是不是还应该再从科学的角度对葫芦这个物种进行界定？闻此，我犹如醍醐灌顶，连夜联系到包颖教授，与她商讨此事，于是《植物卷》应运而生。至此，丛书九卷本的整体架构最终定型。

这次编纂工作会议开得非常成功。来自中国社科院、国家博物馆、中华书局、南开大学、山东工艺美术学院、山东建筑大学、曲阜师范大学、云南省社科院、黑龙江省文史馆等高校和科研单位的 30 余位专家学者，以及云南省澜沧拉祜族自治县，辽宁省葫芦岛市葫芦山庄，山东省聊城市东昌府区、济宁市和曲阜市等地的有关政府部门和社会团体负责人汇聚一堂，围绕丛书编纂工作展开研讨，都表示要力争将其做成"填补国内外葫芦文化研究的空白之作"。会上，确定了丛书编纂体例和各卷编纂成员，并由中华书局出版发行。《葫芦文化丛书》从此进入了正式编纂阶段。

在接下来的时间里，编纂团队全体成员怀着崇高的使命感，为了共同的目标不辞辛苦，竭尽心智，克服时间紧张、任务繁重、头绪杂乱等诸多困难，牺牲大量的休息时间，严格按照进度要求，执行质量标准，加强协作配合，全力推进丛书编纂工作，尤其是南开大学孟昭连教授承担了两卷的编写任务，而且孟教授接手《器物卷》较晚，其困难更是可想而知。各位专家表现出的忘我奉献精神和严谨治学品格令人钦佩。特别值得一提的是，在丛书编纂过程中，我们于 2016 年 7 月和 10 月在中国曲阜文化国际慢城葫芦套民俗村和聊城市东昌府区分别召开了丛书推进和审稿会议，葫芦岛市葫芦山庄将于 2018 年第九届国际葫芦文化节承办《葫芦文化丛书》发行仪式，有关地方政府、葫芦文化产业等都给予了积极配合和大力支持。同时，山东民俗学会等单位和个人也陆续加入到我们这个大家庭中来，让我看到在中国这片土地上复兴中国优秀传统文化的希望。在葫芦文化的感召下，丛书编纂团队同心协力，共同汇聚成一股强大的精神力量，推动着丛书编纂工作一步步扎实前行，最终如期完成，倍感欣慰。

在丛书即将付梓之际，我百感交集，感激之情无以言表，对丛书编纂过程中给予亲切指导、大力支持的各有关单位和诸位领导、专家、学者与同仁表示诚挚的感谢。感谢山东省文化厅，感谢中共澜沧县委、澜沧县人民政府，感谢中共东昌府区委、东昌府区人民政府，感谢山东省"孔子与山东文化强省战略协同创新中心"，感谢现代生物学国家级虚拟仿真实验教学中心，感谢曲阜文化国际慢城葫芦套民俗村，感谢京杭名家艺术馆杨智栋馆长，感谢辽宁葫芦山庄文化旅游集团有限公司王国林董事长，感谢山东世纪金榜科教文化股份有限公司张泉董事长，感谢聊城义珺轩葫芦博物馆贾飞馆长，感谢曲阜师范大学胡钦晓教授。感谢潘鲁生先生欣然为之作序，让本丛书增色颇多，感谢丛书的顾问刘德龙、张从军、傅永聚、叶涛等诸位先生为丛书规划设计、把关掌舵，感谢中华书局金锋、李肇翔、许旭虹等同仁对丛书出版付出的心血和大力支持，感谢孟昭连、高尚榘等我尊敬的专家教授，感谢我可亲的同事们和全国各地葫芦文化同仁朋友们，感谢我不辞辛劳的学生们和无数共举此盛事的人们，言不尽意，或有遗漏以及编纂不周之处，请诸位见谅，心中感念永存！

我是幸运的，有诸位同道师友与我一起共赴理想，描绘中华葫芦文化的绚丽多姿；我们是幸运的，身处一个伟大的时代，民族复兴的滚滚春潮孕育、催生着一朵朵梦想之花。2013年11月26日，习近平总书记视察曲阜并对弘扬中华优秀传统文化发表重要讲话。我作为孔子家乡大学的一名从事葫芦文化研究的学者，倍感振奋、倍受鼓舞，习总书记的讲话为我的研究事业指明了前进方向，提供了根本遵循。也就是自那时起，我更加清醒地认识到肩上的使命，更加系统地思考谋划葫芦文化研究事业，进而形成了"一脉两端"整体研究格局。"一脉"即中华优秀传统文化之脉，"两端"即"向上提升""向下深挖"；"向上提升"

就是将葫芦文化研究提升到贯彻落实习近平总书记曲阜重要讲话精神，推动中华优秀传统文化传承弘扬，为中华文化繁荣兴盛贡献力量的高度；"向下深挖"就是要扎根"民间""民俗""民族"的优秀传统文化，推动葫芦文化通俗化、大众化、时代化。五年后的今天，当初那颗梦想的种子已经生根发芽，吐露着新绿。我坚信，沐浴着新时代的浩荡东风，她必将傲然绽放出更加夺目的光彩！

艺术是文化之脉，文化是艺术之根——这是我从事葫芦文化研究工作的深刻领悟。一名艺术工作者只有将根基深扎在中华文化的沃壤上，其艺术创作才会厚重而不轻浮、坚定而不盲从，才会充溢着炽热而深沉的人文情怀，由内而外生发出撼人心魄的艺术力量。毫无疑问，葫芦文化研究对葫芦题材绘画创作的涵养与提升，其作用正是如此。在长期的民间探访、乡野调查、写生采风和对葫芦文化的发掘整理中，我对葫芦的形与神、意与韵、气与骨，都有了更为深切的体悟。这些慢慢累积的情感，聚于胸中，流诸笔下，使我的艺术创作更加纯粹淡然，无论是水墨的点染还是色彩的铺陈，都是我与心灵的对话，对生命的赞美，对文化的致敬。

葫芦就像一个音符，永远跳跃在我的心头。此前大半生我用尽心力去创作、收藏和研究葫芦，此后之余生亦会毅然决然地投身于葫芦文化事业之中，平生与葫芦结下的一世缘分，愈久愈深，浓不可化。九卷本《葫芦文化丛书》是一个新的起点，我会在传承与创新葫芦文化的漫漫长路上竭我所能，略尽绵薄。

是为序。

扈鲁

2018 年端午节

目 录

综　述

一　历史与民俗

　　葫芦是一种常见植物，在植物学上属于葫芦科，是一种老资格的植物，有十分悠久的栽培历史。亚洲、南美洲、非洲都有出土新石器时代葫芦遗存的报道，时间跨度也很大，从公元前7000年－前1000年。有的是在人类穴居之处发现的，说明葫芦早就与人类发生了联系。以前有一种说法，认为葫芦原产于非洲、印度，然后再向世界各地传播。但我国的考古发掘说明，并非如此，葫芦在我国的栽培历史同样悠久。游修龄《葫芦的家世》、罗桂环《葫芦考略》、孟昭连《中国葫芦器》运用考古材料及存世文献说明，其实早在近一万年前的遥远时代，葫芦植物就在我们这片古老的土地上生长繁衍，而且遍布大江南北，成为我们祖先的生活必需品。在江南，浙江余姚河姆渡遗址发现了葫芦皮和葫芦籽，属马家浜文化的浙江罗家角遗址、属良渚文化的浙江杭州水田畈遗址等也都有发现。黄河流域，在距今约七八千年的河南裴李岗新石器遗址中，也出土了葫芦皮。这些考古发掘说明，我们的祖先对葫芦的利用是很早的，种植也非常广泛。可以说，葫芦是一种世界性的植物，很难找出它的"故乡"在哪里。那么，人类之初交通阻隔，葫芦是如何遍布世界的呢？葫芦有密封、身轻并能随水漂流的特点，浩瀚的海洋可以把它带到世界的各个角落，让它在那里生根、发芽、开花、结果。

上述论文及著作还认为，标志人类文明发展重要阶段的陶器，其发明很可能受到葫芦的启发和影响。最为明显的是，早期陶器的器型，与葫芦的天然形状有太多的相似之处，很可能是根据葫芦的形态仿制的。考古挖掘出土的不少史前圆底形陶器，与葫芦的形状是如此相似，肯定不是偶然的，说明二者之间有一定的渊源关系。云南砚山的一种模制陶器，做坯时以葫芦作为内模，葫芦的外表涂以陶土，再用火烧，作内模的葫芦被烧成灰烬，剩下的陶质外壳就成了葫芦形的陶器。这种从古代遗留下来的制作陶器的方法，很清楚地反映出人工陶器与天然葫芦之间的关系。当然，这还只能算作是一种低级的模仿。在此基础上发展下去，则可直接用陶土制作成葫芦的样子或稍加变形，而不需要用真正的葫芦作内模了。不仅是陶器、瓷器，以后又陆续出现的青铜器、铁器等容器的造型，也都与葫芦的天然形状非常相似，原因正在于它们都是葫芦的模仿物。有人曾经以不同品种的葫芦作过试验，只要截取这些葫芦的不同部位，就可以得到形状各异的容器了。

古代文献上有不少关于葫芦的记载。有关论文从文字的角度，考证了最早的汉字甲骨象形文字中有 、 ，其实这就是"壶"字，本指葫芦；金文中又变化为 或 ，但仍能看出葫芦的身影。在我国最早的一部诗歌总集《诗经》中就有多处写到葫芦，不但记载了葫芦的种类和食用价值，还注意到葫芦的生长规律，并用排列整齐的葫芦籽比喻美人的洁齿，形容女人的美貌。如《邶风》云："匏有苦叶，济有涉深"；《卫风》云："齿如瓠犀"；《豳风》云："七月食瓜，八月断壶"；《小雅》云："南有樛木，甘瓠累之。"

葫芦在古代有不同的称呼。如《诗经》中的"匏"、"瓠"、"壶"、"甘瓠"，其实均是指不同的葫芦。后来在《国语》、《论语》、《说文》、《本经》、《唐韵》、《本草纲目》等典籍中又陆续出现了匏瓜、苦匏、瓠瓜、苦瓠、瓢、壶卢等不同叫法；明代的李时珍在其所著《本草纲目》中，又总结出七种对葫芦的称呼：悬瓠、蒲卢、茶酒瓠、药壶卢、约腹壶、长瓠、苦壶卢。葫芦之所以有如此多的称呼，首先与葫芦的品种有关，这是古人的一种分类方法。同是在《诗经》中，有好几种说法，说的就是不同品种的葫芦。比如既说"匏有苦叶"，又说"甘瓠累之"，就是对不同葫芦品种的真实描述，意思是说称为"匏"的葫芦叶子是苦的，而称为"瓠"的葫芦味道则是甜的。那么"匏"与"瓠"就是葫芦的两个品种，一苦一甜，有可食不可食之分。宋代陆佃《埤雅》认为："长而瘦上曰瓠，短颈大腹曰匏"，"似匏而圆曰壶"，明确指出瓠、匏、壶是葫芦的三个品种，故名称亦有不同。不同葫芦品种的区别主要表现在外形上。瓠即现在用来当菜吃的瓠子，细而长，状如丝瓜；匏即农家开作水瓢用的瓢葫芦；壶即扁圆葫芦。但古人的分类并不统一，李时珍解释匏、壶的含义，正好与陆佃相反，即匏是扁圆葫芦，壶才是瓢葫芦。晋崔豹《古今注》则认为瓠、匏、壶卢、瓢等都不是种与种的区别，而是种属之别。他认为"瓠"是一切葫芦的总称，而匏、壶卢、瓢、悬瓠都是瓠，只是外形有差别罢了。

其次，葫芦的这种多名现象也有语言方面的原因，其中又包括语言的发展及方言两个方面。孟昭连《中国葫芦器》考证指出，"壶卢"一词最早见于东晋郭澄之所撰《郭子》一书，《世说新语》收录了这段佚文："陆士衡初入洛，张公云：'宜诣刘真长。'于是二陆既往，刘尚在哀制，性嗜酒。礼毕，初无他言，唯问：'东吴有长柄壶卢，卿得种不？'"（简傲）《郭子》作者为东晋人，说明原来的单音的"壶"在口语中变成双音的"壶卢"，最晚不迟于东晋。古代学者认为，这种变化与古代的一种注音方法——反切的发明有关。清人朱骏声《说文通训定声》亦云："瓠，今苏俗谓之壶卢，瓠即壶卢之合音。"至于方言方面的原因，是说因为方言不同，读音有区别，于是就出现了一些异名。比如亚腰葫芦在有些方言中叫"蒲卢"或"浮卢"，这后一个名称其实汉代就已经有了，西汉淮南王刘安有《淮南子》一书，中有"百人抗浮，不若一人挈而趋"之语，《淮南鸿烈解》解释此句云："抗，举也。浮，瓠也。百人共举，不如一人持之走便也。"也就是说，这句话中的"浮"与"瓠"在古代的读音是相同的。直到现在，南方的一些方言中，仍把声母为"h"的字读成声母为"f"，如弧、狐、虎，皆读若"浮"音；

壶、葫、瓠也读为"浮"。还有一个原因，是因为写法的不同，造成葫芦名称在书面语中看起来显得更多。比如在《诗经》中有壶、瓠、匏三个名称，《诗经》最早的注家汉代毛亨认为"壶即瓠"，二者是等同的。葫芦的名称变成双音节词之后，其书面写法更多了，计有壶卢、壶芦、瓠芦、瓠……，也就是说在口语中的一个名称，写出来以后却变成了好多个。后世最普遍的是写作"葫芦"。如此写法最早是唐代，成书于唐李延寿之手的《南史》中就有"有北僧南度，惟赍一葫芦，中有《汉书》序传"的记载。

在植物学上，葫芦类植物是一个科，即葫芦科。按照教科书上的说法，葫芦科下面又分约100个属，850余种。这些植物主要生长于热带和亚热带地区，我国只有其中的23个属，130余种。关于葫芦的品种及分类，古代文献有很多记载，有关研究论文都进行了深入挖掘。比较明晰的辨析，见于明人李时珍《本草纲目》中。他说："而后世以长如越瓜首尾如一者为瓠（音护），瓠之一头有腹长柄者为悬瓠，无柄而圆大形扁者为匏，匏之有短柄大腹者为壶，壶之细腰者为蒲芦。各分名色，迥异于古。以今参详其形状，虽各不同而苗、叶、皮、子性味则一，故兹不复分条焉。悬瓠，今人所谓茶酒瓢者是也。蒲芦，今之药壶卢是也；郭义恭《广志》谓之约腹壶，以其腹有约束也，亦有大小二种也。"他所说的这五种葫芦，现在都有。它们在外形上的差异，可以视作葫芦的个性。李时珍还总结了葫芦的共性："长瓠、悬瓠、壶卢、匏瓜、蒲卢，名状不一，其实一类各色也，处处有之"，"数种并以正二月下种，生苗引蔓延缘，其叶似冬瓜叶而稍圆，有柔毛，嫩时可食，故诗云'幡幡瓠叶，采之烹之'"。李时珍对葫芦是从它们的药性上来看的，虽然外形有大小、长短、圆扁之别，但既然这些葫芦"苗、叶、皮、子"的药性是相同的，所以"不复分条"，意思就是把它们当作同一种东西来看待。我们对葫芦的认识，出发点与李时珍不同，所以更看重它们的不同之处。

不少研究者对葫芦在古代生活中用途，都有充分的描述。如宋兆麟《葫芦的功能与栽培技艺》《腰舟考》、罗桂环《葫芦考略》、刘庆芳《葫芦与盛器》等。早在《诗经》中，就有不少记述葫芦食用功能的诗句，如

《诗·小雅·瓠叶》中有："幡幡瓠叶，采之亨之"；《诗·邶风·匏有苦叶》中有："匏有苦叶"等。三国时期吴国的学者陆机有这样的解说："瓠叶少时可为羹，又可淹鬻极美，故诗曰：'幡幡瓠叶，采之亨之'……至八月，叶即苦，故曰'匏有苦叶'。"《诗·小雅·南有嘉鱼》则有"甘瓠累之"；《诗·豳风·七月》还有"七月食瓜，八月断壶"等称道和收获葫芦的诗句。《管子·立政》中指出："……瓜瓠、荤菜、百果不具备，国之贫也；……瓜瓠、荤菜、百果具备，国之富也。"《汉书·食货志上》还强调在边角地种植"瓜瓠果蓏"。东汉《释名》记载："瓠蓄，皮瓠以为脯，蓄积以待冬月时用之也。"这说明在古代人民的生活中，葫芦的嫩叶与嫩葫芦都是可以食用的，而且是"国之富"的重要表现。葫芦在很早的时候就被当作药物使用。我国第一本药物学著作《神农本草经》，就有将"苦瓠"当作利尿消肿药物的记载。后来《伤寒类要》中也提到苦葫芦可用于治疗黄疸。到了明朝李时珍的《本草纲目》中，又增加了许多医药上的用途，例如瓠膜可治水肿，苦瓠子可治小便不通、蛀牙、口臭等。

作为盛器与礼器，是葫芦在古代最为普遍的用途。《论语》记孔子赞其弟子颜回说："贤哉，回也！一箪食，一瓢饮，在陋巷。人不堪其忧，回也不改其乐。贤哉，回也！""一瓢饮"说明当时饮水饮酒，都是用的葫芦瓢。《韩非子》："夫瓠所贵者，谓其可以盛也。今厚而无窍，则不可剖以盛物；而任重如坚石，则不可以剖而以斟。吾无以瓠为也。"作为古代生活中的最早盛器，葫芦当然不限于盛水装酒。古代有祭天之礼，必须使用葫芦酒杯，称为匏爵，是一种重要礼器。《周礼》："凡祭祀社遗用大罍，禜门用瓢赍。"注云："取甘瓠，割去柢，以齐为尊。"意为将葫芦的柄截去，以下半做成酒杯，作祭祀之用。用葫芦做成的酒器虽然简单，却是很尊贵的东西。古人认为"匏"与"包"同音，取其可包藏东西之意，象征上天容纳万物，博大精深。陶为土质，与地相联系，代表大地。用陶、匏祭祀天地，寄托着祖先希冀上天赐福于他们的美好愿望。此处，葫芦还可以做成播种的农具，名为"瓠种"。也可以作为渡水的舟具，谓之"腰舟"。甚至还可以做成战斗中的武器，类似现代的"手榴弹"。

二　文学艺术

　　葫芦文化在文学与艺术方面也有充分的表现。如前所说，早在《诗经》中，就已经多处写到葫芦。《诗经》写到的葫芦，虽然反映出古人对葫芦诸多功能的认识及生殖崇拜等观念外，主要还是作为一种修辞手法来运用的。如《诗·大雅·绵》："绵绵瓜瓞，民之初生。"作者是以一根连绵不断的藤上结了许多大大小小的瓜，来喻子孙昌盛，绵延不绝，这是一种比喻的手法。《诗·卫风·硕人》："齿如瓠犀。"朱熹集传："瓠犀，瓠中之子，方正洁白，而比次整齐也。"也是用洁白整齐的葫芦籽比喻美女的牙齿又白又齐。比喻的修辞方法是利用不同事物之间的相似点，以彼喻此，对描写的事物特征进行渲染，引发读者联想和想象，给人以鲜明深刻的印象，并使语言文采斐然，富有更强的感染力。其后的古代诗文以葫芦为题材的作品不少，除了继续发挥《诗经》中表达的传统寓意，葫芦还成为清高的象征，是古代文人隐士们的精神寄托之所。如宋陆游《刘道士赠小葫芦》："葫芦虽小藏天地，伴我云山万里身。收起鬼神窥不见，用时能与物为春。"元人范梈《种瓠》诗："嘉瓠吾所爱，孤高更可人。不虚种植意，终系发生神。有叶诚藏用，无容岂识真。明年应见汝，众子亦轮囷。"那些仕途上不得志或科举失意的文人，不仅寄迹山林之间，而且总不忘身边带个葫芦以示清高。像明末浙江秀水的文人王应芳，因不满于现实，便弃官归里，以种梅匏自娱。另一位著名文人巢鸣盛，也是个明末遗民，对清朝的统治不满，便回到家里盖了几间草房，以种橘治匏聊度晚年了。他们都是以种葫芦来显示自己不与人同流合污的清高孤芳之志。在明清神魔小说中，葫芦一变而为高道仙人降妖伏魔、斗法的宝物与法器，《平妖传》、《西游记》、《封神演义》等书中均将葫芦描写得魔力无限，这为小说增添了强烈的神奇色彩和浪漫情调。

　　葫芦也是绘画艺术经常表现的题材，宋人就有以"绵绵瓜瓞"为题的绘画，以寄寓子孙延绵的希望。近世画家有两人最喜画葫芦：一为吴昌硕，一为齐白石。在吴昌硕的绘画作品中，葫芦题材甚多。如他的《葫芦图》，有评论说"写葫芦大藤，尽显以草隶之笔入画的气势。他以泼墨写叶，浓墨勾叶筋，淡墨写葫芦。而盘旋往复、贯通全画的则是以书入画的大藤，它是此画的血脉，画因它的流动而生意盎然。在疏密虚实的处理上，画家尤具苦心，实处密不透风，虚处中疏通透，如此才使疏密得当、虚实相生。此画设色古朴，用笔豪放，充分表现了吴昌硕古拙、浑重、豪迈的画风"。他还有多幅题为《依样》者，也是画的葫芦。画家以葫芦寓意，有题画诗云："胡芦胡芦，尔安所职？剖为大瓢，醉我斗室？"齐白石一生画葫芦，直到生命的最后。有人评论其葫芦画作"色墨淋漓，灿烂而热烈"。齐白石画葫芦，用意与吴昌硕相类，甚至画题亦有题作"依样"者，乃是表达"年年依样，岁岁如意"之意。当世花鸟画家，也有很多葫芦题材，但专以画葫芦为宗且斐然有成就者，非扈鲁莫属。本卷选了他的两篇论文，既述葫芦画的民俗意义，又论中国画葫芦题材的图像意义及风格特征，全面表现了他对葫芦文化的深刻理解。另外，他著有《写意葫芦》一书，除介绍了他对葫芦文化的理解，更具体而微地介绍了葫芦的绘画技法。这些写意花鸟画的基本技法适合初学者学习。作者认为："只要掌握了这些基本技法和笔墨技巧，坚持去田野和农家写生，去观察葫芦的形态，了解它生长变化的规律，春夏秋冬的不同，使自己眼中的葫芦、心中的葫芦和笔下的葫芦时刻透着一股鲜活劲儿，保持着葫芦那种天然的精神，就一定能创作出好的作品来。"此外还有踪岩夫《怎样画葫芦丝瓜》、李正东《中国画技法丝瓜葫芦》等。

在古代，葫芦还是制作乐器的重要材料，其价值不亚于丝竹。《尧典》中有匏为八音之一的说法。八音，指八种质料不同、发音不同的乐器，即金、石、丝、竹、匏、土、革、木。金如铜钟、铜鼓，石如石磬，匏如匏笙、匏笛等。其中匏即葫芦，属于一大类。在古代，笙是一种高贵的乐器，《诗经·小雅》："我有嘉宾，鼓瑟吹笙。"《韩子》："齐宣王使人吹竽，必三百人齐吹。"笙、竽吹奏出来的乐音被称为"凤鸣"、"正月之音"。晋崔豹《古今注》："瓠有柄者悬瓠，可以为笙，曲沃者尤善。秋乃可，用之则漆其里。"曲沃在今山西省。这句话是说长柄葫芦可以加工成笙，其中以曲沃所产的葫芦最佳。曲沃葫芦因为有这一价值，被人誉为"河汾之宝"。后来葫芦笙传入边疆少数民族地区，隋唐时期就在这些地区流行开来。唐刘恂《岭表录异》载："葫芦笙，交趾人多取无柄老瓠，割而为笙。上安十三簧，吹之音韵清响，雅合律吕。"另外《隋志》、《唐志》上也发现有这方面的记载。《新唐书·礼乐志》："高丽伎有弹筝……又有五弦、义觜笛、笙、葫芦笙、箫。"《唐书·骠国传》："有大匏笙二，皆十六管，左右各八，形如凤翼……又有小匏笙二，制如大笙。"《宋史·西南诸夷传》还描述其乐声："瓢笙，如蚊蚋声。"西南边陲地区的青年人夜间以吹葫芦笙相邀约，《蛮书》卷八："俗法处子孀妇，出入不禁，少年子弟，暮夜游行闾巷，吹壶卢笙或吹树叶，声韵之中，皆寄情言，用相呼召。"葫芦笙在这里起着传达爱情的作用，甚至劝酒时也以吹葫芦笙表达盛情。根据现代考古材料发现，南方有葫芦笙远远早于唐代。云南江川李家山古墓群中发现战国早期的青铜葫芦笙，距今已有两千五百多年，是我国发现的最古老的笙乐器。云南晋宁石寨山古墓群中，不仅发掘出铜葫芦笙，而且石鼓上还绘有吹奏葫芦笙的图像。按照逻辑推断，铜葫芦笙只可能是真正葫芦笙的模仿，而不是相反。这样看来，葫芦笙也有从边疆传入内地的可能。现在葫芦笙仍是苗、侗、水、彝、仡佬、拉祜、阿昌等少数民族的常见乐器，特别是在苗族地区更为流行。只是做法与古代已有不同，改为全部或部分以竹子为料。不过尚有一种"葫芦箫"，用葫芦作音箱，下部插竹管，原理与笙有相似之处。还有一种乐器叫葫芦丝，以口吹奏之处用葫芦，下面再插以竹管，吹奏起来音色优美动听。一些研究者对现代葫芦乐器的源流、制作方法以及音乐与社会功能进行了探讨，认为葫芦笙作为少数民族主要的传统吹奏乐器，是把它作为传承文化、抒发感情、交流思想的重要工具，也成为这些民族社会生活的重要内容，在其文化中占有重要地位。比如有的研究者说："浓厚的民族意识，使吹奏观念和民族观念紧密结合在一起，从而使拉祜人世世代代在这样的音乐文化氛围中接受熏陶，潜移默化，培养了强烈的民族自豪感和自尊自强的民族精神。"近年随着葫芦丝乐器在全国流行，还出现了不少介绍葫芦丝演奏方法的文章和书籍。

三　葫芦器工艺

　　葫芦器是我国一种极具民族特色的工艺品,也是葫芦文化的一个重要内容。一般认为葫芦器最早出现于明代的万历年间,根据是当时的著名文人谢肇淛在他的《五杂俎》中就有这样一段记载:"余于市场戏剧中见葫芦多有方者,又有突起成字为一首诗者。盖生时板夹使然,不足异也。"他这里见到的就是葫芦器。葫芦长成方者,且有的突起为诗,必是以模范制而成。范制葫芦器的制作原理是利用葫芦幼时柔嫩的特点,用模子套在它的外面,使其只能在模子的有限空间里生长发育,这样长出来的葫芦便不再是本来的自然形态,而是和模子一模一样了。这和古代用模子铸钱是一个道理。这种民间工艺品,由于具有独特的审美价值,明清时就被引入宫中,成为最高统治者垄断的宫廷艺术;也正因为这个原因,葫芦器工艺才得到了迅速的发展,繁荣一时,工艺水平达到令人叹为观止的地步。葫芦器是我国的一种特种工艺品,它在清代曾经放出了异彩,繁荣了我国古代工艺美术品的百花园。但在清代以后的近百年间,这一工艺几乎失传。随着上世纪八十年代对传统文化的重视和研究,一批有志者着手挖掘葫芦器工艺,并取得了初步成绩。具有深厚传统的京津、山东一带,又出现了一批以治匏为业者,使葫芦器工艺得到迅速恢复。在此基础上,某些工艺还有了进一步的发展,甚至已经超出了清代宫廷的水平。与此同时,越来越多的人认识了葫芦器的审美价值,鉴赏能力普遍提高,还出现了少数以鉴赏收藏为目的的葫芦器收藏家。

　　有关葫芦器工艺的制作技术,虽然古代文献上有零星记载,但极为简略,而且民间艺人对这些材料很难接触到。事实上,就像许多其他民间工艺一样,靠的是代代传承,至于其技术,并没有总结形成文字材料,这也是葫芦器工艺受到社会、政治等因素的影响几近失传后,在很长时期内难以恢复的重要原因。实事求是地说,葫芦器工艺在几十年间得以迅速恢复与发展,与有关专家学者的探讨研究密不可分。上个世纪七十年代末,王世襄在《故宫博物院院刊》上发表了《说匏器》一文,最早介绍了葫芦器工艺的历史与故宫收藏的葫芦器，为人们了解葫芦器打开了一扇窗户。八十年代，王世襄《说葫芦》一书又在香港出版，在《说匏器》一文的基础上，大大丰富了内容，尤其是书中大量印刷精美的清宫葫芦器图片，使人们大开眼界，加深了对这一独特工艺品的认识。九十年代初，孟昭连著《中国鸣虫与葫芦》出版。相对于王著，该书更注重在葫芦范制技术的整理与介绍。葫芦器工艺像其他民间艺术一样，往往是家族式传承，一些关键技术秘不示人，艺人之间相互保密。显然，这不利于葫芦器工艺在新时代的恢复与发展。作者深入民间，通过寻访、考察，获得大量第一手资料，结合传统文献的记载，将传统葫芦工艺技术，比较系统全面地提供给民间的葫芦器爱好者。由于该书行文通俗易懂，图文并茂，发行量也比较大，对推动葫芦器的推广与发展起到了一定作用。关于古代葫芦器出现的最早年代，王世襄曾在《说匏器》一文中根据文献记载确定为明代，并根据日本所藏"八臣瓢罐"提出始于唐代的假说，可惜没有文献的证明。2007年，孟昭连发表《葫芦模制工艺始于唐代说》，发现了《山居要录》中的一条重要材料，以确凿的证据说明葫芦的模制工艺确实始于唐代。《山居要录》的作者王旻是唐开元天宝间的著名道士，他在该书"种大葫芦条"中有"若须为器，以模盛之，随人所好"一语，说的正是葫芦的模制技术。这就为深化认识古代的葫芦器工艺解决了一个重要问题。

除模制技术外，葫芦工艺还有系扣、变色等其他一些技术。在这方面，宋兆麟《葫芦的功能与栽培技艺》一文，以丰富的古代文献总结出很多前所未闻的栽培制作方法，可供现代的葫芦从业者参考。如"培育红葫芦"条："古代多用葫芦与其他植物接嫁的方法，培养红葫芦。《格物粗谈》卷上：'种细腰壶芦，一颗傍种全红大苋菜几颗，待壶芦牵藤时，将壶芦梗上皮刮破些，须再将苋菜梗上亦刮破些，须两梗合为一处，以麻叶裹之，不可摇动，结时俱是红壶芦，甚妙。'除苋菜外，也使用各种鸡冠花。《调燮类编》卷二：'用葫芦与鸡冠花靠接，长成后，切断葫芦根，会托鸡冠花生长，可结红葫芦，又名'仙瓢''。同书卷四："又有寄生红白鸡冠，旁法竟成红色葫芦，妙不可言。'"除此之外，不同地区还有更多的葫芦工艺技术，如兰州的针画葫芦就相当有名，也有论文加以介绍。

当代葫芦工艺还出现了一些颇具地域特色的各类。如兰州刻葫芦与新疆葫芦雕画。前者以兰州特有的鸡蛋葫芦为载体，以针刻画出各种人物故事，于方寸之地表现大千世界，技艺细腻入微，令人叫绝。新疆的葫芦艺术则有粗犷豪放的特点，从内容到形式与技法，无不体现出新疆多元文化的特性。新疆葫芦艺术主要以雕刻与绘画为主。有研究论文认为，新疆多元文化中的伊斯兰文化印记及新疆葫芦艺术的器型特点，是新疆葫芦艺术的独特风格。融合了西域文化元素形成的具有伊斯兰文化特征的多元文化现象，在新疆葫芦艺术中体现得尤为突出。多民族文化与多宗教文化的融合，反映在新疆葫芦艺术的内容与形式以及审美情趣和价值取向之中。

四 神话与信仰

在葫芦文化研究中，探讨葫芦与宗教信仰、神话传说及民族关系的论文甚多，仅以"盘瓠"为题者竟有数百篇之多。其中较早的是闻一多先生《伏羲考》中有关"伏羲与葫芦"的内容。此文在分析少数民族的四十九个洪水遗民故事的基础上，肯定了避水工具、造人素材同葫芦之间一定有联系，而后又通过对上古音韵的详细考辨，确定伏羲、女娲与匏瓠乃是同音，从而证明伏羲、女娲乃是葫芦的化身，中华民族流传久远的伏羲、女娲造人的文献记载，与少数民族的葫芦造人的传说不谋而合。他说："女娲之娲，《大荒西经注》、《汉书·古今人表注》、《列子·黄帝篇释文》、《广韵》、《集韵》皆音瓜。《路史·后纪》二注引《唐文集》称女娲'庖娲'，以音求之，实即瓠瓜"，"伏羲与女娲，名虽有二，义实只一。二人本皆谓葫芦的化身，所不同者，仅性别而已。"刘尧汉先生的《论中华葫芦文化》也认为："在中华民族这个大家庭里，许多成员的先民都曾崇拜过葫芦；时至现代，还有相当多的民族如汉、彝、怒、白、哈尼、纳西、拉祜、基诺、苗、瑶、畲、黎、水、侗、壮、布依、高山、仡佬、崩龙、佤等族，都有关于中国各族出自葫芦的传说……各地汉、彝、白、苗、瑶、畲、黎、侗、水、壮、布依、仡佬、崩龙、佤等各族，语言有别，但都以表征女娲、伏羲的葫芦为原始共祖。"持相同观点的还有萧兵先生。他在《楚辞与神话》一书中指出："女娲、伏羲、盘古最初的形相都是瓜，是草木繁茂的南方葫芦图腾的产物。"

也有的研究者从"盘瓠"与"盘古"的关系入手，说明中原民族与南方民族既有相同的葫芦信仰，当具有同源关系。盘古神话的最早记载见于三国时徐整之《三五历纪》："天地混沌如鸡子，盘古生其中，万八千岁，天地开辟，阳清为天，阴浊为地。盘古在其中，一日九变，神于天，圣于地。天日高一丈，地日厚一丈，盘古日长一丈，如此万八千岁；天数极高，地数极深，盘古极长，后乃有三皇。数起一，立于三，成于五，盛于地，处于九，故天地去九万里。"据此，则盘古为人类始祖。至于"盘瓠"之名，则见于三国魏时鱼豢《魏略》："高辛氏有老妇人居于王宫，得耳疾历时，医为挑治，出顶虫，大如茧。妇人去后，置以瓠䔧，覆之以盘。俄尔顶虫乃化为犬。其文五色，因名'盘瓠'。""盘古""盘瓠"本不相干，但后世逐渐将之合而为一。如近代夏曾佑的《中国古代史》、茅盾《神话研究》、范文澜《中国通史》、袁珂《中国古代神话》等皆持此说，俨然成为学术研究中的主流观点。近二三十年来的有关论文，也多有认同此说者。但也有研究者通过对"盘古"与"盘瓠"流传过程的辨析，认为不可将二者混为一谈。如蒋明智《盘瓠出世：一段图腾生育神话解读》、彭官章《盘古即盘瓠说质疑》等，从二种传说的故事情节、人物形象、流传方式等方面，说明盘古和盘瓠是两个完全不同的神话传说人物，盘古就是盘古，盘瓠就是盘瓠，两者是不容混淆和无法化一的。

从生殖崇拜的角度解读葫芦文化也是不少研究者的切入点。为什么从中原到边疆，不同的民族都有葫芦崇拜的倾向？研究者认为这与葫芦的形状与多籽的生物性特征有关。比如萧兵先生说"葫芦或瓜可能与妇女的腹部或子宫发生类似的联想"，赵国华也认为"在母系氏族社会阶段，无论是中国的南方、西南，还是中原、西北，初民都曾以瓠、葫芦为女性生殖器的象征，实行生殖崇拜"。也就是说，葫芦与妇女孕体或生殖器发生联想的基础就是两者形象上的相似。由此衍生出古代婚配喝交杯酒的习俗。

《礼记·昏义》记载古代婚仪，当新娘来到丈夫家时要"婿揖以入"，接着举行婚礼，夫妇"共牢而食，合卺而醋；所以合体同尊卑，以亲之也"。阮谌《三礼图》对"合卺而醋"的解释是："破匏为之，以线连两端，其制一同匏爵。"也就是夫妇俩各用半个葫芦瓢饮酒，这种"合卺成亲"的古俗，在全国各民族中广为流行。有研究者甚至认为，这其实象征着夫妇交媾，也是一种生殖模拟巫术。有的研究者考察整理了全国各地送瓜求子的习俗，认为这也是一种母体崇拜的表现，瓜与葫芦同科，都是母体的象征，都有多子的寓意。因此，傣族小伙寻找情人，总要吹着葫芦笙向女性示爱，能对女性产生一种不能用语言代替的感染力。

关于葫芦与宗教的关系，相对而言，研究论文不多。孟昭连《葫芦与道教关系探源》对此有所探讨。先秦时期，虽然道家代表人物庄子在《逍遥游》中提到葫芦，但因为儒家、法家等著作中都提到葫芦，所以很难说葫芦只与道家有关。论文作者通过《后汉书·费长房传》中有关"悬壶市药"的情节，与佛经《杂譬喻经》中《壶中人》的故事加以对照，提出道教崇尚葫芦的源头实际上来自佛经。在《费长房传》中，葫芦除了可以盛药，还变成只有神人可以出入的洞天福地，它的作用被神化，它的宗教含义被突现出来，而且后来越来越显著。自此之后，葫芦成为道家的法器和特殊标志，它的作用变得越来越神秘，担负的功能也越来越重要。后来又逐渐变成神仙之境的代名词，成为道家终生追求的理想境界。

葫芦的家世

——从河姆渡出土的葫芦种子谈起

游修龄

浙江河姆渡遗址出土距今七千年以前的植物遗存[1]，最引人注意的是大量稻谷的堆积，此外还有不少属于采集食用的橡子、菱角等，而易于为人忽略的是出土的葫芦种子。

说起葫芦，那是人人熟悉的蔬菜作物。"葫芦里卖的什么药"，这句俗话至今还流传在人们口头上。这种植物具有多种实用的功能而很早就为先民所注意，它不仅在植物驯化史上名列前茅，而且分布极广，几乎遍于全世界。

据考古材料，亚洲的中国、泰国，南美洲的墨西哥、秘鲁，非洲的埃及，都有新石器时代出土葫芦的报道。时间从公元前一千年直至七千年，有些是在人类穴居的洞穴中发现的。许多作物，如水稻、小麦、大麦、大豆、小米、玉米、马铃薯、花生等等，现在都已经考查出它们的祖先种，唯独葫芦则否。它的祖先种究竟是什么，出现在哪里，迄今都还不很清楚[2]。于此可见，它确是一种"老资格"的驯化植物。

当地球上各大洲的原始人还被浩瀚的海洋所隔离，无法交通，葫芦为什么已经遍及于亚、非、南美各洲呢? 有人推测，葫芦是以它身轻、浮水的性能，靠海流的运动而从一个大陆漂流到另一个大陆去的。还有人为此做

---

[1] 关于河姆渡遗址出土植物遗存的报道，请参看《文物》1976 年第 8 期。
[2] 有人认为葫芦原产于非洲、印度，这个说法并未得到公认。

了试验，结果认为有可能发生各种漂流①。

尽管葫芦的遗存在世界各大洲都有出土，但有关的文献记载却以我国为最多。有的故事传说以我国为最早，更重要的是有关这种作物的品种资源和栽培经验以我国为最丰富。

葫芦，古代或写作壶卢、蒲芦、胡卢、瓠瓟，等等。这些都是双音节词，按汉语发展的规律，其出现的时间可能迟至南北朝前后。在汉代以前，它是单音节词，称为"瓠""匏"或"壶"，最早的记载见于《诗经》中《瓠叶》、《硕人》、《匏有苦叶》、《七月》各篇。尤其值得注意的是甲骨文中已经出现的壶字，字象形作、等，壶盖小而壶腹大，和后世隶定的壶字扩大壶盖而缩小壶腹的写法不同。

可以认为，葫芦是新石器时代（甚至更早）人们生活中几乎"不可一日无此君"的东西，没有什么作物像它这样具有多种的用途。它的嫩实和叶子可供食用，干燥的果实剖开后可以做碗、盘、杯、勺、瓢等各种容器②；小葫芦可作鱼网的浮子；摇动干葫芦发出的咯咯声，是作物成熟时驱散鸟兽的有效工具；古代的"八音"，匏是其中之一，笙（竽）即用匏作"斗子"，上按簧管和吹管，至今南方的少数民族中还保存有这样的乐器。但是，在船和桥尚未出现的时代，葫芦最重要的用途恐怕还是用作浮水工具。人们在过河涉水或是进行捕鱼作业的时候，腰上系一两个葫芦，犹如今天的气垫一样，可以得到许多方便。即使在有了木船以后，葫芦仍不失为随身携带的救生工具，所谓"中流失船，一壶千金"，就是这个意思。

经过劳动人民的长期选择培育，葫芦衍变出很多类型。现代的植物学把葫芦分为五种：扁蒲、长柄葫芦（悬瓟）、大葫芦（匏）、葫芦（细腰葫芦）和小葫芦。这些品种在古代大部分都已经有了。例如河姆渡出土的种子即属于小葫芦③。《庄子·逍遥游》中讲到惠施对庄子说，有一个大葫芦

---

① 这种说法也是可以商榷的。因为葫芦不是滨海植物，而且还有许多传播为辐射状扩散，这都是"漂流说"所无法解释的。这种现象究竟应该如何正确地解释，还有待于今后的研究。
② 还可以说明一点，从新石器时代开始制造的陶壶，我以为，也是模仿葫芦的形状而来。
③ 据中国科学院植物研究所的意见。

可以盛五石谷物。栽种这种大葫芦的技术，在汉朝人氾胜之所著的农书里已经提到[1]，方法很巧妙，是利用多株根系经过嫁接，养活一株地上茎，结成大葫芦的。由此可见，《庄子》所说虽然是夸大了的语言，但还是有一定的生活根据的。稍后，西晋人所著的《广志》[2]中已经提到三种葫芦，即都瓠（扁蒲），"如牛角，长四尺有余"。约腹瓠（细腰葫芦）"其大数斗，其腹窈挈"。苦叶瓠，其味苦，不可食，短颈大腹相当于瓟。到了元朝王祯的《农书》中就提到了四种葫芦：大葫芦、小葫芦、长柄葫芦、亚腰葫芦。可以这样认为，我国到十四世纪的时候，这五种类型的葫芦就都已具备了。

随着时代的进步，葫芦的用途也随之而更加充分。《氾胜之书》中说，把葫芦剖开后从果肉中刮下来的"白肤"可以"养猪致肥"，留下的种子可以"作烛致明"。到了明朝李时珍的《本草纲目》中，又增加了许多医药上的用途，例如瓠膜可治水肿，苦瓠子可治小便不通、蛀牙、口臭等。总之，就像王祯在《农书》中总结的，它是"举无弃材，济世之功大矣"。如果把各国的情况作一比较，像我国这样全面地利用葫芦，并具有这样丰富的选育和栽培技术，可以说是"举世无二"了。

河姆渡出土的葫芦，使我们联想起当时栽培驯化这个作物的祖先。他们大约是居住在我国南方的部落，河姆渡位于浙江余姚县，自然是一个明显的证据。此外，从文献记载中有关的神话传说，也可以得到一点消息。《后汉书·南蛮传》记载，我国古代一些少数民族的始祖，是一条名叫盘瓠的狗和高辛氏的女儿。这个神话显然已抹上了阶级社会的色彩，渗进了对少数民族的诬蔑，然而作为植物的瓠变成了一条狗盘瓠，又成了南方一些少数民族的始祖，这就很容易使人联想起这个南方的部落是以瓠即葫芦为图腾的，它们就是葫芦最早的培育者。这个神话在三国时徐整的《三五历记》中稍有变化，盘瓠变成了开天辟地的盘古氏，从一个部落的始祖升格而为全人类（至少是整个汉族）的祖宗。

葫芦种子和稻谷在河姆渡遗址同时出土，不仅说明距今七千年以前我

---

[1] 据贾思勰《齐民要术》引。

[2] 据陶宗仪《说郛》引。

国南方已经有了稻作文化，而且在此以前，人们已经驯化和利用了葫芦。有关的文献材料又说明，由于人们对葫芦的重视，甚至用来作为图腾并崇奉为自己的祖先。随着北方部族和南方部族的接触，北方的粟文化和南方的稻文化也互相渗透交融，创造了灿烂的古代中华文化。这七千年前的葫芦种子，也正是这些文献记载的小小见证。

（原载《文物》1977年第8期）

葫芦的功能与栽培技艺

宋兆麟

　　中国是一个农业古国，有许多伟大的传统文化，这些文化不仅滋育了中华民族，对世界文明史也有卓著贡献。以农作物来说，中国就是农作物的重要培育中心之一，不少农作物在世界上占有重要地位。尽管我国的传统农作物得到了重要发展，多数已传播到世界各地，但是有些农作物却日益被忽视，甚至有被淘汰的危险，如葫芦种植就是一个明显例证。

　　从考古和历史文献资料看，中华民族在七千年前就培育了葫芦，后来又发明了许多的培育技术，葫芦的功能也极其广泛，在古代社会生活中占有重要地位，但是近几十年来，我国广大农村的葫芦种植业不断削弱，其功能也日趋萎缩，使葫芦种植大有消失之势。这是为什么呢？葫芦果然无用了吗？作者以为未必，现在从葫芦功能的演变出发，探索一下葫芦的栽培技术及其在当今的发展方向。

一　广泛的社会功能

　　葫芦，又名匏、瓠瓜、瓠、壶、藤姑、蒲卢、扁蒲等。葫芦有多种用途，其主要功能有以下几个方面：

　　（一）重要食物

　　食物是人类生存的物质基础。"民以食为天。"其中的瓜是重要的食物。在以攫取经济为生的时代，采集瓜、挖掘块根植物，是采集经济的重要内容。农耕发明以后，瓜类也是重要食品。《管子·立政》："六畜不育于家，瓜瓠、荤菜、百果不备，国之贫也。"又说："六畜育于家，瓜瓠、荤菜、百果备具，国家之富也。"从中看出，古代将家畜、葫芦、水果视为国家贫富的标志，可知葫芦在食物中的重要性。

葫芦的嫩实、叶都可食用。《诗》"瓠有苦叶。"注："瓠嫩叶可作羹，八月后，不可食，吃苦也。"王祯《农书》卷三："然有甘苦二种，甘者供食，苦惟充器耳。""瓠之为用甚广，大者可作素羹，可和肉煮作荤菜，可蜜煎作果。可削条作干……"葫芦干容易生虫，古代也有防虫之法。《调燮类编》卷三："晒葫芦干，以藁本汤洗过，不引蝇子。"

葫芦可以素炒为菜，也可以做包子、饺子馅，但是不吃苦葫芦。古代认为肥料对葫芦味道有一定影响，《物理小识》卷六："今以牛粪浇瓠及葫芦皆苦，不可食，驴马猪粪皆宜。"又称："……段成式曰牛践苗则子苦，生壶节时盆水焴之则结者圆，虔州山以种苦瓠为业，其子亦充果食，如西瓜子。"可见葫芦子也是重要的干香果品之一。

（二）生产工具

葫芦在生产工具中颇有用途。不少民族以细腰葫芦为钓鱼或鱼网浮子。山区民族则以葫芦盛火枪砂，俗称火药罐。

在农业生产中，多以葫芦播种：一是以葫芦瓢盛种子，进行点种或撒种；一是瓠种，在《齐民要术》中已提到"瓠种"。《三才图会·器用》卷十一《瓠种》："瓠种，窍瓠贮种，量可斗许。乃穿两头，以木箄贯之，后用执为柄，前用作嘴溶种，于耕垄畔，随耕随摇，务使均匀。又犁随掩过逐成沟垄，覆土既深，虽暴雨不能抛挞，暑夏更为耐旱，且便于耰锄，苗亦畅茂，燕越及辽以东多有之，耧砗是为功也。"作者在辽宁家乡曾看到瓠种，这种工具不仅提高了播种效率，还有耐旱、防暴雨袭击的效果。

葫芦也是手工业工具。云南砚山有一种模制陶器方法，制陶时先和陶土，然后以葫芦或葫芦器皿为内模，外涂陶土，修成器坯，再以火烧，从而成为陶器，但作为内模的葫芦却化为灰烬了。我国史前时代出土不少圆底形陶器，多呈葫芦状，半坡、姜寨等遗址还出土不少细腰葫芦，说明这些陶器与葫芦有一定渊源关系。《礼记·郊特性》："陶匏以象天地之性。"《晋书·礼志》："器用陶匏，事返其始，故配以远祖。"说明陶匏是最古老的陶器。此外，作者在辽东半岛农村曾看见老年妇女坐在炕上，倒扣一葫芦瓢，用一根筷子在瓢背上挤压棉籽，在这里葫芦瓢又充为脱棉籽工具。

（三）生活器皿

水器　以葫芦贮水是很普遍的，非洲马里共和国得更族、喀麦隆胡鲁贝族以大葫芦汲水，顶在头上运输。我国傣族、哈尼族以长形葫芦汲水，多背在背上。我国古代以葫芦为水瓢，《授时通考》卷三十五："瓢，剖瓠为之，制为樽，语称瓢饮是也。杯以挹水，农家便之。其损者以倾肥水，亦积粪所必需也。"至今在农村还以瓢盛水、盛粮食。

酒器　古代称结婚为"合卺"，即来源以葫芦劈为两瓢，且以线相连饮酒之故，象征新婚夫妻连为一体。《水浒传》"火烧草料场"一节，就描述了林冲用葫芦打酒，"智取生辰纲"则以葫芦瓢盛酒。《天工开物》卷下《珠玉》条绘有采玉二人打井必携带酒葫芦，认为下井可御寒。贵州苗族端午节划龙舟时，水手皆腰佩一酒葫芦，其时饮酒既是御寒，也是一种兴奋剂。古代有一种樽也以葫芦制成。《三才图绘·器用》卷十二"葫芦樽"："葫芦樽，用大小瓠为之，中腰以竹，上凿一孔，以竹木旋管为简，上下相联，坚以布漆，中开一孔，如上式，但不用足，口上开一小孔，并盖子，口透穿横插铜销，用小锁闭之，以慎踈虞上同此制。"作者在四川木里藏族、纳西族家看见一种大酒葫芦，外皆夸以竹篾，下为圈足，这样便于保护，又平稳，不易倾倒。

烟具　旧时北京流行水烟袋，其中有一种潮烟袋，又称葫芦烟袋，就是以葫芦制成的。鼻烟壶在中国和阿拉伯诸国都流行，多以小细腰葫芦为之。清宫保存一种人工栽培、压制的葫芦烟壶，有扁壶、圆壶、方壶多种，其上还有花草、人物、动物等形象。后来多以玻璃仿效之。

药壶　常言说"葫芦里装的什么药"。从古代典籍中看，古代医学家孙思邈就扛着锄头去采药，锄必挂一个药葫芦。古代道家多行医，从事炼丹，如安期生、左慈、铁拐李都身佩药葫芦。尹喜炼丹时有四种用具,其中就有葫芦,以贮存炼丹原料①。事实上葫芦本身就可入药。王祯《农书》卷三:"亚腰者可盛药饵,苦者可治病。"

招幌　　商店多以葫芦为招牌、幌子,其中有几种:一种为酒店,《北京风俗图谱》中的义丰号老酒店门前就坐立一个正大的细腰葫芦。该书《节令》中有一幅《中元莲灯》背景是一家酒店,门前悬一酒葫芦。一种为药店,如过去北京药店、膏药店皆挂葫芦幌子。一种是醋坊,过去北京大方号老醋坊,门前也挂一葫芦幌子。一种是鼻烟店,多挂红、绿色两个葫芦。这些幌子,皆取自于葫芦为容器,能盛酒、醋、药、粮食。此外有的油盐店也挂葫芦,其上书写"米面油酒,伏乳小菜"八个大字。

此外,也可用葫芦做成各种形式的蟋蟀缸、蝈蝈缸。

(四)交通工具

《物原》:"燧人以瓠济水。"这种传说可信吗?回答是肯定的。《诗·匏有苦叶》:"匏有苦叶,济有深涉。"《国语·晋语》:"夫苦匏不材,于人共济而已。"《庄子·逍遥游》:"今子有五石之瓠,何不虑以为大樽,而浮于江湖。"释文引司马:"樽如酒器,缚之于身,浮于江湖,可以自渡。"《鹖冠子·学问篇》:"中河失船,一壶千斤。贵贱无常,时使物然。"陆佃注曰:"壶,瓠也,佩之可济涉,南人谓腰舟。"由此可知,古代用葫芦为浮具,过江越海,故曰"腰舟"。上述记载是可信的,也见诸于民族民俗资料,河南、山西农民过黄河种地时,常腰拴几个葫芦过河;山东长岛居民捞海参也以葫芦为浮具,年轻人则骑葫芦在诸岛之间游渡。清人陈世俊《番俗图·渡溪图》上就有几个人,有的乘筏子,有的腋下挟葫芦过江海,并解释说:"腰掖葫芦浮水,挽竹筏中流,竞渡如驰。"海南省黎族也用葫芦过河,一般是腰上拴两或四个葫芦,也用一个大葫芦罐,过河时将衣服装入葫芦,并把葫芦口塞死,人抱着葫芦浮水。云南彝族也将几个葫芦拴在一起,人挟着过河。

---

① (汉)刘向:《列仙传》,上海古籍出版社1990年版。

（五）武器

葫芦是重要的武器——火药葫芦，其中有几种：

冲阵火葫芦 《武备志》卷一百三十《火器图说》："形类葫芦，中为铳心，以藏铅弹，葫内毒火一升，坚木为柄，长六尺。用猛士一人持之，与火牌相间列于阵前，冲入贼队，人马俱警，马步皆利。"在《水龙经要》、《水龙经》诸书上均有这类武器，有的还安有"引信"。

对马烧人葫芦 《武备志》卷一百三十《火器图说》："用凹腰葫芦为之，外以黄泥紫土盐水和护一指厚，晒干再以灰布一层，外用生漆漆之，听用。旧文章纸不拘多少，每次十余张，灯上点烧灼。将水盆覆板上，将纸点灼，就放盆下，连盖闷灰存性。每灰一两，硝一分，硫磺二钱，共拌匀，灌入葫内。用火种烧红入内，随即用干葛塞其口，收贮听用。任放不熄，遇敌或夜行遇盗，藏于袖内放开口，迎面喷之。火发三四丈，烧须燎袍，面目腐烂也。"

雷瓜炮 《水龙经》称雷瓜炮"其大如斗，升至半天，坠入贼巢，黑夜令贼自溃，此击贼烧营之神器。"该火器为圆球状，仿葫芦为之，上有"引信"。

烂骨火油神 《水火攻要诀》："炮用桐油（主烧主染火），银锈砜砂（主火烂皮肉），金汁蒜汁（主毒），炒制，铁砂磁粉，将生铁铸小子。炮发去，一击粉碎，无不焦烂。"

火药飞雷 过去云南彝族以飞石索投掷石球，进行狩猎，这就是飞石锤。后来传入火药，彝族将火药、铅砂装入葫芦内，以火药为引信，点燃后用飞石索掷往敌方，可以炸伤敌人，故曰"火药飞雷。"[1]

（六）乐器

当摇动葫芦干实时能发出沙沙鸣响，这可能启发人们把葫芦当作乐器，事实上民间的摇铃，苗族的铃，与摇葫芦同出一源。后来发明了葫芦笙，列为古代八音之一。所谓八音指金、石、丝、竹、匏、土、革和木，其中的

---

[1] 刘尧汉：《彝族社会历史调查研究论文集》，民族出版社1981年版；《文物》1976年8期。

匏就包括笙竽。从考古上看,在云南江川李家山、晋宁石寨山、祥云大波那等地都出土过铜制葫芦笙,年代在战国到西汉时期,早的可到春秋时期。但是铜芦笙是仿葫芦笙做的,葫笙的起始年代还要古老。这种乐器一直保存下来,在《蛮书》《新唐书》《岭外代答》等书中均有芦笙记载。现代的彝族、傣族、拉祜族、哈尼族、佤族、纳西族、傈僳族、怒族、普米族、苗族、瑶族、壮族、侗族、布依族均使用葫芦笙,有的民族还从葫芦笙中发明若干葫芦乐器。西北地区的回族有一种"索勒",也是一种葫芦乐器。

以上是葫芦的主要功能,此外还可制蜡烛、做饲料、当药材,可以说葫芦全身是宝,用途广泛,王祯《农书》卷三:"夫瓠之为物也,累然而生,食之无穷,最为佳蔬,烹饪无不宜者。种如其法,则其实斗石,大之者为瓮盎,小之为瓢杓,肤瓤可以喂猪,犀瓣可以灌烛,咸无弃材。济世之功大矣,可不知所重哉。"

二　葫芦的起源地

由于葫芦是攫取经济时代的采集对象,自农耕发明后又将野生葫芦驯育为人工栽培,在长期的历史过程中,因为葫芦功能广泛,加上欣赏性葫芦的出现,人们对葫芦的栽培也日益重视,其中有许多宝贵的栽培工艺。那么,葫芦是何时何地起源的呢?

葫芦是世界上最古老的作物之一,可能起源于前农业时代。有的学者把葫芦想像为起源于一个具体地区,后来经过漂洋过海或其他方式,才传播到其他地区。不过,这种观点在理论上是站不住脚的,考古上也缺乏根据,如埃及古墓中发现的葫芦,是公元前3300至3500年,在浙江余姚河姆渡遗址却发现了7000年前的葫芦及种子[1],说明我国考古发现的葫芦是最早的,在很大程度上动摇了上述假说。游修龄先生指出,葫芦是我国南方部落培育的[2]。从现有资料看,如同水稻是多源一样,葫芦可能也不是起源

[1] 《文物》1976年第8期。
[2] 游修龄:《葫芦的家世》,载《文物》1977年8期。

于一个地区,而是起源于若干地区,中国就是葫芦的重要发源地之一。

到了商周时期,葫芦栽培已十分普遍。在甲骨文中,把壶字写成🥃、🍶,可知是由葫芦制成,有盖,也有座,以便放置平稳。在《诗经》中多处提到瓠,《诗·豳风·七月》:"七月食瓜,八月断壶,九月筑场圃。"这里指七月可食嫩瓜,八月葫芦成熟了,可以把成熟的葫芦摘下来。这段记载反映了商周时期的葫芦种植技术已达到较高水平,战国时期已能收获巨大的葫芦。《庄子·逍遥游》:"惠子谓庄子曰:魏王贻我瓠之种,我树之成,而实五石。以盛水浆,其坚不能自举也,剖之以为瓢,则瓠落无所容。"要生产五石之瓠,决不是一般种植技术所能达到的,定有特殊的栽培技术。

两汉时期不仅种植葫芦,还注意了葫芦种植术的总结。《四民月令辑释》正月"可种瓜,瓠"。三月"三日可种瓜"。六月"大暑中后,可畜瓠,藏瓜,收芥子,尽七月止"。八月"可断瓜,作蓄"。又说:"正月,可种瓜,六月,可畜瓜。八月可断瓠,作蓄瓠。瓠中白肤实,以养猪致肥,其瓣则烛致明。"从上述时间表看,东汉已有较高的种植技术,葫芦的功能也很广泛,已用葫芦作饲料和蜡烛了。

根据现代植物学对葫芦的分类,共有五种:一种是扁蒲;一种是悬匏,即长柄葫芦;一种是匏,即大葫芦;一种是葫芦,即细腰葫芦;一种是小葫芦。从文献上看,西晋时已有三种葫芦,陶宗仪《说郛》引《广志》:都瓠(扁蒲)。"如牛角,长四尺有余。"约腹瓠,"其大数斗,其腹窈挈。"到了公元14世纪,王祯《农书》卷三,称:"瓠,说文曰瓠,一名曰壶,皆匏属也。陆农师曰,项短大腹曰瓠,细而合上曰匏,似匏而肥圆者曰壶。"说明当时已有五种不同的葫芦。

三   精湛的栽培技术

在我国古代种植葫芦过程中,广大劳动人民不仅培育了葫芦,并经过长期生产实践培育了多种类型的葫芦,还积累了许多种植技术和经验。主要有以下几方面:

（一）选种育种

我国古代对选种十分重视。《氾胜之书》："留子法，初生二、三子不佳，去之，取第四、五、六子，留三子即足。旱时须浇之，坑畔周匝小渠子，深四五寸，以水停之，令其浧润，不得坑中下水。"《齐民要术》卷二提出选择"本母子"。"常岁先取本母子瓜，截去两头，此取中央子。""本母子，是瓜生数叶便结子，子复早熟。用中辈瓜子者，蔓长二三尺，然后结子；用后辈子者，蔓长足，然后结子，子亦晚熟。种早子，熟速而瓜小，种晚子，熟迟而瓜大。去两头者，近蒂子，瓜曲而细，近头子，瓜短而喝。"书中对不同的种子作了具体分析，优良差劣，作了科学对比，从而选定本母子最佳。《齐民要术》卷二还记载以牛粪育种的方法："冬天以瓜子数枚，内塾牛粪中，冻即拾聚，置之阴地，……正月地释即耕，逐场布之，率方一步，下一斗粪，耕土复之，肥茂早熟，虽不及区种，亦胜凡瓜远矣。"唐代基本继承了上述选种方法，但更精细了。《四时纂要·七月》："收瓜子，此月择好瓜，截两头，出子，和糠，日晒，干按，簸取作种。"选好种子，为葫芦种植准备了重要条件。

（二）育秧移苗

育秧有许多方法。《齐民要术·种瓜》引《氾胜之书》："以三斗瓦瓮，埋着科中央，令瓮口平与地平，盛水瓮中，令满。种瓜，瓮四面各一子，以瓦盖瓮口，水或减辄增，常令水满。……又种薤十根，令周迴瓮，居瓜子外，至五月瓜熟，薤可拔卖之，与瓜相避。"这就是瓦瓮渗灌法，秧齐而早出，能赶上季节。

唐代种瓜法相当进步。《四时纂要校释》二月"种瓜，是月当上旬为上时，先淘瓜子，以盐和之，着盐则不笼死。先开方圆一尺，净去浮土，坑虽深大，若杂以就土，令瓜不生。深至寸，纳瓜子四个，大豆三个于坑旁。瓜性弱，苗不能独生，故得大豆以起土。瓜生则掐去豆苗。"其中的洗瓜子、和盐和以大豆伴生等技术，都是前所没有的。唐代还利用温泉种瓜蔬。《新唐书》卷四十八："凡近汤所润瓜蔬，先时而熟者，以荐陵庙。"王建《宫词》："酒幔高楼一百家，宫前杨柳寺前花。御园分得温汤水，二月中旬已进瓜。"

在元代则利用盆桶法。《农桑衣食撮要》:"此月（正月）予先以粪和灰土,以瓦盆盛或桶盛贮,候发热过,以瓜茄子插于灰中,常以水洒之,日间朝日影,夜间收于灶侧暖处。候生甲时,分种于肥地,常以少粪水浇灌,上用低棚盖之。待长栽,带土移栽则易活。社后亦可种之。"这种方法一直沿用下来。明人邝璠《便民图纂》卷六:"葫芦,二月间下种,苗出移栽,以粪水浇灌。待苗长,搭棚引上。"

(三)区种法

在汉代《氾胜之书》十五中提供区种法,"种瓠法,以三月耕良田十亩,作区方深一尺。以杵筑之,令可居泽。相去一步,区种四实。蚕矢一斗,与土粪和。浇之水二升,所干处,复浇之。著三实,以马箠敲其心,勿令蔓延;多实实细。以藁其下,无令亲土多疮瘢。以手摩其实,从蒂至底,去其毛,不复长,且厚。八月微霜下,收取。"这种区种法一直保存下来。《四时纂要》卷五:"区种瓠,如区种瓜法,聚雪区中,胜春种。"王祯《农书》卷三对区种法解释尤详:"先据地作坑,方圆深各三尺,围蚕砂,和土令匀,着坑中,足践令坚平,以水沃之。水尽,下种十颗,复以前粪覆之。"

(四)靠接法

与《氾胜之书》所述的区种法联系的是靠接法,即将若干葫芦秧或葫芦、冬瓜秧靠接在一起,以其秧壮,结出的葫芦大。该书"既生,长二尺余,便总聚十一处,以布缠之五寸许,以泥封护。供缠处合为一茎,择强者留之,余悉掐去,引蔓结子。子孙之条亦掐去之。凡留子,初生二三子不佳,取第四五者,区留三子即足用,余旋食之"。

唐代靠接法,也有特点。《四时纂要·二月》:"种大葫芦,二月初,掘地作坑,方四五尺,深亦如之。实填油麻,绿豆秸及烂草等,一重粪土,一重草,如此四五重,向上尺余,着粪土,种下十来颗子。待后生,拣取四茎肥好者,每两茎肥好者相贴着,相贴处以竹刀子刮去半皮,以刮处相贴,用麻皮缠缚定,黄泥封裹,一如接树之法。待相着活后,各除一头,又取所活两茎,准前刮半皮相着,一如前法。待活后,唯留一茎左者,四茎合为一本,待着子,拣取两个周正好大者,余者旋旋除去食之。如此,一斗种可变为盛一石物大。"这种嫁接法，是在若干葫芦秧中选择一根主干，再接其他秧而成。《调燮类编》卷曰："又法，选畦中粗大者一株作主，次将旁株去皮一片，两株结缚以泥涂封，稍长去其一苗留本，又将旁株再就以根株并作一株延蔓，则三本之力归一苗矣。其结实成形，又删去众苗，止留壮者一枚，至秋成实大比寻长数倍。用作酒樽，携带山游，诚物外清品也。"

除葫芦相接外，也可把葫芦与冬瓜接在一起。《种艺必用·种葫芦法》："大葫芦二株，大冬瓜二株，以十分肥栽之，引棚上。先以一株冬瓜，一株葫芦相接，看相着了，截去冬瓜藤。又以一株冬瓜，一株葫芦如此接讫，却再以接了二藤又相接作一处。看相着了，看肥瘦，可留了肥者，去却瘦者。每口用白相木樱，落皂角浸，挪水浇之。开实花，用大篾盘四边索悬，日夜放盘。一月余且老，实如人头。"

在上述靠接体中，以葫芦、冬瓜秧为本，以竹刀刮去半皮，相接后去一些藤，这样瓜大，子实，并从中寻找好实，选良种。

（五）培育红葫芦

为了培育观赏性的葫芦，古代多用葫芦与其他植物接嫁的方法，培养红葫芦。《格物粗谈》卷上："种细腰壶芦一颗，傍种全红大苋菜几颗。待壶芦牵藤时，将壶芦梗上皮刮破些，须再将苋菜梗上亦刮破些，须两梗合为一处，以麻叶裹之，不可摇动。结时俱是红壶芦，甚妙。"除苋菜外，也使用各种鸡冠花。《调燮类编》卷二："用葫芦与鸡冠花靠接，长成后，切断葫芦根，会托鸡冠花生长，可结红葫芦，又名'仙瓢'。"同书卷四："又有寄生红白鸡冠旁法，竟成红色葫芦，妙不可言。"

（六）培育变型葫芦

我国古代已掌握不少控制葫芦生长的方法，这主要以调节水肥上下功夫。《竹屿山房杂部》卷十一《瓠》："开其根跗间，纳竹针使分之，其生尤多。八月则断其藤，勿复花实，以坚其壶为器，子为种。"从观赏角度看，有以下几种类型：

首先是曲颈葫芦。宋代《格物粗谈》卷上"长颈葫芦结成趁嫩时，将根下土挖去一边，劈开根桠，入巴豆肉一粒在根内，仍以土掩。候二三日，软敝欲死,任意作成绦环式。取去根中巴豆,培养数日,依然生发。"这是通过改变根部生长形态,去影响子实,从而结出曲颈葫芦。这类记载甚多,《物理小识》卷六:"结瓠法,根以竹根分之,实多。瓢结时,剖藤跗插巴豆,二三日后瓢柔可纽。随去巴豆,瓢复鲜活。"《墨娥小录》卷八《细瓢令颈曲》:"于瓢藤根头切开,嵌去壳巴豆一粒在内,三二日后,其叶尽瘿,而瓢亦柔软。随意细作,巧相缚定。却于根头取出巴豆,三二日后叶与瓢皆复旧,且鲜活矣。"曲柄葫芦也可在秋收后中加工而成。《物理小识》卷六称将长柄葫芦与草麻子一起煮沸,乘葫芦软化时扭曲后柄,晒干后也可为曲柄葫芦。

其次是培育鹅颈小葫芦。《调燮类编》四卷:"葫芦秧种小盆,得土甚浅,至秋结子,形仅寸许,垂挂可观。"清代著作《耕心农话》:取鹅颈坚实好子,细过细心催芽后,种于盆中,苗长数寸时浇汁法三次,然后"用细竹为架,引藤缠绕,细若灯心,烦花宜摘,结实刷毛、经霜日暴,色如象牙,老实坚硬,方可摘。"这里所谓的鹅颈葫芦,小如指头,而且是由盆栽培,是古代极珍贵的观赏植物之一。

第三是葫芦作棱法。在葫芦生长时期,采取一定方法,使葫芦长出棱角,《格物粗谈》卷上:"壶芦上以巴豆捣烂,将笔一楞楞画之,则起楞。"当然不限于巴豆,《调燮类编》记载以研碎芥末,画在葫芦上,事后可在画处起棱。《墨娥小录》卷八称在葫芦初生时,画"如橘囊"、"经画处永不长,其不画处,仍长,俨如刻成者"。以上都是在嫩葫芦画一定图形,以植物汁液的抑制作用,使画处不长,而非画处仍长,形成各种棱角。在故宫博物院、历史博物馆还收藏不少变型葫芦(如方形、扁形葫芦),在有些葫芦上还长有龙凤、寿星、观音等棱形图案或浮雕,据调查这是在葫芦生长时间套以外模长成的,其中也有许多技术。

葫芦成实后,也有种种加工方法,为了保存原来形状,有专门的取瓢方法。《墨娥小录》卷八《开瓢出实》:"瓢颈有细长者,有拳曲者,不可用钱线钻杖之类,则于瓢项,刳空一二寸,却以巴豆三二粒,去壳槌碎,水调装入空项内,不数日,直映透心腹,烂腐瓢膜倾出而净,甚妙。一法用朴硝,尤妙。"这种方法与作棱法相似,也是以砂物、植物装入葫芦内,使内瓤起化学变化,然后腐烂,从而便于取实。

以上是我国古代主要的葫芦栽培技术。

从上述事实看出,我国劳动人民在长期的生产实践中,根据自己生活的需要,运用各种生产技术经验,发明了许多珍贵的葫芦栽培技术,推动了葫芦种植技术的发展,有些技术带有试验性,对其他农作物的培育也有一定影响。这是宝贵的农业遗产,应该继承、发扬。

四 功能的衰落和种植的出路

我们讲葫芦的栽培技术和广泛的社会功能,主要指古代而言的,或者指新中国成立前所保留的情形。但是近四十年来,特别是近一二十年来,我国广大农村的葫芦种植业已经越来越少,出现了明显的衰落局面,往昔的种植技术也多半失传,葫芦的社会功能也萎缩下来,这是为什么呢?值得深入研究。

任何一种农作物的发展命运,都取决于两个条件:一是人类社会对它的需要程度,二是种植它的可能条件。古代所以有十分发达的葫芦种植业,是因为当时社会生活对葫芦有一种迫切而广泛的需要,从而刺激了葫芦种植业的发展,与此同时,当时浩如烟海的小农经济也为上述要求提供了广阔的种植葫芦天地。不过最近几十年社会情况发生了突出变化,使葫芦的功能日趋下降,且看:

金属农具和农机的发展,使农业实现了机械化或半机械化,有力地排斥了一些古老的手工业工具,如纺织业的发展,使农村纺织难以生存了,纺车、榨花机不见了,更不会用葫芦瓢去挤棉籽。播种机的推广,也取代了"瓠种",三十年前还可随手可得的"瓠种",现在已经成为稀有的民俗文物了。不难看出,葫芦已经被排除于生产工具之外。

生活器皿是葫芦应用最广泛的领域,但是随着金属、陶瓷、塑料制品充斥市场,无论从成本、实用和美观上,都以绝对优势排挤了葫芦制作的食具、酒器、药壶，而且随着人们社会生活水平的提高，也日益追求新颖、实惠、耐用和美观的生活器皿，在这种形势下，葫芦器皿当然每况愈下。

近现代桥梁和船只的发展和普及，已经使"以瓠济水"的时代一去不复返了，腰舟只能以神话般的形象保存在民间文学之中。

一度活跃于市场上的葫芦幌子也不见了，这主要是由于：随着商品经济的发展，需要更醒目、逼真和富于诱惑力的招幌，而新的广告宣传器材的出现，正迎合了上述社会需要，如霓虹灯、电子视屏、文字招牌层出不穷，葫芦幌子则失去了原来的优势。

各种常规武器的发展和普及，已使葫芦火器无立足之地，它在武器领域的作用也消失了。

以葫芦制作的乐器虽然可能在民族地区偶然发现，但也今不如昔，就是广泛流传的葫芦笙也名存实亡，人们以金属或木制笙体取代了葫芦。

由于葫芦种植日益减少，近几十年民间艺人的葫芦工艺品常受冲击，葫芦在工艺方面的作用也大大削弱，云南流行一种葫芦"吞口"，虽为辟邪之物，也是珍贵的工艺品，但是由于葫芦"吞口"成本高，也为陶制或木制"吞口"所排挤。

以上事实说明，近几十年来，社会对葫芦的需要日趋削弱，葫芦功能越来越小。而且社会的需要决定着生产的规模，既然社会已不大需要葫芦，因此葫芦种植业就衰落下来。同时，种葫芦虽然占地不多，但多在房前屋后和园地，由于家庭园地缩小，主要用于种菜，加以葫芦用肥多，农家可以不种葫芦，但不能不种菜，这也是葫芦种植衰落的原因之一。这里则提出一个尖锐的问题：葫芦种植果真要走向绝境吗？我们应该怎么办？这是值得研究的。

自改革开放以来，我国旅游事业有重大发展，而最能吸引中外游客的是祖国的名山大川和传统文化。如山东省旅游局为开拓旅游项目，弘扬传统文化，大力支持发掘和利用传统的地方文化，如潍坊的风筝、年画，石家庄的民俗博物馆，青州的桃文化展览，临朐的葫芦文化展览，都是发掘传统文化的成功之作，又是旅游活动的"热点"。

作者曾详实地考察了"葫芦文化展览",乍听起来,该展览是讲葫芦文化的,但是内容不限于展览本身。从内容上看,他们抓三件事:一是种植,临朐县旅游局曾请有关农艺师为指导,在当地种植数亩葫芦,既是葫芦生产基地,又是葫芦试验场,因为他们从国内外搜集许多葫芦籽种,进行引种,也利用传统的栽培方法,培育各种各样的葫芦,为展览和葫芦开发提供了条件。二是开发,他们对葫芦的应用,一方面保留原有的某些项目,如葫芦雕刻、蟋蟀罐的制作,但是更多地着眼于新的开拓,如请乐器师设计了各种乐器,绘制类似"吞口"的葫芦壁挂装饰品、葫芦风筝等等,这些开发引起市场的重视,也刺激了葫芦种植业。三是展览,该展览通过几百件展品,对葫芦的起源、分布、种类、功能和开发作了全面系统的介绍,特别是将葫芦文化与旅游结合起来,作了可贵的探索。

临朐的经验说明,葫芦种植业还不该退出历史舞台,它的出路何在呢?当然不是重复历史,不是以瓠代铜,这种回头路是无出路的,而是在新的形势下,进行新的开拓。在这里,应该正视历史,该淘汰的让它淘汰,如葫芦在工具、武器、信仰中的消失;该保留的让它保留,如作食品、饲料和某些器皿;该发展的让它发展,如葫芦壁挂、葫芦乐器及其他旅游纪念品、工艺品、盆栽观赏植物,等等,从而能扩大、开拓新的功能范围,给葫芦种植业以新的刺激。

总之,我们应该认真总结、研究我国古代葫芦种植业及其社会应用,本着批判继承的原则,取其精华,弃其糟粕,这样才能正确地对待葫芦文化遗产。同时,根据现代旅游事业发展和人民精神文化生活提高的需要,积极开拓葫芦应用市场,扩大社会功能,这样既有利于传统文化的保护和发扬,有助于旅游事业的开展,也给濒临衰落的葫芦种植业以起死回生的推动。所以葫芦文化的研究是颇有出路的,尽管今后的葫芦种植面积不会比历史上的规模大,但是它却以较小的种植舞台,进行更科学、更富于活力的种植,并且为社会作出新的贡献!

（原载《农业考古》1993年第1期）

葫芦与盛器
——葫芦文化研究之五

刘庆芳

文化，从广义来说，指人类社会历史实践过程中所创造的物质财富和精神财富的总和。文化学的微观研究和比较研究都极重视对文化质点的搜集和考查，从而以小见大，掌握各种文化的异同，了解其结构和功能，进而揭示内在与外在规律。那么，对文化现象中的一个质点——葫芦与盛器的渊源关系进行研究，应该说是很有意义的。

葫芦的概念，有狭义与广义之分。所谓狭义，即指瓠果上下部膨大，下部大于上部的缢腰状类，俗称"丫丫葫芦儿"；广义的葫芦，则指"成熟后果皮木质化"的葫芦家族。葫芦家族在植物分类学上属双子叶纲葫芦科，其主要成员计有瓠、悬瓠、匏、壶、蒲芦等。《简明不列颠百科全书》称："葫芦，果有棒状、瓢状、海豚状，壶状等。"棒状如越瓜者为瓠（L.S.–Varclavata），有腹而长柄者曰悬瓠，无柄而圆大者为匏（L.S.Vardcprssa），匏之有短颈者称壶（L.S.cougourda），壶之细腰者谓蒲芦（lagenriasiceraia）。本系列所言葫芦，即为广义的葫芦。

以器受物谓之盛。葫芦作为盛器，可谓源远流长。《诗经·大雅·公刘》："执豕于牢，酌之用匏。"商至周代中期，人们习尚饮酌，则以葫芦为器皿。《诗经·豳风·七月》："七月食瓜，八月断壶，九月叔苴。"就是讲葫芦的用途——七月份吃嫩葫芦，八月份采摘长老的果壳作壶，九月份拾取成熟的麻籽。用什么器物来盛麻籽呢？诗中没有明说，承上句就是长老的葫芦。在《诗经》产生、形成的那个时代，青铜壶早已大量出现，除铭文记载外，古代典籍中也有记述。那时壶的用途相当广泛，可盛水、酒，也可盛食物，还能盛谷物。《正韵》："夏商曰尊彝，周制用壶，有方圆之异。"这些都是上层统治者之壶。至于农人，仍用天赐之物葫芦作壶，则是正常的。一直到了西汉昭帝（前86—前74年）时，"庶人器用，即竹、柳、陶、匏而已"[①]。

在古代的祭献礼仪中，葫芦是必不可少的盛器。儒家典籍《礼记·郊特牲》中说："器用陶匏，以象天地之性。"疏："陶，谓瓦器。"后人对"陶匏"有两种理解：一种理解为偏正结构，即陶制的葫芦状器皿[②]；另一种理解为并列结构，即陶器和盛器——用陶制成的和用葫芦制成的两类材料不同的器物。古人行文不用标点符号，以致使后人产生了分歧。其实，这个问题不难理解，只要稍涉一些典籍便可冰释。《新唐书·礼乐志二》："洗匏爵，自东升坛。"《宋史·乐志八》："匏爵斯陈，百味旨酒。"后世公认，"匏爵为古代祭天礼器之一，以干匏做成，用以盛酒，后代帝王郊祀，仍用匏爵"[③]。用匏器祭天是一贯的，不可能中间出现全部用陶制的葫芦状器皿的插曲。笔者认为，在陶器出现之前，先民们祭天很可能全部使用匏器，而陶器出现以后，尤其是仰韶文化时期及以后，制陶工艺已比较成熟，陶器也会出现在祭献的供桌上，从而打破了匏器的一统局面。也就是说，笔者倾向于后一种理解。

祭祀包括祭天和祀祖。祭天是为了建立、维持或恢复人与神的良好关系，而将物品献给神祇的宗教仪式；祀祖则是为了缅怀先人、求得先人在天之灵保佑庇福，而奉献物品的活动。这两种仪式，在所有社会性活动中规格最高，气氛最隆重，礼仪最庄严，是国家的大典。在这样的场合用葫芦作盛器，可谓登大雅之堂，可见其地位之高，也可以看出其作为盛器的历史之

---

① 桓宽：《盐铁论》。
② 徐燕平：《〈诗经〉中的动植物崇拜与情爱意识》，《上海师范大学学报》（哲学社会科学版），1990年第1期。
③ 《大辞典》，台湾三民书局1985年版。

久远。

任星移斗转，沧海桑田，葫芦作为盛器一直在伴随着中华民族世世代代的实际生活，或盛水，或盛酒，或盛油，或盛药饵，或盛衣物……用葫芦盛水，适合于旅行远足、行军打仗。唐段成式《酉阳杂俎》中说："若欲取水，以骆驼髑髅沉于石臼中取水，转注葫芦中。"当今的旅行水壶又称"水葫芦"，源于此无疑。葫芦作为酒具，有两种形式：一是酒杯。苏轼《前赤壁赋》中有"驾一叶之扁舟，举匏樽以相属"句，匏樽即以干匏制成的酒杯。二是相当于酒瓶的容器。《水浒传》中"林冲风雪山神庙"一回，说林冲用葫芦打酒，"花枪挑着葫芦"。用葫芦盛油，也有两种情况：一是容器，二是量具。欧阳修《卖油翁》："取一葫芦置于地，以钱覆其口，徐以杓酌油沥之，自钱孔入而钱不湿。"民间卖油的量具（俗称提子）有一种为葫芦状，多为铜或铁片制成，顶部一侧开口，故称之为"葫芦"。鲁豫交界地区流传着"一葫芦四两，四葫芦半斤"的笑话。说一个人不会算账，第一次出门卖油，大声吆喝"一葫芦四两，四葫芦半斤"（旧秤一斤为十六两），油卖得很快。回家告诉给父母，父母骂他不中用。他自此以后仍然"一葫芦四两，四葫芦半斤"那样喊，那样卖，却居然发了财，原来他长了个心眼儿——在油里面加上了水。① 葫芦之盛药物，元朝《王氏农书》有载："瓠之用途甚广……小者可作盆盏，长柄者可作喷壶，亚腰者可盛药饵。"《后汉书·方术传·费长房》中说："市中有老翁卖药，悬一壶于肆头。及市罢，辄跳入壶中，市人莫之见，唯长房于楼上睹之。"因此，后世将医者称为"悬壶"，葫芦也成为药店的标志，影响至文学创作，于是就有了文学作品中神仙灵怪将仙丹妙药藏于葫芦中的描述。《西游记》第39回中说，太上老君"取过葫芦来，倾出一粒金丹，递与行者"，孙悟空用这粒"九转还魂丹"救活了被妖精推入井中淹死三年之久的乌鸡国王。《封神演义》第47回："杨戬暗放哮天犬，赵公明不防备，早被哮天犬一口把脖颈咬伤，将袍服扯碎，只得拨虎逃归辕门。闻太师见公明失利，慌忙上前慰劳。赵公明

---

① 笔者本鲁西人，此故事自幼即有所闻。

曰：'不妨'。忙将葫芦中仙药取出搽上，即时痊愈。"清人任渭长之木刻作品《壶公》图，被袁珂收入《中国神话传说词典》。图中壶为近代人工容器之壶，并题曰："壶中日月长，投壶不中者，饮。"不确。壶公之"壶"，应为葫芦，且《后汉书·方术传》抑或晋葛洪《神仙传》中，只有壶公跳入壶中饮酒之事，并无投壶之戏。用葫芦贮藏衣物，有着特殊的功效。《永乐大典》引《琐碎录》："大瓠至冬干硬，制成盒子，可贮毛衣、红紫缎子，经久不蛀，色亦不退。"山东聊城一带喜好蓄养蝈蝈，夏秋之季从田间捉来，放入由高粱秸或竹篾编成的笼子里，冬天则将蝈蝈放入葫芦，揣在怀里御寒。闲暇之际在房前街头晒太阳，取出葫芦，让蝈蝈爬出，在阳光下抖翅嘶鸣，别有一番情趣。

葫芦还可以做勺子。《庄子·逍遥游》："惠王谓庄子曰：'魏王贻我大瓠之种，我树之成而实五石……剖之以为瓢'。"民谚："一只葫芦解俩瓢。"瓢，剖瓠瓜硬壳制成用以取水浆的工具，从古到今沿用不辍。《论语·雍也》："一箪食，一瓢饮，在陋巷，人不堪其忧，回也不改其乐。"陶潜《祭从弟敬远文》："冬无缊褐，夏渴瓢箪。"《南齐书·东昏本纪》中说："驰骋渴乏，辄下马解取腰边蠡器，酌水饮之。"蠡器即葫芦瓢。《后汉书·礼仪志下》："匏勺……容一升"，说明了古时祭天所用葫芦瓢的容量标准。我国许多地方至今仍把勺子呼作"瓢"，把汤匙称作"瓢根"，如武汉地区。由于饮食于人为第一要事，因此人们把瓢当作"饭碗"的代名词。俗语云："信人调，丢了瓢。"比喻听信别人挑唆，受以重大损失。《金瓶梅词话》第81回："说俺转了主子的钱了，架俺一篇是非，正是割股的也不知，拈香的也不知。自古信人调，丢了瓢。"

葫芦作为盛器，尚有不少异闻趣事。《云笈七签·二八》："施存，鲁人，夫子弟子……常悬一壶，如五升器大。变化为天地，中有日月，如世间。夜宿其内，自号'壶天'。"《事物异名录》载：梁朝有一僧人，南渡时带着一只葫芦，里面装有班固的《汉书》真本。宣城太守得到以后，称之为"瓠史"。自此，"瓠史"成为史籍真本的代名词。《云仙杂记》引《诗源指诀》："王筠好弄葫芦，每吟诗，则注于葫，倾已复注，若掷之于地，则诗成矣。"

广西瑶族有"葫芦订婚"习俗：男女相识以后，男子邀请两个男性伙伴作为媒人，携带猪肉和一对装满酒的葫芦，到女家去求婚。媒人将葫芦挂在女家门前篱笆上。女方如同意这门亲事，就收下酒肉，一年后举行婚礼；如果用针将葫芦刺穿，使酒流出，则表示拒绝。^①关于人类出自葫芦的创世神话，在我国许多民族中都有流传。佤族《青蛙大王与母牛》故事中说，佤、白、傣、汉诸民族及大小各种动物依次从葫芦中走出；瑶族《伏羲兄妹的故事》称，伏羲兄妹躲在葫芦里，避过雷王发下的洪水灾患，成为大瑶山五瑶的始祖；畲族则认为自己的祖公盘瓠就诞生在葫芦之中，等等。一些研究者认为，这类故事只存在于少数民族地区，这种认识是失于偏颇的。近些年的民俗采风证明，在汉族繁衍生息的广大地区，也不乏人类起源或再生于葫芦的传说。在被称为"羲里娲乡"的古秦州（今甘肃天水）一带，至今流传着伏羲是葫芦娃的故事：伏羲是一民女和龙王之子。民女和龙王成亲后，便一块儿飞到天上去住。后来人间发洪水，民女便把初生的伏羲放在一只葫芦里，放回人间，保留了人种^②。

考古资料表明，葫芦作为盛器，早在史前时期就出现了。浙江余姚河姆渡新石器时代遗址发掘出葫芦籽和破碎了的葫芦，桐乡县罗家角也出土了葫芦^③。这说明至少已经有了7000年的历史。葫芦与石器、陶器不同，它是有机物，有容易腐朽销形的特点。据估计，比河姆渡文化更早的文化遗址中当也不乏葫芦，只是由于年代久远，早已化同泥土，无可寻觅罢了，幸或有未被发掘者。稍晚一些的，有杭州水田坂良渚文化遗址关于出土的报道^④。良渚文化以农业发达著称，据碳－14法测定，其存在年代约为公元前3000年左右。至于再晚的时期，发掘发现就越来越丰富了。在江西、湖北、广西、四川、江苏等地的商、周、春秋墓葬中，都有葫芦和葫芦瓢出土。在至迟春秋时期就已经开采的湖北大冶铜绿山铜矿遗址1974年发掘出的遗

---

① 《家庭婚姻大辞典》，上海社会科学院出版社1988年版。
② 武文、周绚隆：《华夏民族与葫芦文化》，《民俗研究》1995年第1期。
③ 陈文华：《论中国农业考古》，江西教育出版社1990年版。
④ 陈文华：《论中国农业考古》，江西教育出版社1990年版。

物中，有一件用整块木头刳制而成的排水工具，形似瓢，被考古学家定名为
"木撮瓢"①。木撮瓢较之葫芦瓢，质地更坚实，更适合于在矿井中派用
场。这是先人们的一项创造，是瓢类成器由自然生葫芦瓢向其他材料制成
品发展过程中的过渡性代表，一件可资征信文物。

在人类社会即将进入21世纪，科学技术水平相当高的今天，最原始的
盛器——葫芦没有销声匿迹，仍在人们的生活中扮演着重要角色。尤其是
农家，多能看到葫芦盛器的存在。这种传统还渗透进现代工业生产中去，
有许许多多的盛器设计成葫芦状，如茶具、酒具、药瓶、水杯等等，形成
了原始形状与现代材料、现代工艺的奇妙结合，使人们时时追寻那远古的
记忆。历史老人的脚步往往会走成一个圆。随着社会的发展，一些一度被
忽视的东西又受到青睐，变得时髦起来。这种现象被社会学家称作"历史
的回归"。据《齐鲁晚报》1991年10月16日报道，葫芦瓢走俏泰安城。文章
说，在摆放着平面直角彩电、录像机、高档组合家具的一些泰城居民家中，
已经消失了几十年、被称为"出土文物"的葫芦瓢又重新出现。泰城人普遍
认为，使用这些传统的用具，能保持食品的原味，防止现代文明病。泰山无
线电总厂一位女工看了报纸上关于长期使用铝制品对孩子大脑有损的报道
后，马上去农贸市场花两元钱买了一只葫芦瓢，她还计划将厨房用具大部
分换成传统的。

自远古至今，人们喜爱用葫芦作盛器，究其原因，大致有四。首先，葫
芦为天然之物，得来容易。野生者无须说，即使人工栽培，也不用费多少
气力；其次，葫芦为圆形，而圆形在表面积相等的各种形状的盛器中容量最
大，且在葫芦家族中，瓠果形制尚有浑圆、椭圆、棒状、凸轮状等之分，能适
应不同用途的需要；第三，葫芦外表光滑，整体坚实、轻便，便于加工，便于
携带；第四，具备较高的审美价值，人们使用它，除获得实用价值外，还能得
到美的享受。至于古代帝王祭天祀祖时用作礼器，主要的是看中了它的生殖
象征性。葫芦大腹中空，酷肖妊娠妇女的体态，且又多籽（"籽"与"子"同

音），曾被先民们尊为生殖之神。用葫芦盛器作祭天祀祖大典之礼器，正是祈求人类自身生产的多子多孙和农业生产的丰产丰收。

大家知道，在盛器这个大家族中，有一个很重要的成员——陶器。陶器由粘土（或加石英等）经成形、干燥、烧制而成，新石器时代开始大量出现。它是当时人类的主要生活用具之一，并开启美轮美奂的瓷器世界。我国古代有"神农作瓦器陶"、"黄帝以宁封为陶正"和"舜陶于水滨"等传说，证明先民非常重视陶器的生产。目前发现的最早的陶器实物，出土于河南新郑裴李岗、河北武安磁山、江西万年仙人洞和广西桂林甑皮岩等遗址，距今已有七八千年或说近一万年了[1]。恩格斯在《家庭、私有制和国家的起源》一书中说，人类发明制陶术是蒙昧时代结束、野蛮时代开始的标志。

物皆有源。那么，陶器的源头在哪里？是什么契机使先民们发明了它？传统的观点一直认为，陶器的发明是由于在编织的容器上涂上粘土，使之能够耐火而产生的，即由于涂有粘土的编织篮子经火烧后形成不易透水的容器，从而启发了人们把粘土塑造成型，经过火烧而成[2]。而笔者认为，陶器的源头不是编织的篮子，而是葫芦。当是受葫芦的启示，华夏大地上才有了仰韶文化时期的陶制壶、鬶、豆、觯、杯，才有了青铜文化时代的尊、罍、瓿、爵、卣，乃至后世各种材料制成的坛、罐、瓮、缸、瓶等。

要说明这个问题，可以先从文字学角度进行分析。我们知道，各种类型文字的早期阶段，都是用单个图形或若干图形的组合记事，图形本身即能表明意义[3]。尤其是汉字，是一种具有悠久历史和富有表意特性的文字，在其记录汉语的数千年历史过程中，也记录了汉民族的其它历史文化内容。从这个意义上说，汉字堪称汉民族历史文化的活化石，在音、形、义诸方面都蕴含着华夏祖先文明的信息。我们可以从汉字的部件、构造及演变等，窥见通过其他途径所不能了解的古代世界。

葫芦，又称壶、匏、瓠等，壶，小篆作壺《说文》："壺，昆吾圜器一也。

---

① 见《文汇报》1991 年 2 月 25 日载文《我陶器起源应在一万年以前》。
② 刘凤君：《中国古代陶瓷艺术》，山东教育出版社 1990 年版。
③ 《文化学辞典》，中央民族学院出版社，1988 年版。

像形，从大，像其盖也，"许氏之说诚然不错，但有"抓了芝麻，丢了西瓜"之嫌。对壶字像形的说解，除"大像其盖'外，还应加上"◯表示葛芦嘴，♨为葛芦体"之类的话。《吕氏春秋·君守》："昆吾作陶。"高诱注："昆吾，颛顼之后，吴回之孙，陆终之子，己姓也。为夏伯制作陶冶埏埴为器。"以上两段引文均有"昆吾"出现，对于其身份，我们已经明确了——制作陶器的祖师。那么，这个神话中的人物，其原型又是什么呢？答案是葛芦。从音韵学上说，"昆吾"是"葛芦"的音转。古时书面语中没有"葛芦"一词，《说文解字》就未收"葫"字。葛芦由野生进入人工栽培阶段以后，一般要攀缘在篱笆上，所以《世本·帝系篇》说："陆终娶于鬼方氏妹……孕三年而不育，剖其左肋，获三人焉，剖其右肋，获三人焉。其一曰樊，是为昆吾。"樊就是篱笆。葛芦作为一种植物，其生存生长离不开水，所以《山海经·大荒西经》中说："大荒之中有龙山，日月所入。有三泽水，名曰三淖，昆吾之所食也。"

据生物学家研究，大自然恩赐给人类的现成的盛器是不多的。在华夏民族活动区域，就目前所知，植物中仅有葛芦一科：而人类认识葛芦，首先是从食物的角度。人类是由古猿进化而来，而猿猴本是杂食动物，但以吃植物为主。人类出现伊始，必然要继承这种习性，主要靠采集野果、野菜和植物块茎为生。《淮南子·修务训》："古者，民茹草饮水，取树木之实。"《韩非子·五蠹》："古者，丈夫不耕，草木之实足矣。"又云："上古之世……民食果蓏蚌蛤。"蓏，藤蔓生长于地面的瓜类果实。《说文》："在木曰果，在草曰蓏。"《周礼·天官》："蓏，瓜瓞之属。"葛芦是一种瓟果硕大、皮厚肉多的瓜类植物，对于经常处于饥饿状态的原始人来说，是极其宝贵的。一只葛芦，可以救活一个人；一片葛芦，可以拯救一个部族。我们有理由这样想象：在原始社会早期，先民们很看重葛芦，嫩的食用（即"食瓜"），老的则用石制砍削器除去柢部（即"断壶"），用来盛采集到的植物果实（即"叔苴"），或用来盛水。

随着人类的逐渐开化，生产力也在逐步提高，由单纯的采集经济进展到采集渔猎经济，继而跃进到主要从事增加天然产物的农牧生产经济。在这一过程中, 葫芦作为食物的重要性在逐渐减弱, 而作为盛器的价值则越来越突出。"夫瓠所贵者, 谓其可以盛也"①, 就是对这一认识变化的总结。在相当长的历史时期内, 葫芦作为盛器中的主要者, 一直在陪伴着我们的先人们, 但久而久之, 或是自然界的葫芦不敷以用, 或是觉得不尽如人意, 于是他们就仿照葫芦的样子, 用泥巴捏制。泥巴盛器很不坚固, 易损易坏, 尤具是容易被雨水淋毁, 他们就用火烧, 于是, 就出现了原始的陶器, 在人类文明史上迈出了极其重要的一步。《淮南子·说山训》:"见窾木浮而知为舟", 我们说"睹葫芦而知为陶", 也该是成立的。可资征信的是, 仰韶文化遗址出土有不少葫芦状陶器。陕西眉县杨家村古墓葬曾出土一批粗陶酒具, 经碳-14断代, 距今5800~6000年之间, 是仰韶文化中期的遗物, 其中有一件葫芦瓶②, 距葫芦河不远的甘肃秦安县五营乡大地湾原始文化遗址, 曾发掘出大批制作于7000年前的陶器, 其中以葫芦瓶和人首瓶最具代表性。值得一说的是, 人首瓶的瓶口部分为人头状, 瓶身也里葫芦形③。

在提出上述陶器起源"仿葫芦"说的同时, 笔者对传统的"涂泥巴"说也不敢完全否定, 即使"涂泥巴"说能成立, 但是当初的泥巴涂在了什么东西上, 也值得商榷。我认为, 是涂在了葫芦上, 而不是其他。如前所述, 葫芦是天然的, 也当是人类最早的盛器。闻一多也曾论定:"古器物先有匏, 而刳木、编织、陶埴、铸冶次之。"④将泥巴涂在葫芦大腹之径线处, 为甂、瓯, 涂在径线以上, 为瓶、罐; 涂至缢腰处, 则罂、缶……大小形状, 悉如人意。不好想象, 在原始陶器之胎的选择上, 会舍弃天然的而求人工的, 舍弃熟悉的而求陌生的, 舍弃容易的而求困准的。

近年来有人对我国少数民族的原始烹调进行了研究, 列举的原始炊具计有树叶、竹筒、篾筐、果壳、牛皮等, 并得出一个"新的启示: 在牛皮炊具外表涂以粘土, 很可能也是陶器发明的又一个途径"⑤。如果从炊具的角

① 《韩非子》引齐居士田仲语。
② 师恩:《平中出奇　凡中有异》,《民俗研究》1988年第3期。
③ 武文、周绚隆:《华夏民族与葫芦文化》,《民俗研究》1995年第1期。
④ 《闻一多全集》, 上海开明书店1948年版。
⑤ 夏之乾:《我国少数民族的原始杀牲和原始烹调》,《民俗研究》1991年第2期。

度说，我认为陶器起源于葫芦之说更有充分的理由。笔者曾根据物理学中的热传导定理，亲自做过实验，用葫芦作炊具，可以烧水煮饭。用葫芦作炊具，还有一个优点——切下的底部可以用来作盖儿。这一点是树叶、籐筐等所不能比拟的。尽管当时人类处于蒙昧时期，但对这一点还是能认识到的。

辩证唯物主义认为，人的认识是客观物质世界的映像，是对客观事物的能动的反映过程。"人类认识世界，首先是用形象思维，而不是抽象思维。"[1]无论是"仿葫芦"说、"涂泥巴"说，还是从炊具的角度说，陶器都只能是起源于葫芦。当然，原始人因葫芦而烧制、发明陶器，并不是心血来潮、一蹴而成的，恐怕是经过了数以万计的年岁，那是一个复杂、缓慢、渐进的过程。

（原载《民俗研究》1994年第2期）

---

[1] 钱学森：《开展思维科学的研究》，《思维科学》1985年第1期。

腰舟考

宋兆麟

葫芦是自然界最古老的物种之一,由于它具有得天独厚的性质和功能,在人类发展史上曾有过辉煌的一页。几年前,作者曾以《葫芦的功能与栽培技艺》为题,作过初步研究[①]。最近为迎接"葫芦文化国际学术研讨会"的召开,又草拟《腰舟考》一文,奉献给大会,就教于各位学者。

一 文献中的腰舟

洪水传说是世界性的神话题材,不管其母题如何划分,有一点是共同的,即在洪水中求生的人们,总是借助于某种漂浮工具而达到生存的彼岸的。在诸多救生工具中,又以葫芦为大宗。

闻一多先生对49个洪水故事进行分析,认为当时的救生工具有葫芦、瓜、臼、木桶、床、鼓、舟等,其中自然物最多,占57.2%。在七种工具总数的35件中,葫芦占17件;居救生工具之首[②]。其实,还有两种因素应该考虑进去:一,瓜在东南亚地区与葫芦同义,因此葫芦在救生工具中的比例还要大得多;二,在上述救生工具中的臼、木桶、床、舟,都是晚起的工具和

---

① 宋兆麟:《葫芦的功能和栽培技艺》,《农业考古》1993年第1期。
② 《闻一多全集》第1卷,三联书店1948年版。

用具，洪水传说时代尚不存在，这是应该排除在外的。由此可知，洪水传说时代的救生工具，主要是葫芦、瓜。

为了探索葫芦在洪水时代所起的作用，有必要在文献中找到支持。在浩如烟海的古籍中，有不少关于葫芦的记录。葫芦古称匏、瓠、壶，后来又称壶卢、藤姑、浦卢、扁浦、瓠瓜卢等。葫芦不仅是食物，成熟后可制作容器，由于它体积大重量轻、防湿性强、浮力大，因此从远古的时候起就作为人类漂洋过海的水上交通工具——浮具。《物原》："燧人以匏济水。"燧人是发明人工取火的英雄，按历史发展脉络推断，他生存于渔猎时代，农耕在当时尚未发明。当时燧人采集野生葫芦为济水工具，完全是合乎逻辑的。

从文献上看，葫芦在先秦时期首先是重要的水上工具。

《诗·匏有苦叶》："匏有苦叶，济有深涉。"

《国语·晋语》："夫苦匏不材，于人共济而已。"

《庄子·逍遥游》："今子有五石之瓠，何不虑以为大樽，而浮乎江湖。"释文引司马："樽如酒器，缚之于身，浮于江湖，可以自渡。"

《鹖冠子·学问篇》冠子曰："中河失船，一壶千金，贵贱无常，时使物然。"陆佃注曰："壶，瓢也，佩之可以济涉，南人谓之腰舟。"

《通雅·杂用》："若今所谓腰舟。"

陈世俊《番俗图》有一幅渡溪图场面，有人拉着牛尾巴过河，有人挟着一个大葫芦过河，配以诗文："腰掖葫芦浮水，挽竹筏冲流，竞渡如驰。"这是台湾土著民族以葫芦为舟的情形。

在《琼州海黎图》上也有一个以葫芦为舟过河的场面，说明海南省黎族也使用腰舟。

从上述事实看出，在我国辽阔的地区曾流行一种轻巧的葫芦船，又称腰舟。可见葫芦是古代较流行的交通工具，洪水传说中以葫芦为救生工具是可信的，有大量的文献、图像为证。

有一种说法认为葫芦船是由葫芦生人信仰衍生出来的，葫芦并不能载人。其实不然，正如文献所述，葫芦虽然不能大如船，里边不能坐人，但是如果人能抱一个大葫芦，或者腰部拴一串小葫芦，同样能增加人的浮力，帮助人战胜江河险阻。葫芦的这种实用性，是最早被人类发现的，以其为食物，以其为用具，以其为浮具，在长期应用的过程中，才发现葫芦多子，寓意生殖，于是产生葫芦生人信仰，这种信仰应该是晚起的，对葫芦的实用早于对葫芦的信仰[①]。

二　腰舟的"活化石"

葫芦船是什么样的？又是怎么制作和驾驶的？文献并没有具体说明。礼失求诸于野。那么，民间是否还使用葫芦船呢？这是我一直关注的问题。

1992年至1995年期间，我在海南省五指山从事一个热带雨林与黎族文化的课题，顺便对黎族以葫芦为浮具作了详细调查。

黎族是一个海岛民族，尽管其主体是来自大陆的越人，但也从周围迁来其他岛屿的居民，久而久之融合在黎族之中了。所以黎族同海洋打交道较多，同时，海南岛内江河纵横，黎族在捕捞、狩猎、农耕等生产活动中，也常常遇到江河的阻隔。因此，该族从古代起就利用各种水上交通工具，战胜江河，谋取生存。他们所用的水上交通工具起初就是葫芦，后来才有独木舟、竹筏和木板船。

海南岛地处热带、亚热带，加之黎族善于种植葫芦，每家都有一个葫芦架，其上吊着大大小小的葫芦。有一次我看见房东正从一个青嫩的大葫芦上切下一块葫芦做菜吃，而缺损的葫芦照长不误，主人还可从上取食。据房东说，这是吃鲜、保鲜的好办法。当地产的葫芦，品种多，体积大，如长形葫芦达1米许，圆形葫芦高70多厘米，直径60多厘米，前者多用于背水，后者则制作葫芦船。

黎族通常选择较大的圆形葫芦，外边编以竹篾或藤网罩，上有提梁，下有圈足，平时可以储藏谷物，放在地上有圈足支撑，比较平稳，平时则挂

---

① 宋兆麟：《从葫芦到独木舟》，《武汉水利工程学院学报》1982 年第 4 期。

起来，因为当地鼠患严重，放在地上不行，房梁、房椽上多挂钩，所有食物容器都挂起来。出行则携带葫芦舟，作为水上交通工具。游渡时，有两种操作方法：一种是用一只臂挟住葫芦，另一只手和双脚划水，类似侧泳姿态；另一种是把葫芦置于头前，双手抓住葫芦上的竹篾或藤网套，双腿上下交替击水，如狗爬式游动。由此看出葫芦船上的竹、藤网套，不仅是起保护作用，利于放置，还便于操作时掌握。

值得注意的是，黎族的葫芦舟，不单是过河的浮具，也是一种简单的运载工具。因为黎族的葫芦舟上部皆开口，口径10—13厘米，外套以皮盖。皮盖制作很特殊，即在葫芦船做好以后，取一块泡软的水牛皮，将葫芦船口包紧，用绳扎住。待水牛皮干燥后取下，割掉毛边，剩下的就是一个倒扣的皮盖了。过江时，游者把怕湿的衣服、干粮等物装在葫芦内，然后加盖，即使遇到风吹浪打，葫芦内的衣物也不会受潮。抵达彼岸后，又从葫芦里取出衣物，穿上，又背着葫芦赶路了。

作者在海南曾沿昌化江及其支流走访了二十多个村寨，凡是依江河而居的黎族，每户都收藏三、四个葫芦船，挂在房檐下，有些已使用两、三代人，油光可鉴。我曾探问道："可以卖给我们一件吗？带回北京展览。"主人说："这是不能卖的，我们过江少不了它。"这句话表明，主人对葫芦船爱惜备至，因为葫芦船是他们同大自然作斗争的武器[1]。黎族的葫芦船，并不是孤证，还有很多有关资料：

台湾土著民族也使用葫芦船，从《番俗图》上看，是挟在掖下过海的，与黎族头一种使用方法不谋而合。

云南西双版纳傣族除使用圆形葫芦过江外，还把若干细腰葫芦串拴起来，扎在腰部，也能帮助人顺利过江。哀牢山下的扎杜江地区的彝族过江或捕鱼时，要在腰部拴一或几个葫芦，前者较大，以网套罩之，后者较小，用绳串起来，可以增加浮力。

广东沿海客家人在下海捕鱼时，往往会把葫芦系在小孩背上，一旦小

---

[1] 宋兆麟：《排齐村黎族生态环境和物质文化的调查报告》，1994年（待发）。

孩落水,葫芦会把小孩漂起来,为大人前往抢救提供方便。

湖北清江流域的土家族,在雨季也常常以圆形葫芦为浮具,外边包以竹篾,下有圈足,形状与黎族的葫芦船相同。

山东长岛地区捞海参时,通常把四个大葫芦拴在一起,扎成方形葫芦船,下垂一绳,拴在捞参者的腰上。捞参者一会沉入海底取参,一会又借助葫芦的浮力露出海面换气。

河南民间也用葫芦船。住在黄河南岸的农民,有些要到北岸种地,这些农民就是抱着葫芦过黄河的。山西北岸的农民也利用葫芦为浮具。当地的旅馆多以葫芦为幌子,认为葫芦是救生的象征。

上述事实说明,以葫芦为游渡工具并不是神话,而是客观存在的事实,并且一直在民间使用着。葫芦是水上交通工具。可以渡江过河,也可以帮助人过海。作者在山东长岛调查时,当地渔民告诉我,过去青年到其他小岛上串门,往往抱着葫芦游水,从一个岛到另一个岛,最后可游到辽东半岛。过去朝鲜称船工为瓠公,因为起初人们也腰拴葫芦过海,改用船只后,船公依然携带葫芦,作为救生工具,故称为瓠公。

三 古老的漂浮工具

现在我们回过头来看看洪水传说时代的腰舟。

人类发展史上是否有过洪水时代? 当然有过,而且不止一次。远的不说,据地质学家和地球物理学家研究,在距今一万多年前,我国尚处于大理冰川期。大约12000年前开始,由于天体运行的变化,地球上的气候由寒转暖,积雪大量融化,冰川只占极盛时期的三分之一,广大地区气候湿润,河流湖泊众多,降雨量大增,植物茂盛,动物繁衍,不少外迁的动物又回来了。海平面上升达百米以上,陆地上江河的水面也相应地升高了,洪水四溢,如果说冰川期是冰雪的世界,现在则是汪洋的世界,洪水淹没大地[1]。

---

[1] (日)西村真次:《文化移动论》,商务印书馆1936年版。

这是一万年前后的自然景观。

当时的洪水对人类冲击很大，为了逃避洪水，寻找新的采集地和狩猎场，人类只能不断迁徙，居无定处，过着艰辛的生活。洪水神话就是对这段历史的记忆。但绝不像神话传说所说的那么严重，仅剩下兄妹二人。因为考古学家证明，当时的文化遗址并不见减少，恰恰相反，旧石器晚期遗址数量很多，分布地域也扩大了，在较寒冷的地区也出现了。更为重要的是，人类在当时有许多发明，如人工钻木取火，带索鱼镖、弓箭等，说明人类在洪水的冲击下，并没有遭到灭顶之灾，有些氏族部落还走出了森林，开发平原，在采集经济的基础上发明了农业，开始了新石器时代的经济革命。当时为了战胜洪水，也发明不少水上交通工具。

人类在水上使用的交通工具，最早并不是船，而是漂浮工具[①]，因为当时生产力极端低下，尚不会制作独木舟、竹筏，而是利用一些浮力很大的物体为水上工具，葫芦就是最早为人类所应用的漂浮工具。那么，葫芦的栽培历史是否与洪水传说时代相符呢？这要作具体的分析。

葫芦是一种古老的野生植物，人类在攫取经济时代就采集嫩葫芦为食物，或者采集成熟的葫芦为容器，当然也以其为漂浮工具。洪水时代所用的葫芦应该是野生葫芦，当时农耕尚未发明。农业发明之后，野生葫芦又驯育为人工栽培植物。过去有的学者把葫芦想象为起源于南亚某个具体国家，经过漂洋过海才传到世界各地。不过，这种观点并没有得到考古学的证实。相反，在亚、非和美洲都发现过古老的葫芦。如埃及古墓中出土的葫芦，为公元前3500至公元前3300年间的产物。我国浙江余姚河姆渡新石器时代遗址出土有人工栽培的葫芦皮、葫芦种籽，说明我国是最早培植葫芦的国家之一[②]。游修龄教授认为，葫芦是我国南方部落培养成功的。从现有的资料分析，如同水稻的起源是多元一样，葫芦也不会起源于一地，而是在不少地方栽培的[③]。

---

① （英）柴尔德：《远古文化史》，群联出版社1954年版。
② 《河姆渡发现原始社会重要遗址》，《文物》1976年第8期。
③ 游修龄：《葫芦的家世》，《文物》1977年第8期。

商周时期葫芦栽培已经很普遍了。甲骨文把葫芦写成🖼、🖼，形如葫芦，但有盖，有座，显然是葫芦外边有竹篾，其形制与黎族的葫芦船相若，说明当时还沿用葫芦船。周代诗歌中经常提到瓠。《诗·豳风·七月》："七月食瓜，八月断瓠，九月筑场圃。"七月吃的嫩葫芦，八月葫芦成熟了，可以摘下来制作葫芦器皿。东周时期农业技术有重大进步，栽培葫芦技术也改进了。《庄子·逍遥游》："惠子谓庄子曰：魏王贻我大瓠之种，我树之成，而实五石，以盛水浆，其坚不能自举也，剖之以为瓢，则瓠落无所容。"能长出五石之瓠，这要多么高超的栽培技术。汉唐以后，葫芦栽培又有改进，一是体积更大。《蛮书》卷二南诏"瓠长丈余，冬瓜亦然，皆三尺围"。二是欣赏性葫芦栽培技术的发展。

根据现代植物学家的分类，葫芦共有五种，这一点在明代李时珍《本草纲目》中记录最详细：壶芦俗作葫芦，长如越瓜，首尾如一者为瓠。瓠之一头有腹而长柄者为悬瓠；无柄而圆大形扁者为匏；匏之有短柄大腹者为壶；壶之细腰者为蒲壶。

从作者所见到的葫芦船看，基本有两种类型：一种是壶，有短柄大腹者，即大圆葫芦，这是作腰舟的主要形态，多单独使用，抱着或挟着使用。另一种是蒲芦，即细腰、亚腹葫芦，由于这种葫芦较小，常常把若干个细腰葫芦串拴在一起，拴在腰部，这是腰舟的真正来历。

四　关于巴人土船

在明确了葫芦为古代的水上交通工具之后，作者又联想到古代三峡地区巴人的"土船"问题，它与葫芦有密切关系。

在湖北清江（古夷水）流域，先秦时期居住着一支巴族，传说其祖先廪君生于清江武落钟离山，其上有两个山洞，一个赤穴，另一个黑穴。巴氏之子生于赤穴，樊氏、瞫氏、相氏、郑氏之子生于黑穴。五个部落并存，没有君长，互相争斗不分胜负。后来求助于神判，先以掷剑于穴中，廪君获胜。又以土船决胜负。《太平御览》卷七六九《世本》："廪君名务相，姓巴氏，即与樊氏、曋氏、相氏、郑氏,凡五姓争神。以土为船,雕文画之而浮水中,其船浮者神以为君。他姓船不能浮,独廪君船浮,因立为君。"从此廪君为王,四姓臣服。后来一支由清江循郁水转入乌江之枳(涪陵),后又溯江而上至陪都(重庆),定为巴都,而以平都(丰都)为陪都。巴人崛起是一个历史事实,没有争议。有趣的是,在其早期部落统一战争,所用"土船"起了重要作用。那么什么是"土船"呢?

所谓"土船",就字面而言,是以土做的船,也可称为泥做的船。土、泥皆怕水,遇水则溶解,所以土船只能看样,不能在水上行驶,尤其在清江这样暗礁较多的水域,因此巴人所用的不是土船,而要作别的解释。作者以为有两种可能:一种是陶烧的船,它是以土为船,但是经过火烧,不怕水,可在水中行驶。不过,这种陶船不会很大,很可能是利用陶壶、陶罐作为浮具,在江水中游弋,而这些陶器正是由葫芦船演变来的。

另一种是以葫芦为船。三峡为古代腰舟流行地区,当时使用葫芦过河,也是不奇怪的。1994年作者曾在三峡地区从事民俗文物考察,走了几个县,当地的土家族是一个土著民族,保留许多古代巴人的文化因素,如善于舟楫、崇拜白虎、流行跳丧舞、火耕为业,等等。更有意义的是,清江地区的土家族至今还使用葫芦船,该船选用大圆葫芦,把柄端削去,留有开口,腹部以竹编为罩,下有圈足,平时便于放置,出行则拿着提梁携带在身边,过江时,人们挟着葫芦游渡。由此推想,廪时代以葫芦或陶壶为船,才战胜了以泥土为船的其他部落。

总之,葫芦是远古以至古代比较流行的水上交通工具,属于浮具性质,还谈不上是船。但是在使用浮具的过程中,人类不断认识了葫芦、树木等物体的浮力,启发了对船的发明。《淮南子·说山训》:"轩辕变乘浮以造舟楫。"不难看出,万事开头难。葫芦是人类战胜洪水的最古老、最简单的浮具,由浮具又发展为筏具,最后导致了船只——独木舟、桦皮器、牛皮船的发明。所以,葫芦对船只的发明有重要影响。应该指出,葫芦船的应用,是受经济类型和地理环境制约的。因为葫芦生长有一定地域,主要为热带和温带地区,尤其流行于江河湖泊地区,所以它为捕捞和农业民族所保留。在草原、高寒山区和森林地带的猎人、牧人则不种葫芦，不用葫芦腰舟，但当地盛产的羊皮、桦树皮则为制造羊皮舟、桦皮船提供了有利条件。事实上，各民族都根据自己生存的生态环境，因地制宜，就地取材，发明了自己的水上交通工具。

（原载游琪、刘锡诚主编《葫芦与象征》，商务印书馆2001年版）

葫芦文化的民俗地位

山　曼

　　葫芦，在民俗文化中占有一席之地，其历史十分久远。将民俗调查所得的材料与有关文字记载对照研究，不难找到葫芦在人类生活中，由实用，到象征，再到信仰这样一条轨迹。

一　实用价值是葫芦文化生长的基础

　　（一）葫芦的木质化、可浮水的特性，使人类的祖先看中了它，很早取来做成了各种各样的生产工具和生活用具。

　　彭德清主编的《中国船谱》记载中国古代有腰舟："以葫芦为行具，'遇雨不濡，遇水则浮'。腰悬一组葫芦（又称腰舟）泅水，可腾出手来划行或捕鱼，显然比扶抱树干浮水又前进了一步。"[1]王伯敏主编的《中国美术通史》第一卷第二节"陶器的造型"中说："新石器时代早期遗存的陶器造型，是沿用自然物体的外貌，大多数是依据某些植物形态而成型。当时人们的经济生活还保留着颇大的采集和狩猎的成分，原始制陶匠师对于各种瓜果，取其形、会其意，在陶器造型上得到一定的借鉴。裴李岗文化出土的陶器，大多为圆底，这种呈半个圆球形的造型，可能是半个瓜果形体的模拟。不少遗址中出土的依据葫芦造型的器物，更能一目了然地找到生活

---

[1]　彭德清主编：《中国船谱》，人民交通出版社 1988 年 12 月版。

中的原型。"①我们更不妨就此推断，在人类能够制陶之前的很长的时期中，人是直接以自然物加工工具和日用器物的，这其中葫芦无疑扮演着重要角色。等到人们能够制陶的时候，与其说工匠们模拟葫芦造型，还不如说他们模拟的是用惯了的葫芦器物。

（二）先民们仿照葫芦为陶器造型，后来根据生活的需要不断改变着陶器的形象，使陶器的样子离葫芦越来越远，但是陶器仍不能够完全取代葫芦。用于生产工具和生活用器，葫芦与陶器并肩同行数千年，直到今天，在现实生活中仍能够见到它的身影。这就使我们有可能为葫芦文化的研究提供眼见的事实和保存完好的实物。

（三）因为葫芦有不可替代的用途，数千年间农家种植葫芦成了一种代代相承的传统。文人笔下的"豆棚瓜架"，严格说应是"扁豆棚葫芦架"。这样的农家小院图画，在数十年前，可说是千篇一律，家家如此；在今天，这样的图画也并没有完全消失。在民歌中，诸如"小雨纷纷下，淋倒葫芦架……"之类的起兴，也都让好几代人感到特别亲切。

有一种夜蛾，夏日晚间围绕葫芦架采花，民间称之为"葫芦哥"、"葫芦蜂"、"葫芦雀"，儿童用葫芦花诱捕它，常常伴之以歌谣，如"葫芦蜂呀，来点灯呀! 葫芦雀呀，来划火呀! "这歌谣也是世代相传的，足证葫芦文化的源远流长。

在多年的种植中，人们根据自己的需要，培养了不少的葫芦品种：做浮水"飘子"的葫芦几乎没有把；做瓢用的又必须有把；饲养牲畜用的把子很长；牙牙葫芦有大有小；工艺小葫芦则以小巧为贵。

（四）生产活动中的葫芦工具。

用于农业生产的有：种瓢，小规模播种，一手持瓢盛种子，一手捻种；葫芦播种器，将葫芦底部开一方形小孔，掏空种瓢，倒置，将葫芦把处凿开插入一段掏空了的向日葵杆，将种子盛在葫芦中，使向日葵杆下口对着垄沟，摇晃葫芦，沿垄沟步行播种。这样的播种器，笔者亲见山东省荣成地

① 王伯敏主编：《中国美术通史》，山东教育出版社 1987 年 11 月版。

方,60年代中期还有人在使用。

用于渔业生产的葫芦工具有:网浮,俗称"浮子"、"网漂",从前各种流网和定置具都曾广泛使用;用为潜水捕捞的休息工具,旧日山东沿海潜水捕捞的渔民被称作"海碰子",他们工作时,将小船划至渔场,抛锚后,系一个大葫芦在船边,几次潜水感到劳累时并不上船。只是抱住葫芦休息片刻即再行作业;作水中盛鱼器物的浮体,山东莱州沿海渔民,近海捕鱼用"步行网",下网和摘鱼时都用筐盛网盛鱼,筐旁系四个大葫芦使筐浮于水面,顺水推行十分方便。

用于手工磨芝麻油,磨成油浆后,用大葫芦反复顿杵,使油与渣分离。

(五)生活中使用的葫芦器具。

瓢,瓢的使用最为广泛。水缸旁必配水瓢,农村妇女做饭,都以"添几瓢水"计算多少。用以喂猪的瓢称为"浑水瓢"。用以施尿肥的瓢则名为"尿瓢"。水瓢之外总称为"干瓢",其中有"粮食瓢"、"面瓢",小型的瓢又称为"小瓢",多用于装取好粮好面。碗,基诺族人多用葫芦碗。从前的乞丐往往持瓢行乞,也以瓢代碗。壶,用以盛酒,俗称"酒葫芦"。罐,山东沿海渔民有用葫芦锯去上部约三分之一,穿绳为系,做成葫芦罐者,提着赶海、赶集,轻便耐用。

蝈蝈葫芦,北方许多地方,农家有蓄养蝈蝈为娱乐的风俗,蝈蝈笼子多种多样,其中就有以葫芦代笼子的一种。取扁圆小葫芦,从顶端锯开,做一只活动的盖子,再于上部、旁边透雕花纹作装饰同时作通气孔,养蝈蝈于其中,带在身边可以越冬。这种蝈蝈葫芦制作非常精巧,河北徐水、山东济南、聊城等地艺人制作的蝈蝈葫芦都已成了远近闻名的工艺品。

(六)用于其他方面的葫芦。

从盛器演化为商业店铺的招幌。从前北京等地卖酒、卖醋、卖药的店铺都常用葫芦实物或绘画葫芦图案的牌子为招幌。

以葫芦为量器,在农村邻居之间借米借面往往以满瓢为标准;卖油、卖酒、卖醋的小贩,用小葫芦镶把作量器,俗称"提子"或"葫芦",其容量大小用葫芦中加撑高粱秸节作调整。

二　因为熟悉与亲近而产生了葫芦文化

葫芦与人数千年相依相伴,人们对它十分熟悉,说它,画它,模拟它,进而编为故事,作为艺术品,逐渐发展为深远的民间文化。

(一) 在语言交流中,借喻葫芦的形象,形成了许多成语、熟语、歇后语,这些词语至今在民间广泛地被使用着,如:"照着葫芦画瓢"或"依样画葫芦",表示简单模仿;"东扯葫芦西扯瓢",表示谈话漫无边际;"按下葫芦瓢起来",表示一事未平一事又起;"不知他葫芦里卖的什么药",表示不明某人心思;"葫芦搅茄子",表示混淆是非;"骑着葫芦头乱转转",表示某人主意不定;"指着那个葫芦头开金",表示依靠某人某事等等。

(二) 在民间文学作品中,葫芦被用传说、故事、歌谣等各种形式表现着。

流行于山东省泰安地方的幻想故事《红葫芦》(载泰安市郊区民间文学集成办公室编《民间故事集》)可以作为这类作品的代表:

> 在很古的时候,有一户人家,分居生活。老大是个大财主,老二是个大穷汉,他住着两间破草房。
>
> 春天暖和了,小燕子从南方飞回,就在老二的檩上垒了个窝,孵小燕子。小燕子刚长全毛,突然,从窝里掉下来一只小燕子,没摔死,光断了腿。老二两口子急忙找来一块红布,给小燕子包住腿,马上把它放到窝里。后来,小燕子长大出飞,叼来一粒红葫芦种,掉到屋子正当中。老二家两口子拾起来一看,甚感红得出奇,就包了包放在柜里。到了第二年,在清明左右就把葫芦种上了。一出芽就很茂盛,他俩更好好地管理。到了秋后,成熟了一个很大的葫芦,锯开想使个瓢,锯开了,只听轰隆一声,金光四射,照得眼什么也看不着。过了一会儿,见个老头吐金子,老二家两口子赶快拾金子收藏,屋里藏满了金子,从此,老二家富得没大头没小头。
>
> 再说老大,一贯不干正经的事,不几年把家业花得光光的。他知道老二富起来了,就面红过耳地去问富的原因。老二把小燕子摔断腿的

事，对大哥说了个详详细细。老大听后，向老二弄了把钱就回去了。

第二年，燕子也在老大家垒了窝孵小燕。小燕快出飞了，就是不向下掉，他找来一根杆子，把小燕子顶下来一个，也巧，光摔断了一根腿，赶快把预备好的红布拿来，急急忙忙地包好，把小燕子送到窝里。等出飞后，也叼来一粒红葫芦种，丢在大桌子前面，两口子立即拾起来藏好。这时老大两口子认为有了指望，更大吃大喝起来，借的账真无计其数。

来年，老大家两口子把红葫芦种种上，长势也很好，结了一个大红葫芦。秋后摘下来马上动锯，想发个大财享享福。嚓一声葫芦开了，只见一个白胡子老头，坐在地上合着眼睛不说话。两口子急得直出汗，再三地问，你为什么不说话呢？白胡子老头说："我不敢睁眼了，光看你两个欠的账吧！"老大气得摸了根粗棍子，照白胡子老头打来，老头从屋门里腾空而去。老大家两口子急得，真是上天无路，入地无门，只得活活地受罪。

（三）在民间美术作品中，葫芦被用各种形式、各种手段表现着。

在潘鲁生编著的《中国民俗剪纸图集》[1]中，可以看到山东省蓬莱的《蝈蝈葫芦》、山东省滨县的《葫芦蝴蝶》、陕西省的《葫芦多子》等作品；在吕胜中编著的《中国民间剪纸》[2]中又可看到内蒙古赤峰地方的《葫芦生子》、《剪子葫芦》、四川省川北地方的《葫芦福禄》等作品。

民间刺绣作品中既有以葫芦为绣样的，也有将绣件（如荷包、兜肚等）裁为葫芦形状的。民间年画，以葫芦为题材的单幅画比较少见，但也有以葫芦为边框的画幅。

民间建筑上的葫芦装饰有木雕、石雕、砖雕、彩绘等多种形式。

（四）民间音乐中的葫芦乐器，在古代很可能是十分流行的，在今天它或者是一种古老的遗存物，或者是一种新奇的创造，都能够引人注目。

---

[1] 潘鲁生编著：《中国民俗剪纸图集》，北京工艺美术出版社 1992 年 9 月版。
[2] 吕胜中编著：《中国民间剪纸》，湖南美术出版社 1994 年 1 月版。

三 进一步升华为民间信仰的对象

太多的接触,太多描述,终于积蓄为一种解不开的神秘,就如同太遥远、太陌生会变成一种信仰一样,葫芦不可避免地成了一种灵物,成了被崇信的对象。

(一)作为吉祥物的葫芦,还保持着生活化的色彩

山东省微山湖以船为家的渔民,用一个大大的牙牙葫芦拴在小孩的腰间,俗信可保小孩平安,但同时它就兼有装饰的功用,万一小孩落水,无疑又有实际的保护作用;民间剪纸、面塑、年画、工艺品等都常见四个瓶子配四季花卉为一套的作品,其含义大家尽都明白是"四季平(瓶)安"。值得注意的是,作品中的瓶子往往被画成(或做成)牙牙葫芦的形状,从而形成了"双料"的吉祥;供室内陈设的花瓶,也常被造型为葫芦;民间美术作品中,还有一种"盘长葫芦",也是把吉祥图案"盘长"与葫芦结合在一起。

(二)作为神仙法器的葫芦,最有代表性的,就是背在八仙之一的铁拐李肩头的那一只宝葫芦。相传当年李玄(即后来的铁拐李)与弟子杨子在山上修炼,他外出神游时,嘱咐杨子好好守住他的魄(尸身),要待他七日不归时方可焚化尸身。不到七日,杨子因母亲病危急于回家探视,就将李玄的尸身烧掉了,李玄神游归来,游魂到处无所依靠,便附在一个饿殍之尸上,成了铁拐李的样子。当时他知道杨子的母亲已死,不免反思自问:"彼守我之尸而不终者,迫于母也。彼之母死而不克送者,累于我也。我不为之起死回生,彼将终身抱恨矣!"于是,手提拐杖,肩背葫芦,径至杨家,从葫芦里取出一丸异人传授的起死灵丹,救活了杨子的老母,言明自己的身份,忽化清风而去。从此铸定了这位仙人的形象,也使他永远身背一个宝葫芦。

八仙在民间成为妇孺皆知的神仙之后,人们在各种场合用各种形式来表现他们,"暗八仙"就是用各位神仙的法器来代表神仙本身,有这样一着歌谣对"暗八仙"作了说明:

> 钟离宝扇自摇摇，拐李葫芦万里烧，
>
> 洞宾挂起空中剑，采和一手把篮挑，
>
> 张果老人知古道，湘子横吹一品萧，
>
> 国舅曹公双玉版，仙姑如意立浮桥。

这其中，代表铁拐李的葫芦，装有仙丹，不但能为人治病，且能够起死回生，《东游记》中更说这葫芦可以烧干大海。正是因为有这样神奇的传说，葫芦在民间信仰中也扮演了各种各样的角色。

卖药的，用葫芦作装盛，显然不再是一般的容器，更要借重它起死回生的象征意义；习武的，八仙醉行剑中，配有铁拐李兵器，那是一件两头带尖中间有把的铁葫芦，有诗赞曰：

> 拐李兵器推葫芦，上下均有锋锐收。
>
> 大大喇喇虽笨拙，防身进攻派用场。

其招式则有铁拐炼丹式、铁拐备丹式、铁拐送丹式、进步追丹式、铁拐摇丹式种种；醉跌八仙拳中有"铁拐李葫芦失重醉还斟"的招数。在这里，兵器与拳法都把模拟仙人的法器放在了第一位。

叶明鉴《中国护身符》[①]中有两条以葫芦为驱邪法器的材料："民间认为葫芦是神仙的用物，因此，常常将葫芦挂在门首，或者将绘有葫芦里溢出灵气的画贴于堂上，认为这样就可以将鬼祟降服、驱除。"彩葫芦是一种表示驱邪法病的象征物，流行于河北、黑龙江、吉林、辽宁等地区。每年端午节，人们用五色彩纸折叠成形，用剪刀剪裁或糊糊粘贴而成，有圆形、方形、菱形等多种式样，下缀以彩穗，挂于房门上。据清富察敦崇《燕京岁时记》载，端午节当天人们将彩葫芦倒粘于门栏上，到午后取下丢掉，俗谓可泄毒。

笔者1994年端午节到山东省长岛县小钦岛村采风，亲见节日中家家门首都贴着剪纸葫芦。

刘兆元《海州民俗志》[②]中有"瓢压大鼓腮"的记载：江苏省连云港

---

① 叶明鉴：《中国护身符》，花城出版社1993年7月版。

② 刘兆元：《海州民俗志》，江苏文艺出版社1991年10月版。

地方"孩子患腮腺炎,俗叫'大鼓腮'、'蛙子鼓'、'坠耳喉'等等。做晚饭时,让患儿站在灶门前,由老年妇女手拿饭瓢,在灶门火头烤热,轻压患处,边压边说:'坠耳喉,饭瓢揉,速! 好了。'或:'炸腮,饭瓢挨挨,速! 好了。''蛙子鼓,饭瓢焙,速! 好了。'每晚重复七遍,一连压七晚。"这是由葫芦及于瓢,将瓢也作为镇邪祛病法器的例子。

(三)将葫芦作为始祖和保护神的习俗,多流行于西南少数民族地区。刘锡诚、王文宝主编的《中国象征辞典》[①]有较详细的记载:"葫芦"条目:"民间图案:葫芦蔓上结着数个葫芦即表此象征之意。在云南镇沅等地拉祜族中,象征人类始祖和保护神。在云南镇沅,广泛流传着三个关于葫芦的神话。其一说,洪水漫天,人类只有躲在葫芦里的两兄妹得以幸存,他们结为夫妻,繁衍后代;其二讲,洪水年代,世界上只剩一个孤儿。一次孤儿从一条小红鱼口里得到一粒葫芦籽,孤儿将它种在房外,结出了葫芦,后葫芦炸开,里面走出一位美丽的姑娘,与孤儿结为夫妻,人类得以繁衍;其三讲,洪水时期,世间只剩一男子,这男子与一仙女相配,后生下一个大葫芦,劈开葫芦,里面走出许多人来,这些人便是各民族的祖先。由此,拉祜人把葫芦视为吉祥、神圣之物。澜沧、孟连、西盟等拉祜族地区,也有许多人类始祖源自葫芦的传说。在澜沧拉祜族自治县政府大门内,塑了两个高达数米的大葫芦,它是拉祜族人心中女性美的象征。镇沅一带,若姑娘的胸部、腹部和臀部等部位的形状与葫芦相似,则被认为是女性健康的表现,美的象征,多子的征兆,是男子择偶的标准。象征吉祥。拉祜人把葫芦籽钉在小孩的帕子或衣领上。姑娘和少妇,都喜欢在衣领、袖口、筒裙的裙边、围裙的四周、包头巾的两边,用彩线绣上葫芦花、葫芦或葫芦形花纹。爱情的象征,热恋的姑娘,常在送给小伙子的彩带、镜带、火镰包等信物上,织绣着葫芦或葫芦花纹图案。小伙子也常在三弦和赠给姑娘的信物针筒上,精心雕刻上葫芦、葫芦花图案,象征他们的爱情像葫芦花一样洁白、纯净、像葫芦一样实心忠诚。""葫芦模"条目:广西那坡的彝族常用蜡光

---

① 刘锡诚、王文宝编著:《中国象征辞典》,天津教育出版社1991年12月版。

纸剪一葫芦样，贴于神凳壁板上，作为祖灵标志。也有的盖新房屋时，用薄木板锯成两只平面葫芦模样，分别钉挂在顶梁两端，以示确立了祖灵位。葫芦模源于母体崇拜。（东晋）常璩《华阳国志·南中志》："其先，有一妇人名曰沙壶，依哀牢山下居，以捕鱼自给。忽于水中触一沉木，遂感有娠，度十月产子，男十人。"有学者考证："沙壶就是成熟了的葫芦。"进而论证葫芦为汉、彝、白、佤等二十多个民族的共同母体。又因民间传说，洪水泛滥时代，世人被湮灭，唯独一对兄妹避身于葫芦，幸免一死，后兄妹成亲，繁衍后世，葫芦便由母体转而成了祖灵象征，每个家族长子起房时，要做葫芦模，加以供奉，平时以香火祭之。""葫芦喷酒糟"条目："贵州台江、剑河一带苗族吃牯脏（祭祖）仪式。届时男人用葫芦盛酒糟，向穿着盛装的妇女喷洒，妇女亦虔诚地接受喷洒来的酒糟，是繁衍后代的象征。此俗今已淘汰。""葫芦图像"条目："毛南人想象中宝葫芦的图像。毛南人常用木板锯成宝葫芦的图像，悬挂于住屋的封山墙顶的瓦檐下。在石柱脚、石凳、石缸和石墓碑上，也常常刻有宝葫芦的图像。它象征宝贝物。"

　　汉族以葫芦为始祖的例子也散见于各地。天津民间五月端午挂彩纸葫芦，便将葫芦的叶蔓装饰与传宗接代的生育观念联系在一起，彩纸用红、绿、黄三色，称之为"葫芦万代"。

（原载游琪、刘锡诚主编《葫芦与象征》，商务印书馆2001年版）

葫芦考略

罗桂环

　　葫芦是当今我国普遍栽培的一种植物，在我国城乡中有广泛的用途。它是夏天常见的蔬菜，成熟的葫芦常被用作杓、瓮等各种器物和工艺品。古代它称作瓠、匏，人们把它看作瓜类（相当于现代分类学中的葫芦科）的一种。通常所谓的葫芦，按今天植物分类学的标准，包括数个变种，即葫芦（也叫壶卢Lagenaria siceraria）、小葫芦（L.Sicerariavar.microcarpa）、瓠子（也叫扁蒲、长蒲L.sicerariavar.hispida）、匏瓜（又叫瓢瓜或蒲杓蒲L.sicerariavar.depressa）。葫芦和小葫芦的差别主要在果实形体的大小，葫芦的果实的长宽均在10—35厘米，而小葫芦的果实长仅约10厘米。瓠子的果实呈圆柱状，通常比葫芦长一倍以上。匏的果实呈扁球形，直径达30厘米左右。

　　葫芦是一种在亚、欧、美数洲都有悠久栽培史的古老作物。已故著名考古学家张光直指出：葫芦"在古代非洲、亚洲、美洲都有发现……有人想象印地安人过白令海峡时，腰里就挂着葫芦。"[1]这种说法是很发人深思的。这是因为，葫芦是一种在新旧大陆都有着古老栽培历史的植物。这究竟是它作为一种很有用的植物，在很早就由亚洲传到美洲呢，还是这种植物的野生种在两地都有分布，并在各自文明的发展中，被不约而同地驯化为作物。毫无疑问，这是一种在古代文明发展中有着重要意义的作物。下

---

[1] 张光直：《考古学专题六讲》，文物出版社1986年版。

面笔者就我国有关它的史实对它的栽培史和在我国的文明发展史中的意义先作一些考察,然后就上述问题作一初步的分析。

一 有关葫芦的考古资料及其名称的流变

(一)考古发现的葫芦和同形的陶器

葫芦的果实被我国古人利用的历史是非常久远的。这从我国一些具有代表意义的新石器遗址的相关遗物中可以看出。在我国黄河流域,河南新郑裴李岗距今约七八千年的新石器遗址中,曾出土古葫芦皮[①]。在我国长江流域,距今约7000年的浙江河姆渡文化遗址中,也曾发现过小葫芦的种子[②]。另外,湖北江陵阴湘城的大溪文化[③]的文化遗址,以及长江下游的罗家角、崧泽、水田畈等新石器遗址里也发现过葫芦[④][⑤]。这种事实表明,我们的先人很可能当时就用葫芦制作器物。因为在一般的情况下,只有用作器物的老葫芦皮方可能长久保存,而食用的嫩果是不可能留存至今的。另外,从包括上述两处的大量新石器遗址出土的文物来看,也表明当时的人们不仅仅把它当作食物,而且用它制作各种器物。这是因为大量葫芦形的陶器可能就是根据葫芦的形态仿制的。

我国陶器的出现很早,江西万年的仙人洞和广西桂林的甑皮岩都出土过距今约1万年的陶器,根据有关专家介绍,当时的陶非常粗,因而难以复原[⑥]。笔者没有看到出土的陶碎片被恢复成完整的器物,所以也不知其原来的形态如何。但很可能有部分是模仿葫芦制作的,这种类型的器物(陶壶等)在我国北方和南方具有代表性的裴李岗新石器遗址、河姆渡新石器

① 陈文华:《中国古代农业科技史图谱》,中国农业出版社1991年版。
② 浙江文管会等:《河姆渡发现原始社会重要遗址》,《文物》1976年第8期。
③ 大溪文化距今约6000多年。
④ 严文明:《中国稻作农业和陶器的起源》,陕西人民美术出版社1998年版。
⑤ 任世楠、吴耀利:《中国新石器时代考古五十年》,《考古》1999年第9期。
⑥ 中国科学院上海硅酸盐研究所李家治先生所告。

遗址中都有发现①,另外在北方其他一些很有代表性的新石器遗址如仰韶文化遗址、河南庙底沟遗址中也有众多的葫芦形器物发现②。从上述考古发现的资料,可以推测在新石器时代这种作物在我国各地产生的深远影响。就其当时的重要性分析,我们推想古人可能在新石器早期就开始栽培这种植物。

(二)葫芦名称的历史演变

在河南安阳出土的甲骨文中有 𖢡 、𖢡 这种类型的文字,古文字学者指出,这是"卤"字,有专家指出它也是葫芦③。除甲骨文这个有待进一步研究的名称外,葫芦在我国古籍中最早称瓠、匏和壶,这三个字都可以在《诗经》中找到。前二字在古代大约是相通的。这从《说文解字》中两字互训这点中可以看出④。瓠字从瓜,说明古人把它看作瓜的一种;另外,孔子曾在《论语·阳货》中提到"匏瓜",也是很好的说明。壶与瓠同音,可能因瓠的器物功能(当壶用)而衍生。《本草纲目》在对"壶卢"进行释名时说:"壶,酒器也;卢,饭器也;此物各象其形,又可为酒饭之器,因以名之。古人壶、瓠、匏三名皆可通称,初无分别。"⑤李时珍的说法是有一定启发意义的。《诗经·豳风·七月》中所谓"七月食瓜,八月断壶"中的壶指的就是现今的葫芦。后来这些名称在流传中,逐渐出现壶卢这个双音的名称。这个名称大约出现在三国时期,《世说新语》中记载了当时的学者提到东吴有"长柄壶卢"⑥。大约在南北朝的时候,在江南还出现一个发音与壶卢相近的名字,那就是"瓠瓤"(音娄)。南北朝时期的本草学家陶弘景在其《神农本草经集注》中写道:"又有瓠瓤,亦是瓠类,小者为瓢。"⑦这里瓠瓤的出现,进一步证实我们的推测。胡芦和葫芦这两个名称显然是从这

① 《中华文明进程中的千年定格》,《文汇报》2001年1月14日。
② 李绍翰:《河南古代图案》,河南美术出版社1986年版。
③ 于省吾:《甲骨文字诂林》,中华书局1996年版。
④ 《说文解字》卷七中有:"瓠,匏也";卷九中有:"匏,瓠也。"
⑤ (明)李时珍:《本草纲目》卷二十八,人民卫生出版社1981年版。
⑥ (南北朝·宋)刘义庆:《世说新语》,诸子集成本,中华书局1986年版。
⑦ (宋)唐慎微:《重修政和经史证类备用本草》,人民卫生出版社1982年版。

里衍生而来。后来瓟在一些地方又被叫作蒲,当然它与瓟只是一音之转。由于品种的差异,又有长蒲和芋蒲及扁蒲之分。

（三）前人对葫芦品种的分类

瓠、瓟和壶在上古时代虽然是相通的,但随着社会的进步,新品种的形成,人们也逐渐开始对各变种进行区别。至迟在汉代的时候,人们似乎已经有意识地将瓟与后来称为壶卢（葫芦）的变种相联系。《说文解字》中说:"瓟,瓠也,从包,从夸,声包,取其可包藏物也。"晋代时郭义恭的《广志》记载:"有都瓠子,如牛角,长四尺;有约腹瓠,其大数斗……朱崖（故治在今海南海口市）有苦叶瓠,其大者受斛余。"①这里的都瓠子即后代的瓠子,约腹瓠根据李时珍的看法就是壶卢（葫芦）,"以其腹有约束也,亦有大小二种"②。唐代《新修本草》出于确定药用品种的目的,对葫芦的一些品种作了辨异。书中说:"瓠瓤与瓠……此二物苗叶相似,而实形亦有异。瓠味皆甜,时有苦者,而似越瓜,长有尺余,头尾相似;其瓠瓤形状非一……取其为器,经霜乃堪。"③宋代《开宝本草》中认为:"瓠固瓟也",但瓟"可以为饮器,有甘苦二种,甘者大,苦者小"。陆佃《埤雅》中说,"长而瘦上曰瓠,短颈大腹曰瓟""细要（腰）曰蒲,一曰蒲卢"④。到明代的时候,李时珍对葫芦各品种的确认已经大体成为后世的规范。他说:"后世以长如越瓜首尾如一者为瓠,瓠之一头有腹长柄者为悬瓠,无柄而圆大形扁者为瓟,瓟之有短柄大腹者为壶,壶之细腰者为蒲卢。各分各色,迥异于古。"⑤从中不难看出,他的这种定义大体为今日的分类学家所传承。

值得一提的是,现代植物学家把葫芦科植物的果实称作瓠果,实际上等于把所有瓜类的果实都称为"瓠果"。这里有些观念也是从古人那里接受来的。我们知道,古人是把瓠归属瓜类的。这从上述孔子的言论中直接用"瓟瓜"一词就可清楚地看出。另外,瓠字中含有瓜这个部首,《说文解

① 《广志》原书已佚,这里引自《齐民要术校释》,缪启愉校释,农业出版社1982年版。
② （明）李时珍:《本草纲目》卷二十八,人民卫生出版社1981年版。
③ （唐）苏敬:《新修本草》,上海古籍出版社1985年版。
④ （宋）陆佃:《埤雅》,四库全书第222册,台北商务印书馆1985年版。
⑤ （明）李时珍:《本草纲目》卷二十八,人民卫生出版社1981年版。

字》在释瓜字时提到："凡瓜之属皆从瓜"，也清楚地表明了这一点。当然，如果把葫芦科直接称为瓜科也许是更好的。瓜类在古代受重视的程度可以从"蓏"这个字的意义中看出来，它不仅仅用于指瓜类的果实，它甚至可用作所有草本植物果实的总名。《说文解字》中有所谓："木实为果，草实为蓏"这样的说法就体现了这点。当然，把葫芦作为科名，突出瓠这种植物在古人日常生活中所受重视的作物，似乎也未尝不可。

二　葫芦在我国古代社会中的重要用途

葫芦作为一种栽培植物的古老性，还可以从我国人民对它用途的充分挖掘，以及它在我国古代人们社会生活中的广泛影响中看出。葫芦在我国文明发展史的早期，在人们的生产和生活中充当异常重要的角色。

（一）葫芦在古代物质生活中的作用

葫芦在我国很早就见于文献记载。如上所述，甲骨文可能已有它的名称。在生动地反映我国西周至春秋时期（约公元前1050—公元前500年）农业社会生活图景的《诗》中，有不少它作为食物的记载。《诗·小雅·瓠叶》中有："幡幡瓠叶，采之亨之"；《诗·邶风·匏有苦叶》中有："匏有苦叶。"对于上述诗句，三国时期吴国的学者陆机有这样的解说："瓠叶少时可为羹，又可淹鬻极美，故诗曰：'幡幡瓠叶，采之亨之'……至八月，叶即苦，故曰'匏有苦叶'"。[1]而《诗·小雅·南有嘉鱼》则有"甘瓠累之"；《诗·豳风·七月》还有"七月食瓜，八月断壶"等称道瓠和收获葫芦的诗句。此外，在《诗·卫风·硕人》中还用瓠犀比喻美人的牙齿。毫无疑问，这是一种人们非常熟悉的栽培植物。所以才会频频出现在当时的诗歌中。当然，说它是栽培植物还有两个理由，一是它的悠久利用史；二是它被删定《诗》的孔子与当时已被栽培的瓜并称为匏瓜[2]。另外，略晚的《庄子》中

---

[1] （吴）陆机著，罗振玉辑：《毛诗草木鸟兽鱼虫疏》卷上，上海聚珍仿宋印书局，光绪十二年（1886）。

[2] 《诗经》中有"中田有庐，疆场有瓜"的句子足以证明这一点。

直接有"树瓠"（种瓠）的叙述。

战国和秦汉时期的文献进一步表明，葫芦在当时的食物生产中占有举足轻重的地位。《管子·立政》中指出："……瓜瓠、荤菜、百果不具备，国之贫也；……瓜瓠、荤菜、百果具备，国之富也。"汉代，《汉书·食货志上》还强调在边角地种植"瓜瓠果蓏"。东汉《释名》记载："瓠蓄，皮瓠以为脯，蓄积以待冬月时用之也。"①这说明汉代时人们已经将瓠制成脯，当作干粮储备，同样说明瓠是一种受人们重视的食物。汉代的人们还千方百计提高它的产量。据西汉的农书《氾胜之书》记载，当时的农民曾采取嫁接的方式来获得更高的产量②。

葫芦的另一重要用途就是制作日常生活中的各种器物。前面我们提到新石器遗址中出土了许多葫芦形的陶器，这就表明古人曾经以它作为模仿对象制作各种器具，不难想象它曾经起过这些器物具有的一些作用。从有关的历史记载中，我们可以更加直接地看出葫芦在古代当作器物的种种用途，从中也可看出这种作物有着古老的渊源。

把葫芦制成有用的器物，可能是葫芦被栽培的另一重要原因。诚如有些作者指出的那样："古器物先有匏，而刳木，编织，陶埴，铸冶次之。"③葫芦很早就被当作容器，这一点不但很容易从仿制的陶器中看出，而且壶字的产生也应当包含李时珍所提到的象形意义，即用以表示盛液体的容器。从古代的文献中我们还可以发现证据对之进一步的说明。《论语·阳货》也记载孔子曾说："吾岂匏瓜也哉，焉能系而不食"。《论语·雍也》提到颜回简单的生活时有"一箪食，一瓢饮"这样的记述。说明把葫芦当作舀水的瓢也是非常早的。《庄子·逍遥游》中写道："魏王贻我大瓠之种，我树之成而实五石；以盛水浆，不能自举也；剖之以为瓢，则瓠落无所容。"这虽然是个寓言，但也反映出葫芦被当作容器和水瓢的两种重要用途。另外《韩非子·外储说左上》有："夫瓠所贵也，谓之可以盛也。"这些都充

---

① （汉）刘熙：《释名·释饮食》，四部丛刊本。

② 缪启愉：《齐民要术校释》，农业出版社1982年版。

③ 《闻一多全集》，开明书店1948年版。

分说明葫芦在古代曾经是重要的容器。

古人对瓠制作器物的倚重，还可以从西汉时的农书《氾胜之书》中看出。这本著作记载了栽培瓠用作制瓢时应该注意的一些方法。其中包括果实长到一定程度："度可作瓢，以手摩其实，从蒂至底，去其毛，不复长，且厚。八月微霜下，收取。"提到当时一亩地可以收获2880个葫芦，种10亩葫芦可以加工出57600个瓢，从而可以获得一笔可观的收入。另外，瓠除"破以为瓢"外，"其中白肤，以养猪致肥；其瓣（种子）以作烛致明"①。实际上，直到现在我国许多地区的农村，尤其是华南和西南及山东许多地区的人民20世纪的五六十年代还常用葫芦作壶、瓢、盆、碗等器物。在笔者年幼的时候，在故乡福建农村还常见用葫芦制作的"蒲杓"②和用于盛豆类种子用的葫芦器物。甚至用木头制作的水杓，也因外形与葫芦制的相似，而被称作"蒲杓"。从这些古老的遗风中，不难看出葫芦在古人日常生活中的重要意义，以及对它的倚重。

葫芦除用作盛物的日常器具之外，在古代还由于它成熟时密度很小而被当作浮水的用具。《庄子·逍遥游》中有所谓："今子有五石之瓠，何不虑以为大樽，而浮乎江湖？"有学者指出，在古人发明船之前，借用葫芦的浮力，在水上漂浮。他们"腰悬一组葫芦（又称腰舟）泅水，可腾出手来划行或捕鱼"。③李时珍在《本草纲目》中为壶卢（即瓠）"释名"时甚至认为："其圆者曰匏，亦曰瓢，因其可以浮水如泡、如瓢也。"④

此外，葫芦在古代还被用来制作武器。至迟在明代的时候，这种武器就已经出现了。当时的兵书记载的不但有不少"形类葫芦"的火器，还有直接用葫芦制作的火器。如"对黑烧人火葫芦"是这样制作的："用凹腰葫芦为之，外以黄泥紫土盐水和护一指厚。晒干。再灰布一层，再以生漆漆之，听用。旧文章纸不拘多少，每次十余张，灯上点烧灼，将水盆覆板上，将纸

---

① 缪启愉：《齐民要术校释》，农业出版社1982年版。

② 即北方人所谓的瓢。

③ 彭德清：《中国船谱》，人民交通出版社1988年版。

④ （明）李时珍：《本草纲目》卷二十八，人民卫生出版社1981年版。

点灼，就放盆下，连盖闷灰存性。每灰一两，硝一分、硫磺二厘共拌匀，灌入葫内；用火种烧红入内，随即用干葛塞其口，收贮听用，任放不熄。遇敌或夜行遇盗，藏于袖内放开口，迎面喷之，火发三四丈，烧须燎鬓，面目腐烂也。"[1]根据有关学者的调查，我国西南的一些少数民族曾在晚清时期用葫芦制造一种类似手榴弹的火器[2]。

葫芦与我国古代的医药也有异常密切的关系。它很早的时候就被当作药物使用。约成书于东汉时期的我国第一本药物学著作《神农本草经》，就有将"苦瓠"当作利尿消肿药物的记载。后来《伤寒类要》中也提到苦葫芦可用于治疗黄疸。当然，葫芦与医药的关系不仅仅于此，葫芦还是盛药最重要的容器之一。以前的"走马郎中"或药店常用葫芦盛药。后世俗语有所谓"不知他的葫芦里装的什么药"就与此有关。另外，葫芦还是古代药店的幌子。《后汉书·费长房传》记载："市中有老翁卖药，悬一壶于肆头。"后来人们因此称卖药的、行医的为"悬壶"，美称医生职业为"悬壶济世"。

（二）葫芦在我国古代艺术等精神生活中的作用

葫芦不仅在古人的物质生活中有着重要的地位，它在古人的精神生活中也有很大的影响。这充分体现在它在我国古代艺术和宗教的用途方面。首先它是古代重要的乐器。我国古代有所谓"八音"（即八种乐器）。它们是：金石土革丝木匏竹。其中匏指用葫芦为材料制作笙。传说中人类始祖之一的女娲发明了笙。《白虎通》载："瓠曰笙"[3]；《礼记·明堂位》有"女娲之笙簧"，其中注引《世本》曰："女娲作笙簧。"用瓠作笙直到唐代的时候还在我国华南地区流行。刘恂记载："交趾人多取无柄老瓠，割而为笙，上安十三簧，吹之，音韵清响，雅合律吕。"[4]至今我国西南一些少数民族仍然用葫芦制作乐器[5]。

葫芦很显然还是我国古代重要的艺术审美对象。至迟在宋代的时候，

① （明）郭任：《武备志》，《中国兵书集成》32册，解放军出版社1992年版。
② 刘尧汉：《彝族的火器——葫芦飞雷》《彝族社会历史调查研究文集》，民族出版社1980年版。
③ （汉）班固：《白虎通·礼乐篇》，四部丛刊本。
④ （唐）刘恂：《岭表录异》，广东人民出版社1983年版。
⑤ 尹绍亭：《云南物质文化·农耕卷下》，云南人民出版社1993年版。

人们还设法通过栽培技术改变葫芦的颜色和形态,生产出各种观赏价值更高的葫芦。当时的《格物粗谈》记载了一些很有趣的例子。书中记载:"种细腰壶卢一颗,傍种全红大苋菜几棵,待壶卢牵藤时,将壶卢梗上刮破些须,再将苋菜梗上亦刮破些须,两梗合为一处,以麻叶裹之,不可摇动,结时俱是红壶卢,甚妙。"书中另一处还记载了栽培变形壶卢的方法。书中写道:"长颈壶卢结成,趁嫩时将根下土挖去一边,劈开根桠,入巴豆肉一粒在根内,仍以土埋,俟二三日软敝欲死,任意作成条环状,取出根中巴豆,培养数日,依然生发。"[1]后来更是通过加范使葫芦长成人们想要的各种形状,制成多种多样的工艺品。另一方面,葫芦很可能是古代最重要的绘画题材之一,故而宋初陶谷会有"可叹翰院陶学士,一生依样画葫芦"这样的感慨。此外,我国古代的家具和建筑物的门窗及屏风都有许多"葫芦杆"的装饰,这也体现了它在艺术方面的广泛影响。它还是古人用以盛放蛐蛐(蟋蟀)和蝈蝈等宠物的器具。

葫芦与我国的宗教艺术也有密切关系。道教徒不但在炼丹时用它作各种药品的容器——传说太上老君的仙丹就是用葫芦装的。史籍记载,有个神仙在城市中卖药,"及市罢,辄跳入壶中"[2]。因此,道教有所谓"壶中日月"和"壶天"一类的仙境。另外,道教传说中的八仙之一张果老也是带着一个宝葫芦的。许多道教建筑,甚至后来众多的寺庙庵观亭塔都常在屋脊或顶上放置瓷质或陶制的葫芦,其宗教意义是否与上述"壶天"有关或有其它避邪镇魅的功用,笔者不太清楚,也可能与古代的某种葫芦崇拜或古俗有关。

从上面所列的史实不难看出,葫芦确实是我国古代一种很重要的作物,在人们的生活中占有重要的地位。诚如元代《王祯农书》所说:"夫瓠之为物也,累然而生,食之无穷,最为佳蔬"[3],以及明代医药学家李时珍指出的那样:"窃谓壶匏之属,既可烹晒,又可为器,大者可以为瓮盎,小

---

① (宋)苏轼:《格物粗谈》卷上,丛书集成初编本。

② (南朝·宋)范晔:《后汉书·费长房传》,中华书局1973年版。

③ (元)王祯:《王祯农书》,《中国古代科技典籍通汇》,河南教育出版社1994年版。

者可以为瓢樽；为舟可以浮水，为笙可以奏乐，肤瓤可以养豕，犀瓣可以浇烛（其种子含油率达51.5%），其利溥矣。"[1]

三　有关古史和人类起源的传说

葫芦在我国栽培历史之悠久和古人对它的重视，还可从我国各地人民关于人类起源的一些古老传说中得到证明。闻一多作过考证，指出："在中国的西南诸少数民族中，乃至域外，东及台湾，西及越南与印度中部，都流传着一种兄妹配偶型的洪水遗民再造人类的故事"[2]；而"葫芦则正做了人造故事的核心"[3]。他还从文字和语言学的角度进一步考证出人类的始祖伏羲（又叫包羲）和女娲（又作女希）二名称实际由葫芦演化而来。这是因为前者的语音与"匏"通，而后者的"娲"在古代读作瓜。因此他认为："伏羲与女娲，名虽有二，义实只一。二人本皆谓葫芦的化身，所不同者，仅性别而已。"[4]在同一篇考证文章中，这位学者还认为，苗族等少数民族中传说的人类始祖盘瓠（即后来被称作开天辟地的盘古），也是与瓠（葫芦）相通的一个名称，而且"盘瓠与伏羲只是一音之转"[5]。实际上就是说，早期的汉族和南方的少数民族有着共同的人类由来之传说。

闻一多的说法在我国古代汉族和西南少数民族的有关传说中都可以找到证据。《诗经·大雅·绵》中有："绵绵瓜瓞，民之初生"，意思就是说人是由瓜生出来的。这里的瓜应该包括瓠（葫芦），前面我们说过，从瓠字的字形也可以看出古人把它看作一种瓜。另外，彝族的《创世纪》中说，在远古洪水泛滥的时代，从葫芦中走出了一对男女，由于他们的结合，人类才得以繁衍。云南拉祜族长篇史诗《牡帕密帕》记载，人类也是由葫芦孕育而来的。葫芦不但在这个民族的日常生活中有广泛的用途，而且每当葫芦成

① （明）李时珍：《本草纲目》卷二十八，人民卫生出版社1981年版。
② 《闻一多全集》，上海开明书店1948年版。
③ 《闻一多全集》，上海开明书店1948年版。
④ 《闻一多全集》，上海开明书店1948年版。
⑤ 《闻一多全集》，上海开明书店1948年版。

熟的时候，他们还要举行相关的崇拜仪式和跳相应的舞蹈①。这些史实都从一个角度反映出这种古老的作物在我国不少少数民族中的神圣地位，暗示着它与我国生命礼俗有着久远的渊源。对我们认识这种作物在古人生活中的重要地位，有着重要的启迪作用。

至于为何古人会将葫芦视为人类产生的摇篮，闻一多认为这是瓜类植物种子多的缘故。他的这一观点为一些学者所赞同。他们指出：《开元占经》卷六十五《石氏中官占篇》引《星官制》曰："匏瓜、天瓜也，性内文明而有子，美尽在内。"诗"绵绵瓜瓞，民之初生"殆取其义。同时认为各民族广泛存在的葫芦崇拜和葫芦出人的神话，本质上是母体崇拜的表征②。另外，有的民族学者通过对我国西南兄弟民族的调查指出，滇西南哀牢山的彝族的语言中，葫芦和祖先这两个词汇完全相同，都叫作"阿普"，即葫芦就是祖先。他还认为，彝族对祖灵葫芦的崇拜，渊源于原始母系氏族社会把葫芦作为母体崇拜的对象。这位学者还指出，以葫芦来象征人类繁衍的古义，在婚礼中有突出的表现。理由是《礼记·昏义》记载婚礼大典过程包括夫妇"共牢（同居）而食，合卺而醑（饮酒）；所以合体同尊卑，以亲之也"。郑玄、阮谌《三礼图》说："合卺，破匏（葫芦）为之，以线连两端，其制同一匏爵。""卺"就是把葫芦一分为二为两个瓢，合卺就是把两瓢相合以象征夫妇合体，又回到了伏羲、女娲以葫芦为化身的身影③。笔者认为他们的见解是很有道理的，这里试作一些补充，其一是由于古人注意到成熟的葫芦的形态与孕妇的胸腹相似，关于这点我们可以从古人造字的结果中看出来。在甲骨文中身（𝄐、𝄐）、孕（𝄐）和葫芦（𝄐、𝄐）几个字的字形是非常相似的④。另外就是与葫芦在农耕社会有着极为广泛的用途有关。

上面的论述充分说明，葫芦确实是在我国古代文明史上曾经起过重要作用的栽培植物。在此我们再简略讨论一下关于它的起源问题。上个世纪

① 《牡帕密帕》，《拉祜族民间文学集成》，中国民间文艺出版社1988年版。
② 李根蟠、卢勋：《中国南方少数民族原始农业形态》，农业出版社1987年版。
③ 刘尧汉：《彝族社会历史调查研究文集》，民族出版社1980年版。
④ 于省吾：《甲骨文字诂林》，中华书局1996年版。

三十年代,苏联著名植物地理学家瓦维洛夫(N.I.Vavilov)根据当时掌握的材料,认为瓠原产印度[①]。此后,还有英国学者认为是从非洲传到亚洲的[②]。从后来不断发掘的新资料来看,他们的这些看法可能存在问题。

到目前为止,葫芦的野生种是否在我国有分布还不太清楚。我国古代的本草著作如《名医别录》记载它:"生晋地川泽"。[③]但很难考证书中记载的就是野生葫芦。我国葫芦科的植物种类还是比较多的。尽管我们对现在栽培的葫芦野生种原产地还有待追寻,但从有关的考古发现以及众多历史、传说和民俗反映的情况看,这确实是伴随着我国文明成长和作用非同寻常的作物。已故我国著名植物学家胡先骕认为:"葫芦在中国应用得很早,壶字即由葫芦而来,不一定是由非洲传进亚洲的。"[④]从它身上体现的深厚文化底蕴,及西南地区有关人类起源的传说和崇拜习俗,以及上述《广志》记朱崖有"苦叶瓠"等情况看,我们有理由相信,葫芦有可能起源于我国水热条件良好、葫芦科等藤本植物发达的西南地区或海南。实际上,我国长期栽培的葫芦科植物如冬瓜、丝瓜[⑤]和南瓜[⑥]等都可能起源于西南地区。今天之所以还未能发现葫芦的野生种,很可能是因为长期的农业开发,使其在我国的一些交通较好的生长地遭到破坏。或许在一些人迹罕至的地方还有分布。

(原载《自然科学史研究》2002年第21卷第2期)

① VavilovNI.The Phyto-geography basis for plant breeding, Originand Geography of Cultivated Plants, Cambridge: Cambridge Press, 1992.331.

② 勃尔基:《人的习惯与旧世界栽培植物的起源》,胡先骕译,科学出版社1954年版。

③ (唐)苏敬等:《新修本草》,上海古籍出版社1985年版。

④ 勃尔基:《人的习惯与旧世界栽培植物的起源》,胡先骕译,科学出版社1954年版。

⑤ 罗桂环:《丝瓜栽培起源考略》,《农业考古》1989年第1期。

⑥ 胡道静:《古代瓜类考》,《农书农史论集》,农业出版社1985年版。

《诗经》与中国葫芦文化

——论匏瓠应用系列

李 湘

匏瓠即葫芦,古代亦称瓜瓞、瓜、瓠、瓜苦或瓜瓠等等,中华民族早在远古时代就已食用,成为不可缺少的生活资料了;而作为文化之研究,则具有独特而悠久的历史内涵。

一 中华葫芦先祖

根据多方面研究,葫芦生人、葫芦先祖,这是远在母系氏族社会之母体崇拜时期传下的一古老神秘观念。这一古老观念,在悠久的历史衍变、积淀中,总是与氏族之兴起延续、祭祖敬老,或者婚姻、多子等事物相联系,从而构成了独具特色的中华葫芦文化。

例如传说的"盘古开天辟地",这盘古就是槃瓠,而槃瓠亦即葫芦。所谓"开天辟地",就是创造世界,创造人类和万物,这葫芦是造物主,也就是人类的先祖。

再如传说的伏羲和女娲,据调查,有包括汉族在内的二十多个民族,都视之为自己的先祖。例如贵州的水族传说,葫芦是由伏羲女娲兄妹培植的,再由葫芦繁衍出人类。再如滇川地区的凉山彝族传说,伏羲女娲兄妹是在远古洪水泛滥中,躲入葫芦得活,从而结配生子,并成为彝、藏、汉各族的先祖。尽管说法有不同,总是离不开葫芦。直至当今,居住在我国西南各地的一些少数民族，仍把葫芦当作祖先崇拜的实体。而彝族语言的"先祖"和"葫芦"就是一个单词：阿普。

关于祭祖敬老用葫芦，在我们汉族的古代经典《礼记·玉藻》中，可找到古时祭礼的有关记载："瓜祭上环。"所谓"祭上环"，就是把葫芦切断后（成环形），取用与茎蒂相连的那一环，示不忘记根本也。不忘根本，就是不忘先祖。很显然，这是"葫芦先祖"观念的扩大与延伸。

关于葫芦与礼器，《礼记·郊特牲》记载，古时郊祭与婚礼，器皆用匏。郊祭用匏，是为了"象天地之性"，婚礼用匏，其注云，是为"用太古之器，重夫妇之始也"。这里所谓的"天地之性"与"夫妇之始"，与上边所谈的盘古开天辟地及伏羲女娲结配生人，便又联系在一起了。《礼记·昏义》中还有一条古俗：男女成婚，要夫妇"共牢而食，合卺而醑"。所谓共牢而食，即同吃一个牲牢，不食异牲；所谓合卺而醑，阮谌《三礼图》的解释是："合卺，破匏（葫芦）为之，以线连两端，其制一同匏爵。"再说得明白些，就是剖葫芦为两瓢，用线把两个瓢柄相连结，然后盛酒供男女各执一瓢以合饮，用两瓢之相合，象征夫妇之合体。这也就是"夫妇之始"了，所以，"合卺"就是成婚，已成为一个典故。据报道，居住在云南南华县属哀牢山区的"罗罗"彝，至今还在他们的婚礼中使用这办法，同《礼记》所谓的"合卺"相一致。此种历史之积淀，从母系氏族社会算起至今六、七千年，而彝汉之间，经济文化状况都有很大不同，独有这古老的"葫芦"意识竟是如此相似，实在令人惊叹。这也足以说明中华民族圈内多民族之间，具有何等悠久而深厚的历史关系。

唐朝有一本奇书《开元占经》。它指匏为"天瓜"也，并引《黄帝占》说："匏瓜星主后宫"，"匏瓜星明，则……后宫多子孙，星不明，后失势。"请看这"葫芦生人"的原始观念与后世占卜术结合，居然造出了预告后妃生子与否的神星。其荒诞与否且不说，却可以看出这远古母体崇拜时代的祖灵葫芦，在后世漫长的民族生活历史中，占有多么神圣的地位。

《诗经》之言葫芦，可涉及十来个篇章，构成一个系列。其用法如上述：一是单用为植物名，即兼食兼用之物名；二是兼用其特有的历史文化内涵,作为象征或暗示。这也就是本文的论述范围。在这范围内,我们可以看见上述那个神秘的祖灵葫芦,与多个诗篇之间的各式各样的联系。只是《诗经》之特点,既不同于历史传说,也不同于有关典籍,他不言古俗之原委,也不言何种道理,只是用诗歌的语言,作为一种情感,有意识或无意识地把它写进诗章罢了。因此,也就给后世的经师、学者带来极大困难。因为年久日旷,都埋在历史深处,不经开掘翻检,便很难知其底细了。兹先举《大雅·绵》一例:

> 绵绵瓜瓞,民之初生,自土沮漆。古公亶父,陶复陶穴,未有家室。

此诗题旨很明确,整篇咏周人之先祖古公亶父率领子孙后代创业繁衍的历史功绩。全诗九章,此其第一章,开头以"绵绵瓜瓞"起句,兴起周民之初生。这瓜瓞就是葫芦,绵绵,即生殖连绵延续。这绵绵延续的葫芦就是远古母体崇拜中的祖灵实体,亦即上述葫芦文化中的葫芦先祖。葫芦繁衍不绝,它的子孙也就绵延不绝。这就是此诗葫芦起兴的真谛。

下面看历代经师、学者的一些注疏:

> 《毛传》:兴也。绵绵,不绝貌。

这里释"绵绵"为不绝,不错,但没有说清它与"民之初生"的真正联系。再看下面《郑笺》:

> 瓜之本实,继先岁之瓜必小,状似瓟,故谓之瓞,……绵绵然若无长大之时。兴者,喻后稷乃帝喾之后……历代亦绵绵然,至大王而德益盛,得其民心而兴王业。故本周之兴,云于沮漆也。

这是郑氏对《毛传》作补充,又加言一些瓜大瓜小之义,以喻周民成长的历史曲折。此说影响较大,后世学者多从之。但它歪曲了《毛传》,而且画蛇添足。所以《毛诗郑笺平议》就批评说:"胡氏《后笺》云:'此诗取兴,似只为周家历世长久之喻,故《传》云绵绵不绝貌。不必专以瓜喻盛大,瓞喻衰微。'"看来,《平议》是对的,《郑笺》言繁,不如《毛传》言简。当今《诗经今注》折中其义:"瓜指大瓜,瓞指小瓜。诗用瓜瓞的连绵不断比喻周朝子孙的众多。"这也代表着当今许多注家的意思,也符合一般的理解常识,但是只有一点,均未明匏瓠的取兴真谛。

二 葫芦与祭祖

下面再看两篇,明言葫芦祭祖的。

> 《小雅·信南山》:中田有庐,疆场有瓜。是剥是菹,献之皇祖。曾孙寿考,受天之佑。

此篇为周人冬季祭祖之诗。全诗六章,此其第四章。与上篇不同处,这里不是用兴,而是用赋。一开头,便直赋"疆场有瓜",并明言这是敬祭先祖,以求有福的。而这疆场之"瓜",仍是葫芦。《诗三家义集疏》引《食货志》云,"瓜瓠果蓏,殖于疆场",也指此瓜为瓜瓠,瓜瓠还是葫芦。前引《礼记·玉藻》云:"瓜祭上环",而此诗言"是剥是菹",可看出这祭法因时代而不同,但以葫芦祭祖,向祖灵敬奉、祈福,则是一贯的,其中所包含的虔诚与信仰也是不变的。很显然,这是原始母体崇拜情结传下的一个重要方面,以葫芦做菜祭祖,就是崇敬先祖,就可祈福,就可得到保佑。

再看历代经师、注家的有关注疏:

> 《诗序》:《信南山》刺幽王也。不能修成王之业,疆理天下,以奉禹功,故君子思古焉。

这意思是说,此周家土地是大禹开辟的,成王治理的,而幽王不能继修前业,故君子咏此古制,以讽刺焉。很明显,这是穿凿附会,全不符此诗冬祭之题旨,不可取。再看几家解释较好的:

> 《郑笺》:献瓜菹于先祖者,孝子之心也。孝子则获福。

> 《诗集传》:瓜成,剥削淹渍以为菹,而献皇祖。贵四时之异物,顺孝子之心也。

> 《诗经通论》:《信南山》,盖言王者蒸祭岁也。

以上三家言,可以说大体符合诗意的。但是,仍未明葫芦祭祖之真正历史渊源。而且,冬季祭祖之目的,主要在长寿、安宁,家邦繁衍,求得保佑。与后世所谓的尽点孝心,供祭点四时鲜物的一般世情不相同。

再看《大雅·公刘》:

笃公刘，于京斯依。跄跄济济，俾筵俾几。既登乃依①，乃造其曹②。执豕于牢，酌之用匏。食之饮之，君之宗之。

此诗咏周民先祖公刘迁都自邰（今陕西武功县境）迁豳（陕西邠县附近）之经过及经营定居等事迹。全诗六章，此其第四章。此章也是赋法，直写公刘率族定居京师，人员济济，设筵设几、杀猪燕饮祭祖，为君为长之事。此篇与上篇不同处，上篇是"剥之菹之"以匏为菜，此则是吃酒用匏，以为饮器。前文引《礼记》注说过，用"匏"乃太古之礼器，此诗可以为证。我们知道，公刘迁豳，时当夏代之末季，已是新石器时代之晚期，陶容器之使用已经相当发达（葫芦容器时代早于陶容器时代），甚至可能开始使用铜器了。例如此诗之第一、二章就说公刘使用的武器是"干戈威扬"、"鞞琫容刀"。这些周民的领袖，在如此重要场合，完全有条件使用精制的陶器，可是他们不用，而定要用"匏"，这就证明是为祭祖所必需，不是可以随便不用的。而在诗文中又把这"酌之用匏"单列一句，以示重要，这就可以看出此用"匏"一事，确属太古之礼器，非同一般，确为母体崇拜情结中遗下的一个重要方面。

下面看历代经师、注家的有关注疏。如：

《毛传》：执豕于牢，新国则杀礼也。酌之用匏，俭以质也。

《诗义会通》：以匏为爵，俭以质也。

此两家之解释，一脉相承，很有代表性，都把"酌之用匏"解释为节俭和质朴，即都以自己时代的诗教观念加于古人，当然都不合实际。如果真是为了节俭，就不必这样大肆操办了。而历来执此解者甚多，并包括一些很重要的著作，不须赘述。但是《郑笺》的解释值得一提："以匏为爵，言忠敬也。"只可惜没有说明以匏为爵就是忠敬的理由，而他以后的学者也未曾重视和研究。

---

① 马瑞辰：《毛诗传笺通释》二十五卷："《祭统》曰：'铺筵设同几，为依神也。'与诗'既登乃依'合。"

② 《毛诗传笺通释》二十五卷："杜子春谓'造，祭于祖也。'……今按：造者，祮之假借。《说文》：'祮，告祭也'。盖凡告祭通曰造也。"

至于当代以通俗、普及为本的一些注译作品,则很少议及此事,一般只作些字面解释也就过去了。

三 葫芦与敬老

下面另看两篇,是隐言燕饮敬老的。先看《小雅·瓠叶》:

幡幡瓠叶,采之亨之。君子有酒,酌言尝之。

此篇全诗四章,此其第一章,言以采匏(瓠)烹匏为菜肴①,敬请宾客宴饮之事,但未明宴饮之目的。而且全诗四章,均未明言一句,所以,一向不得其解,与上两篇明言祭祖有不同。但笔者以为,此篇仍为燕饮敬老之诗,理由有二:一是从以上几篇诗例及有关资料看,以匏祭祖敬祖,自古如此,呈现出规律性,而规律就是法则,此篇敬老不应例外;二是此诗之第二、三、四章均言以白兔敬酒。例如其第二章:"有兔斯(白)首,炮之燔之。君子有酒,酌言献之。"(三章同式,叠咏)亦不明敬酒之目的,而白兔在古时却是敬老、瑞应之象,这是有记载的。例如《瑞应图》云:"王者恩加耆老,则白兔见。"谢承《后汉书》亦云:"方储幼丧父,负土成坟,种奇树千株。白兔游其下。"这两处言白兔,皆明为敬老孝亲之表示。这不是任何个人的创造,而是作为一种民心,一种传统的古老观念,历史地积淀在这里的。那么,合此诗四章而言之,确定其为燕饮敬老之诗,是没有什么问题了。这其实是以上两篇祭祖用匏的另一个侧面,仍然是远古母体崇拜遗下的一个情结。

请看过去经师、学者们的有关注疏,如:

《诗序》:《瓠叶》,大夫刺幽王也。上弃礼而不能行,虽有牲牢饩饩,不肯用也。故思古之人不以微薄废礼焉。

这意思是说,周幽王拥有牲牢之富,但"只自养厚而薄于贵客。"(《毛传》语)故此诗思念古人不以瓠叶兔首之微薄废礼焉。当然,此皆为附会之

---

① 此诗首句"幡幡瓠叶",指瓠瓜生长茂盛,非言瓜叶可食,后世解者多误。

词，并不可信，但影响后世很大，如：

> 《毛传》：幡幡，瓠叶貌，庶人之菜也。
>
> 《郑笺》：瓠叶者，以为饮酒之菹也。此君子谓庶人之有贤行者也。
>
> 《诗集传》：言幡幡瓠叶，采之亨之，至薄也……盖述主人之谦词。
>
> 言物虽薄而必与宾客共之也。

此三家言，很有代表性，毋须再举。他们在"瓠叶"问题上皆尊《诗序》，一是瓠叶可食，二是微薄之物，不以此废礼。但是瓠叶不可食，乃属一般常识，就连《毛传》自己也在《邶风·匏有苦叶》中明言："匏叶苦，不可食也。"而所谓微薄云云，仍属经师们自己时代的诗教观念，与瓠叶并无关系。而瓠叶既不可食，则连事实也不能成立，更无从谈什么"微薄""贤行""谦词"了。所以，姚际恒就批评说："毛郑谓庶人之礼则篇中明云君子矣。"又说："必以瓠叶兔首为薄物，未免执泥古人之意。"[①]很显然，他们都因一个"瓠叶"，把题旨弄错，而根本原因，是未明"匏瓠"之真谛。

至于现当代诸公书，则亦大都解之为朋友燕饮、宾主饮酒等等，未越出古人窠臼。

再看另外一篇《小雅·南有嘉鱼》：

> 南有樛木，甘瓠累之。君子有酒，嘉宾式燕绥之。

此篇为君子燕飨宾客的祝福诗。全诗四章：其第一、二章，亦即上半篇祝丰收。此不多论[②]。其第三、四章也是不明原委，不言祝酒目的，此章（第三章）只先以甘瓠樛木起句，以兴起下文的燕饮之事。所以，也是一向不得其解。但笔者以为，此章仍为祝酒敬老之词，理由也是有二：第一，以葫芦（瓠）起兴（或做肴）燕饮敬老，自古相沿，同上篇一样，呈现出法则性，此章不宜例外；第二，其下面相邻一章（第四章），乃以孝鸟起兴，如"翩翩者雕，烝然来思。君子有酒，嘉宾式燕又思。"这里的翩翩者"雕"，就是一个孝鸟，亦即敬老之象。《郑笺》云："夫不（即鳲鸠，即雕），鸟之悫谨者，人皆爱之。"季本《诗说解颐》："雕，孝鸟，以喻贤者之有孝有

---

① 姚际恒：《诗经通论》卷十二。

② 《诗经》言鱼字，凡用为象征者，其义有二：一是象征爱情与婚娶，二是象征丰收。

德也。"方玉润《诗经原始》:"雏鸟慈孝谨悫。"这是大都公认的了。那末,合此两章,亦即下半篇而言之,一章以葫芦起兴,一章以孝鸟起兴,则均属于燕饮敬老之词,应是没有什么问题了。而从全诗言之,前半篇祝丰收,后半篇敬耆老(葫芦亦兼兴多子),这也是一个均衡的结构吧。

下面看历代经师、学者的有关注疏,如:

> 《诗序》:南有嘉鱼,乐与贤也。太平之君子之至诚,乐与贤者共之也。

> 《毛传》:乐得贤者与共立于朝,相燕乐也。

我们细审此诗整篇内容,并无君子举贤之意。由此看出,以上两家对整篇四个兴句(两鱼、一瓠、一雏),完全不能理会,解题也当然是错了。

再看《郑笺》释本章樛木甘瓠之兴义:

> 君子下其臣,故贤者归往也。

这是说,此章以樛木比君子,以甘瓠比贤者。君子能下其身(伸出枝干),贤者就都来归附(攀枝)了。其余如季本①、朱鹤龄②、陈奂③等也大都如是,说一些君子有谦德而得贤者之归之类的话,均不出《诗序》规范。

《诗集传》稍作变化,又推出自己一说:

> 此亦燕飨通用之乐……而道达主人乐宾之意也。

> 樛木下垂而美实累之,固结而不可解也。愚谓此兴之取义者,似比而实兴也。

可以看出,朱氏此解是把前几家所谓的君臣上下之义改变为宾主燕飨团结之义了。当今解者也大都宗承此说,如贵族燕宾、宾主融洽等等,不出《诗集传》规范。仍昧于葫芦起兴之真谛。

四 葫芦与婚姻

这里再看两篇,关于葫芦与家室、婚娶的。先看《邶风·匏有苦叶》:

---

① 《诗经解颐》。
② 《诗经通论》。
③ 《诗毛氏传疏》。

> 匏有苦叶，济有深涉。深则厉，浅则揭。

此篇为女子催婿成婚之诗，全诗四章，此其第一章。此章言匏，与前两篇的"剥之菹之"和"酌之用瓠"不同，既非以匏为菜，也非以匏为酌，而是以匏为舟（腰舟）。仍是离不开葫芦。前文中说过，古时郊祭与婚礼皆用匏，古"合卺"之礼尤用匏。匏与婚娶之关系，本来就很密切。所以"匏"在此篇之作用，明明是作为婚娶、家室之象征。而且，此章除言匏之外，还有"济深"一句，济者，济水也，而水在诗中"也都是性的象征"。而这里既有葫芦又有水，便是双重的象征了。所以，其紧接的第二章，便开始透出信息"济盈不濡规，雉鸣求其牡（雄雉）"，而于第三、四章便已正式唱明："士如归妻，迨冰未泮。""人涉卬否，卬须我友"。一言以蔽之，这仍是那母体崇拜情结向婚姻方向的延伸而已。

请看过去经师、注家们的有关注疏，如：

> 《诗序》：匏有苦叶，刺卫宣公也。公与夫人，并为淫乱。

这意思是说，此诗写女主人公在河岸约会其男友，是比刺卫宣公及其夫人的淫乱。全是附会，无可取者。

> 《诗集传》：比刺淫乱之诗。言匏未可用，而渡处方深，以比男女之际，亦当量度礼义而行也。《诗毛氏传疏》：此句诗意，以匏叶之苦不可食，兴男女必以及时，即第三章云"士如归妻，迨冰未泮也。"

此两家言，虽不像《诗序》之漫天臆测，但也看出，都在"匏"字上作比附，一个是匏叶之枯不可食（即葫芦熟了，苦即枯），兴男女必以及时，也同属一种臆测。

> 《诗义会通》：《国语》苦匏不材，于人共济而已。《风诗类钞》：系匏于腰，可以济渡。《诗经直解》：言于渡口迎人待渡时所见、所感，济深则系匏而涉，济浅则褰裳而涉。

此三家所言，皆系匏瓠之实用价值，也符合诗文之实际，当代学者之注译，亦大体宗承此说。但是只有一点，均未触及匏瓠这个特定用语之真谛。

再看《豳风·东山》：

> 我徂东山，慆慆不归。我来自东，零雨其濛。鹳鸣于垤，妇叹于室。

洒埽穹窒，我征聿至。有敦瓜苦，烝在栗薪。自我不见，于今三年。

此篇为征人还乡之诗，一路上家室在念，并想象妻子正在盼他回去的情景。全诗四章，此其第三章，章中有两处分别以"鹳"、"瓜"造句：一是"鹳鸣于垤，妇叹于室"，之后，接着便在脑海中看见一个圆圆的大葫芦，挂在庭院的栗薪上。这是一个最令他动心的图景。这同上篇一样，仍是那葫芦与婚姻密切相联的一个古老情结，想起家室便想到葫芦，想到葫芦也就越想家室。所以下文便吟而叹之："自我不见，于今三年"了。所以此章与上篇"匏有苦叶"之相似处，乍一看，似乎也就是一般的写景或写实，无需深究的，但是《诗经》这部古老诗集，却埋根在中华民族古老文化的深处，不经开掘，便很难了解其底细的。

顺便多说一句，此章的"栗薪"二字，既可训以栗为薪，也可训之为析薪①，而栗薪、析薪、柞薪、束薪等等，在诗中也同是婚娶之象。所以，这栗薪之上挂葫芦，便又是双重的象征义了。

请看历代经师、注家们的有关注疏，如：

　　《毛传》：敦，犹专专（团团）也。烝，众也。言我心苦，事又苦也。

此训瓜苦之苦为味苦，又以味苦喻心苦。显系勉强比附，而且指心苦为妇人之自喻，也与诗意不符，故不可取，后之宗承此说者亦不少，此不赘。

　　《诗集传》：栗，周土所宜木，与瓜苦皆微物也。见之而想，则其行久而感深可知矣。

这是按一般人情、常识作解释，也觉合情合理，但不明葫芦（瓜苦）之真谛。

　　《读风偶识》：第三章始借见瓜，点出三年二字。非瓜也，其人也。

　　言语之妙可想。

这是说，诗人在此以瓜比人，具有言语推敲之妙。但这是属于修辞技巧之问题，离葫芦之义尤远。

　　《诗经选》："瓜苦"，即瓜瓠，也就是匏瓜……似指合卺的匏。下文叹息三年不见，因为想起新婚离家已经三年了。

---

① 《郑笺》："栗，析也……古音声栗裂同也。"

这是当今注译本中第一个把此与婚姻相联系作解释的，因此很觉可贵。惜其未再深究，未明此"合卺"之礼的渊源又在哪里。

五 尾声

最后再举一篇作试探，算是本文的尾声。请看《大雅·生民》：

厥初生民，时维姜嫄。生民如何？克禋克祀……载生载育，时维后稷。

诞实匍匐，克岐克嶷，以就口食。蓺之荏菽，荏菽旆旆。禾役穟穟，

麻麦幪幪，瓜瓞唪唪。

此篇歌咏周民之先祖后稷对农业的伟大贡献，及有关祭礼之事。全诗八章，此其第一、四章。第一章只列为一个开头，此不多论。第四章写后稷幼时会爬会站之后，就能自求口食，教种豆菽。豆苗长得茂盛，庄稼长得青葱，麻麦密密丛丛，瓜瓞累累唪唪。

此章末句言瓜瓞，与前边《大雅·绵》一篇有不同。《绵》第一句"绵绵瓜瓞，民之初生"，系用瓜瓞作起句，以兴起周氏之先祖古公亶父一系列创业活动，兴义十分明确。而此章则直赋后稷之成长、学艺及所种瓜豆之繁盛，似乎看不出其末句之"瓜瓞唪唪"是否有更深涵义。查阅历代经师及当今学者有关著作多部，亦少有议及者，大都写一句：（瓜瓞）唪唪，多实之貌之类，也就算了。

然而笔者以为，再作些研讨，还是必要的。例如：一、《绵》言"绵绵瓜瓞"，此篇言"瓜瓞唪唪"，这两句基本同形同义，又同属姊妹篇章，似应有相同旨趣；二、《绵》咏古公亶父，此篇咏先王后稷，都是周民之先祖，基调十分一致；三、诗人以"绵绵瓜瓞"起兴，具有明确的葫芦先祖意识，此篇以同样的句子咏后稷，理应有同样的先祖情结；四、这"瓜瓞唪唪"一句，固似直赋其事，不是兴句，可前边《邶风》之"匏有苦叶，济有深涉"、《东山》之"有敦瓜苦，烝在栗薪"亦为直赋其事。只是前两篇有较多的旁证或信息可论，此篇则相对少些而已。五、此章"麻麦幪幪"，也未必就是简单的叙述语，而可能也有更深的涵义。请看《陈风·东门之池》："东门之池，

可以沤麻。彼美淑姬,可与晤歌。"再看《鄘风·桑中》:"爰采麦矣,沫之北矣。云谁之思,美孟弋矣。"这麻、这麦,都是诗中的婚娶爱情象征句。那么,此章之瓜瓞、麻麦两句相结合,就应更具有家室美好、宗族繁衍、先祖可亲可敬的意义了。欧阳询《艺文类聚·果部下》有这样一段文字:"毛诗曰:'文王之兴,本由大王也。绵绵瓜瓞,瓜瓞唪唪,民之初生,自土沮漆,王化之本。'"这里把两个诗篇的两个"瓜瓞"句摘并一起,合成一个意思,似乎说,这两句原来就一样,本就是远古母体崇拜遗下的"葫芦"意识罢了。

所以我想,如果上边的一些分析可以说得过去,则《大雅·生民》这一篇,就可列入《大雅·绵》这一组,同属葫芦文化之系列。

这渊源悠久的远古母体崇拜中的葫芦先祖,本来就具有天生的崇高感和神秘性,历经周秦之后,随着历史的衍进,逐渐与仙道相结合,便增出些仙道之气了。例如道家称他们的仙境为"壶(瓠)天",称东海三神山为"三壶(瓠)"(方壶、蓬壶、瀛壶),又称瓠瓜为"穹窿"等等,这显然都与上文所谓的"象天地之性"联系着,以葫芦象征或代表另一种天地。再如仙人腰间系葫芦,行医卖药称"悬壶",这就都与仙人的道术、济世救人相联系。然后再延而伸之,诸凡吉祥、灵异事,甚至一般的民间日用装饰物,如长柄烟斗、钥匙带子等等,也要系一个葫芦。这就构成了悠久而广泛的中华葫芦文化。此《诗经》中的葫芦,只算这葫芦文化之点滴耳。

(原载《中州学刊》1995年第5期)

葫芦笙象征意义和文化渊源的音乐人类学考析

邓 钧

从历史记载、考古实物和古人对乐器分类的思维看，最早的笙当属葫芦笙。古人说："笙者，生也，象物贯地而生，以匏为之"，并进一步将参差不齐的笙管形象地比喻为凤凰展翅。从作为生命力的象征到美好意愿的托付，古人对笙的文化阐释，虽言简意赅却令人折服。

然而，留给今人的问题依然存在，今仍广布于各民族中的以祈生纳福为核心的精神因素，何以演化出精致的器物？笙斗之所以由匏至木，乃至青铜，其材质的变化又说明了什么？我们当然可以，但却不能至于"蕴含着先民素朴的世界观和精神追求"的解释，也不能简单地将这一复杂的文化现象归结为渊源深厚的葫芦崇拜。我们不禁要问，笙之物，它与中国先民的早期精神追求有何关联？又何以成为中国传统乐器的核心之一，进而流布于诸多民族中且演变出多种形制？

笙类乐器在传统的"八音"分类法中列入匏类，因此，研究笙属类乐器确实不能不讲到"匏"。作为制作该乐器最初始也是最重要的材料之一，先民们的选择如同对笙乐器构思精巧的设计原理一样，不能简单用无意识的"原始行为"去解释这种意蕴丰富、内涵复杂的文化事项。从认知人类学的立场观察出发，特定的文化现象作为有效的知识和行为载体，匹配于特定的文化系统。从这一角度看，对笙乐器历史渊源关系的理解就理应回到传统和历史背景中去，这也是音乐学从人类学借鉴而来的重要方法论之一。我们虽不能复制和再现历史,相对而言,却可以做出较为符合逻辑的判断和解释。

要弄清葫芦笙文化意象的发端和文化沉积缘何而来,以及与葫芦的文化关联,首先得从葫芦说起。

一 葫芦的民族学考察

在中国传统文化中,恐怕很少有其它天然植物能像葫芦一样,很早便建立起特别的文化内蕴。这一一向被中国人视为吉祥的象征之物,其意义遍布在传统文化各个领域,人们甚至直接以其汉语谐音"福禄"代称。正因如此,民俗学家钟敬文形象地将其概括为中华文化的"人文瓜果"[1]。

葫芦,系葫芦科植物,在我国有着悠久的种植和应用历史,古人将其视为瓜类。姑且不提神话、传说等口碑文献,也勿论通过文字载体的典籍所描述,仅从考古发掘实物看,早在新石器时代就普遍存在以葫芦为主题或与其相关的图像、图形和器具,如半坡遗址、仰韶遗址、姜寨遗址等均出土有陶制葫芦瓶,可见它跟早期先民的生活联系是相当紧密的。河姆渡新石器早期文化遗址中发现的葫芦及其种子,也证明了中国是世界上最早种植葫芦的国家之一。

葫芦的称谓在古代有多种,如匏瓜、瓠瓜、壶芦、匏瓠、昆吾、蒲芦等,其品种分悬壶、匏和瓠等;按照饮食习惯又分为甘匏和苦瓠。可见,古人对葫芦的使用之丰富多彩。大致说来,葫芦的用途在古代有以下几个方面:

民以食为天,葫芦作为食物入日常瓜蔬之列,古人很早就掌握了它的种植习性,将其视为重要的食物来源之一,对此,古书多有记载。《王祯农书》言"瓠之为物也,累然而生,食之无穷,烹饪咸宜,最为嘉蔬"。《管子·立政》里说:"六畜育于家,瓜瓠荤菜,百果备具,国家之富也",说明了包括葫芦在内的瓜蔬储备被提到国家富足的标准之一。《诗经》云:"七月

---

[1] 钟敬文:《葫芦是人文瓜果》,《民俗研究》1996 年第 4 期。

食瓜，八月断壶（注：壶，即葫），九月叔苴，十月蟋蟀入我床下"，短小的文字充分展示出古人对其生长规律的熟知程度。不仅如此，甚至连葫芦叶也被古人当作美味佳肴享用，"幡幡瓠叶，采之亨之，君子有酒，酌言尝之"。此外，葫芦的食用方法也很多，如《红楼梦》中所提到的"葫芦条儿"，便极有可源自《王祯农书》中"可蜜煎作果，可削条作干"的记述等等。

作为盛物之器，葫芦瓢沿用至今。《庄子·逍遥游》中写道："魏王贻我大瓠之种，我树之成而实五石；以盛水浆，不能自举也；剖之以为瓢，则瓠落无所容。"《韩非子》又云："夫瓠所贵者，谓其可以盛矣。"其后，发展为盛酒之器，其一如善饮者常备的酒葫芦，其二则是今已不多见的葫芦型酒杯——古代行祭天之礼时使用的"匏爵"。如《周礼》载："其朝献用两著尊，其馈献用两壶尊"、"凡祭祀，社壝用大罍，禜门用瓢赍"。由郑玄注"取甘瓠割取柢以齐为尊"可知，所谓"瓠尊"是匏爵另称，而《礼记·郊特性》说的"陶匏以象天地之性"之陶匏，则是陶制的葫芦型酒具。

作为药物和药具，古代许多药书如《本草纲目》等均有明确说明，此也是国人特色之一，乃至延伸出我们熟知的习后语"你葫芦里卖的是什么药"和"悬壶济世"这样的典故。李时珍说："瓢乃匏壶破开为之者，近世方药亦时用之。当以苦瓠者为佳，年久者尤妙。"（《本草纲目》）《王祯农书》言："亚腰者可盛药饵，苦者可治病。"这个所谓的"亚腰"形的葫芦，除了盛药外，当然也让人联想到神话故事里的经典人物铁拐李腰间的同一东西——酒葫芦。

葫芦的另一功用是采"苦匏"为材料用作舟楫渡河漂浮工具，民间俗称"腰舟"。《易·泰·九二》曰："包荒，用冯河。"包者，匏也，意即将匏内之物掏空后，便可成为渡河的辅助工具。《国语·鲁语下》："夫苦匏不材，于人共济而已。"韦昭注："共济而已，佩匏可以渡水也。"我们熟知的成语"和衷共济"，其故事即来源于此。以葫芦为涉水工具的习俗，传习未断，在我国南方少数民族地区流传甚广，如清《番俗图·渡溪图》便绘有腰扎葫芦渡水图像，旁注曰："腰掖葫芦浮水，挽竹筏中流，竞渡如驰。"

葫芦的另一功用，便是我们将要竭力探讨的作为乐器制作材料的使用，这就是笙的早期型态以及沿用至今的葫芦笙。此外，葫芦在古代文人的视野中也常常渗透在艺术创作的领域。限于篇幅的关系和非此文探讨的重点，此不赘述。

二　宇宙认知、葫芦生人和生殖崇拜

神话学家埃里奇·纽曼（Erich Neuman）认为，最早的神话是创世神话。纽曼对神话发展历程和顺序的理解是符合原始思维逻辑的，神话最早要解决的是宇宙的本源问题，而后才是世界的构成。只有当人的意识脱离"动物"的本性产生出"自我"之后，才逐渐涉及人类自身，亦即经由宇宙-世界-人的发展模式。这个时候，神话的发展便进入"英雄时代"。

对照纽曼的理论，中国的葫芦神话可分为两种类型，一是以汉文字为载体记述的具有葫芦实体意象的创世型，二是通过口碑传说形式为主流传的属于"英雄"范畴的神灵型。同时，这两种类型的葫芦神话又分属在汉文化和少数民族文化体系内。

创世型的葫芦神话，始于三国时代徐整的《五运历年记》："首生盘古，垂死化身，气成风云，声为雷霆。左眼为日，右眼为月，四肢五体为四极五岳，血液为江河，筋脉为地理，肌肉为田土，发髭为星辰，皮毛为草木，齿骨为金玉，精髓为珠石，汗流为雨泽；身之诸虫，因风所感，化为黎氓。"

盘古原记为"盘"，同时也有"盘壶"另称，壶的古字为"壸"，故常任侠认为"伏羲与盘瓠为双声"，两者"声训相同，殆属一词"[1]。因此，盘古就是盘瓠，其含义为匏做的盘。这样一来，对"女娲"的解析就有两种可能，或以"盘瓠"命名的姓氏称谓，或其本身就是葫芦神。且不论哪种解释更具有说服力，在汉文献这则旨在描述世界起源的神话中，其创世之祖神——盘古，均与葫芦有关。

---

[1] 常任侠：《沙坪坝出土之石棺像研究》，《说文月刊》10/11 合刊。

这种把天地之象喻为葫芦的说法在中国传统的宇宙认知哲学里是一脉相通的。叶舒宪在《原型与汉字》中曾着力探讨了这种宇宙发生的认知来源：

> 《说文》释"壹"云："壹,专壹也,从壶,吉声"。朱骏声《说文通训定声》说："《易·系辞传》：'天地壹壶'。按：其凝聚也。亦双声连语。"这里说的"壹壶"又可写作"氤氲"或"姻煴"。丁福保《文选类话》释为"运气也",亦指创世前的未分化状态。……而"壹"字取象实为葫芦,这正说明了"壹"与"一"的宇宙论意蕴源自葫芦剖判型创世神话。验证与至今流传在中国少数民族的神话,葫芦作为原型意象仍具有相当的普遍性。中国哲理所说的"一分为二"或"合二为一"均可在瓠瓜的剖瓢现象中获得形而下的具象原型。[①]

叶舒宪的解释其实古人已经注意到,所以《礼记·郊特性》才有"陶匏,以象天地之性"、"祭天器陶匏,以象天地之性"的解释。

如上所述,如果葫芦最早是作为宇宙实体"天地之象"出现的话,那么西南少数民族的洪水神话中的"葫芦生人",以及葫芦的生殖崇拜都可以看作是这一神话思维的延续。换句话说,三者完全能够衔接起来,也符合纽曼关于从宇宙－世界－人的神话理论模式。

据刘尧汉的调查统计,南方少数民族中,彝、苗、瑶、侗、水、布依、仡佬、崩龙、布朗、羌、白、怒、藏、纳西、普米、阿昌、土家、傣、哈尼等民族均有"人从葫芦出"的说法,即视"葫芦为共祖"加以供奉的传统,而其中又以彝族最为普遍和典型[②]。云南建水县彝族老人至今仍然有胸挂葫芦的习俗,并认为"彝族是从葫芦里出来"、"葫芦是彝族的祖公"。建平县的彝族则直接称葫芦为"阿普",而彝语"始祖"也称"阿普",把葫芦跟始祖等同起来[③]。哀牢山的彝族还有以葫芦作为支系称谓的现象,当地人叫"葫芦

① 叶舒宪：《原型与汉字》,《北京大学学报》1995 年第 2 期。
② 刘尧汉：《中华民族龙虎文化论》,《贵州民族研究》1985 年第 1 期。
③ 李子贤：《云南少数民族神话初探》,《民族文化》1980 年第 2 期。

李'①。此外，布依族的《盘古遗保歌词》、佤族的《司冈里的传说》（注："司冈"和"里"在佤语中分别是"葫芦"和"出来"的意思，翻译过来就"葫芦生人"的意思）也持这种观点。浙江景宁县畲族兰氏，直接以盘瓠为始祖并加以供奉，其神主牌位上便写着"龙凤高辛帝祖敕赐附马护骑国盘瓠姎夏氏之位"。笔者2004年在云南从事非物质文化遗产申报调查的时候，曾看到白族祭祀本主的时候在杨柳枝上悬挂葫芦，经询问其说法也与此雷同。

洪水神话在各民族中有众多版本，这些不同的版本实际上属于同一神话母题的不同变体，不论其情节有多大差异，归根结底，其核心内容无非是表达人祖先源自葫芦和生命不绝的信仰。比如楚雄彝族人关于洪水神话是这样讲述的：

> 洪水时代，其他人都坐在金、银、铜、铁船里被洪水淹死了，只有好心的阿朴独姆和妹妹用葫芦避洪水，所以得以幸存。兄妹二人通过滚石磨等仪式的考验，最后成婚传人烟，生下18个男孩、18个女孩，都是哑巴。后来孩子们因竹子烧爆而受到惊吓就会说话了，于是他们成为彝族、哈尼族、汉族等的祖先。（云南楚雄彝族史诗《查姆》）

闻一多曾对"洪水神话"与"葫芦生人"的关系做了仔细考证，收集并列出6种形态：1. 男女从葫芦中出；2. 男女坐花中，结实后，二人包在匏中；3. 造就人种放在鼓内；4. 瓜子变男，瓜瓢变女；5. 切瓜成片，瓜片变人；6. 播种瓜子，瓜子变人。②从上面列举的诸多民族关于"葫芦生人"的说法和闻一多的总结，我们确实能看到"葫芦生人"万变不离其宗的主题。

然而更复杂的问题接踵而来：葫芦何以拥有这种化生万物的特殊功能呢？要回答这个问题，必须对神话诞生的根源和特殊的民族思维加以分析。先让我们看看《诗经》中关于葫芦的诗句。

《诗经·大雅·绵》曰："绵绵瓜瓞，民之初生。"《集传》解释道："大曰瓜，小曰瓞。瓜之近本初生者常小，其蔓不绝，至末而后大也。"从表层

---

① 《彝族风俗志》，中央民族学院出版社1992年版。
② 《闻一多全集》第1卷，三联书店1948年版。

意义看，《绵》似乎以瓜瓞蔓延生长的过程形象地比喻周人迁歧、由小及大、创业兴国的历史。但更深层的意义却不止于此，瓜瓞多籽，周人用多籽的葫芦体表达繁衍昌盛的现实祈愿。显然，这与周人的信仰形态有关，体现着葫芦崇拜的意味。这里，蔓延不绝的"瓜瓞"之所以能够与"民之初生"联系在一起，以神话学的术语来解说，起作用的就是原始思维中的"互渗律"，"民生"才被类比为"瓜瓞"。那么，我们不禁要进一步追问：为什么从创世神话到洪水神话中的"葫芦生人"情节，其托付的对象始终选择葫芦呢？一个根本的原因呼之欲出：这就是从先民们对葫芦的物质依赖开始，加上葫芦的形象又与上古时期"天地浑圆"的宇宙认识论相吻合，从而逐步导致葫芦意象的文化生成。

在自然界恩赐给人类的天然植物中，恐怕极少有别的东西能够像葫芦一样被先民们充分利用。考古发掘已经证实，早在新石器晚期，葫芦便与先民的生活发生着密切的联系，其多籽速生的特点，在生产力极不发达的初民眼里无疑充满神性的色彩。葫芦在满足人们食用的同时，也激发出先民祈望拥有葫芦一样的生命力的幻想，于是，在原始类比思维的引导下，葫芦不仅成为描摹宇宙的具象之物，也引发出对其生命力的尊崇心理。上述"葫芦生人"的逻辑来自于此，中国民间普遍持有的"多子多富"的"福禄"观也由此出。如此一来，我们便不难理解上述提及的以葫芦作为祖灵象征、以葫芦命名族姓的缘由。近年来，有诸多学者提出"葫芦与生殖崇拜有关"的观点，比照现实，这种现象即使在今天也相当普遍。

> 滇南新平彝族傣族自治县彝族成亲之日，当新郎娶回新娘，将跨门进屋之前，由守候在屋顶平台的一名壮年男子或成年妇女将盛满灶灰的葫芦掷破于地，时灰雾弥漫，新郎新娘踏过葫芦碎片登堂入室。[1]

在彝族人的这一风俗中，灶灰代表瓜子，壮年男子或成年妇女则是生殖力的象征，破瓠暗示着摔破后瓜瓢满地，体现多籽（子）多福的祈愿。毫无疑问，这种婚俗中的"破瓠"仪式具有强烈的生殖崇拜含义。另外，新婚处子

---

① 普珍：《中国创世葫芦》，人民出版社 1993 年版。

初次婚媾，民间也称"破瓜"。瓠在古人眼里是属于瓜类植物，因此，在此仪式中，"破瓠"与"破瓜"的仪式功能意向相通，目的在于追求特定的超常力量，意即从少女变成妇女，仿佛葫芦附体一般，从而获得旺盛的生殖能力。摔破葫芦，"瓜瓤"满地，反映出来的就是儿孙满堂、多子多福的思想。从某种意义上说，这种超越常态而又自成逻辑的意义转换，已经将这一仪式中的特定行为推向巫术般的境地。事实上，作为当地"文化使者"的彝族巫师，其解释也正是如此。再如古代汉族的"合卺"婚俗，其本质与此大同小异。《礼记·昏义》记载古人新婚之时"妇至，婿揖妇以入，共牢而食，合卺而酳；所以合体同尊卑，以亲之也"。郑玄、阮湛《三礼图》也有类似记述："合卺破匏为之，以线连两端，其制一同匏爵。"《东京梦华录·娶妇》则描述得更加详细："互饮一盏，谓之交杯酒。饮讫，掷盏并花冠子于床下，盏一仰一合，俗云大吉，则众喜贺，然后掩帐讫。"所谓"卺"，就是葫芦剖开制成的瓢，"合卺"表示剖分的两个匏爵合二为一，表示夫妻合体。"一仰一合"，即隐喻男俯女仰、阴阳和谐，带有明显的性象征意味。

如果"破瓠"和"合卺"仪式的功能指向相对还比较隐讳的话，那么，苗族关于葫芦与生殖崇拜的联想则相当直接了。黔东南苗族在鼓社祭中，巫师在祭祖仪式中有"女器大如瓢，男器大如灯，性交象骑马，女骑骡上坡……"的唱词。

通过以上实例分析，可以清晰地看到传统文化中葫芦意象的连续生成：葫芦既是万物之本源，又是母体的象征。初民意图在人与植物的对应关系中寻找强大的繁殖功能，这是把葫芦的生殖能力同人类的繁衍联系在一起，葫芦由此得以蒙上神性的光辉。用神话学的词语解释，便是典型的"换喻"手法。

三　从葫芦到葫芦笙的文化转移

近几十年来，随着民族学、文化人类学理论体系及其各种流派在人文学科的深入，学界对葫芦文化的各种解析可谓硕果累累。尽管因方法论的不同彼此间得出的认识和结论尚有一定差异，但对葫芦文化中蕴含祖灵和生殖崇拜内涵则几近共识。笔者关于葫芦文化的解析也同样参考和吸收了诸多学者的研究心得。然而，就目前而言，尚未有人进一步结合少数民族音乐文化中遗传的现实材料明确提出葫芦与葫芦笙文化意象同源共通之说。《释名》曰："笙，生也，象物贯地而生。以匏为之，其中空以受簧。"其实，这便是见诸于文献最早的关于葫芦笙的文化阐释。今虽存汉笙、芦笙、排笙、葫芦笙等多种形制，但毫无疑问，最早的笙当属后者无疑。

文化发展的一般规律告诉我们，一种文化从其诞生之日起便踏入了流动变异的历史潮流。而随着时间的推移，这种文化又可能出现分解、变异、转移、重组、回归等现象，上述葫芦神话的解析业已说明这种观念。如果套用文化层的理论模式，葫芦神话也有叠加的成分，如对葫芦作为植物的敬仰显然有图腾和生殖崇拜的影子，而作为神灵的尊崇又能看到英雄崇拜的神灵因素。文化的历程自有其遵守的内在逻辑，因此，如笙一般乐律复杂的器物，无可置疑，这是文化累积到一定阶段持有相对稳定性特征之后的产物。就现有民族神话和古人片言只语的理解考察，葫芦笙的创制时间几乎可以贴近到新石器时代的晚期。提出这样的观点，理由很充分。其一，如前所述，仰韶文化和河姆渡早期遗址中出土的葫芦残物、葫芦器皿表明，这个时候我国先民已经进入了农耕种植时代。这个时期同时也发现了大量的与葫芦有关的陶制生活用具，如仰韶陶制葫芦瓶、姜寨彩陶鱼纹葫芦瓶、半坡人面平底彩陶葫芦瓶等等，其质地尽然从土陶、黑陶、彩陶，可谓一应俱全。凡此种种，标示着葫芦神话中的原始意象已经向形而下的物质层面转移。其二，葫芦笙属于笙簧类编管乐器，其藕合性的发音原理，即使从乐器制作的技术性因素观察也是相当繁复的，而在此之前，应该存在着簧管结合的单簧单管乐器为多簧多管的笙乐器的出现提供技术上的积累和准备。对照如今西南少数民族中现存情况，苗族竹黄单管斜吹乐器——三眼箫极有可能便是这样的历史遗存。另外，薛艺兵提出，《诗经》里的"君子阳阳，左执簧，右招我由房"、"巧言如簧"中的"簧"，指的是口簧而非笙类乐器。他同时认为："中国至少在公元前11世纪的周代已广泛使用体鸣'簧'（即口簧）类乐器。"①这一观点是相当谨慎的了。其三，从艺术发生学的角度，葫芦笙在实际应用中并非单一以"纯艺术"的形式存在，正如马缟《中华古今注》设问的那样："上古音乐未和，而独制笙簧，其义何云？……人之生而制乐，以为发生之象。"《释名》曰："笙，生也，象物贯地而生。以匏为之，其中空以受簧。"地，指土地；土，乃万物之母也。而葫芦圆形的特征相似于女性子宫和怀孕母体。许慎《说文》卷十三下说："土，地之吐生物者也。"这里的"发生之象"具有两个层次的含义，首先就是对大地孕育出万物又贯地而出的生长之象的意象模拟和再现。其次，因启发于对生命孕育萌发的模拟而创制出葫芦笙，而葫芦笙又因具备这种状物的类比特性，成为服务生命繁衍的工具。这种思想早就被思考世界本源的哲学家所注意。例如人类学鼻祖巴霍芬就说过："并不是大地模仿母亲，而是母亲模仿大地；在古代，婚姻被看作像土地耕耘同样的事情，整个母系制所通行的专门术语实际上是从农耕那里来的。"②柏拉图也注意了这一点："在多产和生殖中，并不是妇女为土地树立了榜样，而是土地为妇女树立了榜样。"基于这个道理，我们就明白了今苗族谚语"芦笙不响，五谷不长"的深刻内涵——这是期望通过吹奏葫芦笙音乐去催生稻谷，带有强烈的丰产巫术的色彩。种种迹象表明，这一切是农耕时代早期的实践方式和文化观。

葫芦文化向葫芦笙载体的转移还能找到许多证据，如彝族史诗《梅葛》说："竹子长大了，葫芦长好了，竹子砍成节，葫芦挖成洞，竹片作舌头，放进竹节里，竹节安在葫芦上，公配母来母配子，五个竹节各有音。葫芦配竹节，做成葫芦笙。"这里，竹子象征着"公身"，葫芦则象征着"母体"，公母相配，于是有了葫芦笙，这难道不是对人类两性交媾从而孕育生命的直接模拟么？我们常见的流传在民间的"童子吹笙图"所暗示的笙乐器的功能指向也与此同。它的含义，民谚讲得再清楚不过了：金蝉坐笙，代代有根根。脚踩莲花手提笙，左男右女双新人。正因为如此，以葫芦为材料制作

---

① 薛艺兵：《中国口簧的形制及其分类》，《中国音乐学》1998 年第 4 期。
② 朱狄：《原始思维》，三联书店 1988 年版。

的乐器在我国很多民族中普遍存在，诸如：葫芦丝（阿昌、傣、彝等民族单簧气鸣乐器）；葫芦胡（壮族、布依族拉弦乐器）；筚朗叨（傣、阿昌、得昂、佤、布朗等族单簧气鸣乐器）；笔管（布依族单簧气鸣乐器）；土胡（壮族拉弦乐器）；天琴（壮族弹拨乐器）；西玎（即玎郭叨，傣族拉弦乐器）等。

葫芦的意象既与天地之形相通，又因浑圆的特征近似母体。当葫芦的文化沉积转移到葫芦笙上，于是这个乐器就必然具有了葫芦的神话特质。比如在傣族地区有一个民间传说：很早以前，一次山洪暴发，一位傣家后生抱起一个大葫芦，闯过惊涛骇浪，救出了心爱的姑娘，他忠贞不渝的爱情感动了佛祖，佛祖把竹管插入金葫芦，小伙子捧起金葫芦，吹起了美妙的乐声。顿时，风平浪静，百花盛开，孔雀开屏，祝愿这对情侣吉祥、幸福。从此，单朗叨（傣族一种用葫芦做成的乐器）在傣族人家世代相传。

在少数民族地区，葫芦笙被视作神圣之物，必用于祭祀，如彝族在祭祖大典时就必须吹葫芦笙，巫师要表演采摘葫芦等野果的舞蹈。据彝人解释，葫芦是祖灵所在，葫芦笙乐曲是各族共祖伏羲、女娲的声音。按照彝族早先的传统，母先死，请巫师做法师将其灵魂引入葫芦，待父亡，再将父魂引入母魂所在葫芦。若父先亡母后死，则弃父魂先居葫芦，另换新葫芦，将父母新旧亡灵一并引入。[①]彝人的行为动机正在于此，视大地是万物之母，生由土出，死即归土。这与葫芦和葫芦笙象征意义对应同构，即葫芦=母体=大地，人由葫芦生，死即复归葫芦体。

（原载《中国音乐》2006年第4期）

---

① 岑家梧：《西南文化论丛》，广州清华印书馆1949年版。

葫芦民俗文化意义浅析

扈庆学

　　葫芦作为绘画题材，在中国近代绘画史中受到艺术家的青睐，不仅因为葫芦题材的绘画具有花鸟画的一般艺术特征，易于表现，还源于葫芦题材花鸟画不同于一般题材的花鸟画，它还具有丰富的民俗意义，是一种特有的文化载体。中国的葫芦文化源远流长，内涵丰富，已经是中华民俗文化中的重要组成部分，近年来备受学术界的重视，研究者们从民俗学、神话学、人类学等多方面进行研究，揭示了许多民间风俗、神话、传说中的文化现象。本文则试图从葫芦题材花鸟画解读葫芦的文化内涵。

一　"葫芦"释名及其价值

　　根据谭宏娇、张立成先生的研究，关于葫芦的得名，前人主要有两种解释，一是李时珍在《本草纲目·菜三·壶卢》[释名]中云，"壶，酒器也；卢，饭器也。此物各象其形，又可谓酒饭之器，因以名之，俗做葫芦者，非矣。葫乃蒜名，芦乃苇属也。"是以葫芦的功能为命名缘由。二是农业学家与植物学家夏纬英先生在《植物名释札记》中的释名："原作壶卢，或单名曰壶……，壶既葫卢，以形似壶状。'卢'，亦因形似而言，或曰案：此所谓'矛戟柄'之应，即矛戟柄之末段膨大而作圆锥体而亦具楞的部分，葫芦之型亦语之相似，故而都有'卢'名。"①是以葫芦的形似为命名缘由。葫芦在古代文献中除了写作"葫卢"外，亦写作"瓠卢、瓠芦、匏瓟、扈鲁、瓟卢"，古人往往不知道它们是字形无定，声音通转的连绵词，故常常产生不解或误解。

葫芦有食用价值，可以直接食用，或煲汤、煸炒、做馅儿，或与肉类一起煮、炖，是上等的美味佳肴。葫芦也有承载之功能，可以做酒器、水器等，农村常用的舀水工具依然是由葫芦做成的"瓢"。在辽宁的农村，葫芦是农民常用的播种工具。葫芦可以用来储藏粮食和食品，还可作为浮水之工具，其浮水如泡、如漂也。葫芦的经济价值也很可观，我国的一些地区以葫芦为商品的产业经济已经初具规模，既可直接销售产品，同时也带动了特色旅游业的发展。葫芦的药用价值古今皆有所用，而其精神价值更为明显，中国的一些少数民族认为人生自于葫芦，这就使葫芦产生了精神价值。由于"福禄"与葫芦谐音，人们便把对美好生活的向往倾注在葫芦上，这也是葫芦产生精神价值的原因之一。葫芦的艺术价值尤其值得一提，人们可以在葫芦上作画，可以葫芦为基础原料进行雕刻。在把葫芦当成吉祥使者的同时，又赋予其新的内涵，新的生命，新的精神价值，这就是葫芦的艺术价值。大多数葫芦都是比较均匀而对称的几何体，上小下大，符合中国传统文化的上虚下实、平衡和谐的审美理念。爱国诗人陆游在《刘道士赠小葫芦》中写到："葫芦虽小藏天地，伴我云山万里身。收起鬼神窥不见，用时能与物为春……个中一物著不得，建立森然却有余。尽底语君君岂信，试来跳入看何如。"从一个侧面反映出葫芦在宗教中的超然地位。

二　葫芦的文化内涵

在几千年的葫芦栽培史中，葫芦已经超出作为植物学概念的葫芦，成为一种特有的文化载体。

---

① 谭宏姣、张立成：《"葫芦"命名及文化释源》，《吉林师范大学学报》2004 年第 6 期。

因为原始人认识自然的能力很渺小，在长期和自然斗争的过程中，形成了"万物有灵"的原始崇拜心理。因为葫芦和人们的生活联系紧密，人们逐渐把葫芦作为人类的始祖加以崇拜。在中华民族这个大家庭里，许多成员的先民都曾崇拜过葫芦，如汉、彝、白、哈尼、纳西、苗、壮等族，都有关于人类起源于葫芦的传说。这种母体崇拜，从心理上满足了原始时代人们对人类起源问题解释的需要，是原始信仰中祖先崇拜的一种变异。人们把这种崇拜雕刻在石壁、陶器上，形成了最早的葫芦画。

葫芦文化的渊源是原始社会的生殖崇拜。在原始人的思维中，葫芦是母体的象征，作为一种女性生殖的象征，受到顶礼膜拜，人们把繁衍子孙的希望寄托在它身上，这也是葫芦对中国民俗乃至中国文化影响最大的原因之一。至今在民间还保留着很多葫芦生殖崇拜的习俗，都是和葫芦象征着多子的生殖崇拜有关。为什么会形成葫芦生殖文化崇拜？因为葫芦形似女阴的子宫和多籽的特征，从而赋予了葫芦于人类繁衍极为重要又颇为神秘的生殖力，这是形成葫芦生殖文化内蕴之所在。

葫芦文化中最精彩最神秘的是洪水神话中兄妹相配成婚所表现出来的生殖意象。在中国许多民族中都流传着故事情节大同小异的洪水神话。相传很久很久以前，洪水暴发，伏羲和女娲兄妹俩受神示躲进他们自己种的大葫芦里逃生。洪水过后世上仅剩兄妹俩人。神或者灵物暗示只有兄妹俩人结婚才能繁衍人类。兄妹俩人或因害羞或因不合风俗而拒绝，于是或采用占卜法，或用追逐法而成婚，或生人，或生怪胎。生怪胎则将其剁碎撒在原野山谷而变成人，从而有了百家姓或各不同民族，于是人类再传，世代不息。

据闻一多先生考证，中国古神话中的伏羲、女娲就是葫芦崇拜的变体。"伏羲、盘古、槃瓠是一人"[1]。"伏羲"本义是葫芦。"葫芦"还是"女娲"的代称。《汉书·古今人物表八》说："女娲氏，师古曰：'娲蛙反，又音瓜'。"取"伏羲""伏"与女娲的"娲"，即"伏"，转音"葫瓜"指葫芦。

---

[1] 《闻一多全集》，第 1 卷，三联书店 1948 年版。

　　除了以"葫芦"为多子之象征外,我们认为,"葫芦"得名于"圆形",人们对圆形葫芦的审美体验也应该是一个重要的原因。如果从审美的角度讲,圆形是最和谐、最具有美感的形状。古希腊哲学家毕达哥拉斯认为,一切平面图形中最美的是圆形,一切立体图形中最美的是球形。哲学家奥古斯丁也把圆形看作是至善至美的图形。而圆形的东西让人感到温和,感到亲切,容易产生认同感,能引发普遍的审美快感。葫芦,图形对称,曲面圆滑,线条柔和、优美,一波三折,跌宕起伏,既有圆形之美,又有圆体之美,集庄重美与和谐于一身,给人以赏心悦目之感。圆形的葫芦不仅具有曲线柔和之美,也同样具有形状简单之美。

三　民俗意义

　　中国的道教中将葫芦视为神物,在生活中称为"壶天"、"壶中日月"。"壶"即瓠,就是葫芦。道士随身携带葫芦,盛以"仙丹妙药",是为"法器"。传奇小说中的铁拐李、张果老、麻姑等仙人,皆携带葫芦,作为"法器",称为"宝葫芦"。

　　中国民间文化中,葫芦也同样被赋予了神奇的力量。在中国灿烂的文化长河中,从道家文化,到文学艺术,以及与民俗、信仰和日常生活密切相关的民间艺术,葫芦都是非常重要的题材。在中国陕西和甘肃一带,葫芦与当地民俗和吉祥观念结合,人们除了把葫芦当作盛水、盛油的器具之外,还赋予葫芦各种观念,并在艺术作品中加以表现。在潘鲁生编著的《中国民俗剪纸图集》中,可以看到山东省蓬莱的《蝈蝈葫芦》、山东省滨洲的《葫芦蝴蝶》、陕西省的《葫芦多子》等作品[1];在吕胜中编著的《中国民间剪纸》中又可看到内蒙古赤峰地方的《葫芦生子》、《剪子葫芦》、四川省川北地方的《葫芦福禄》等作品[2]。民间刺绣作品中既有以葫芦为绣样的,也有将绣件(如荷包、兜肚等)裁为葫芦形状的。民间年画,以葫芦为题材的

---

[1] 潘鲁生:《中国民俗剪纸图集》,北京工艺美术出版社1992年版。
[2] 吕胜中:《中国民间剪纸》,湖南美术出版社1994年版。

单幅画比较少见，但也有以葫芦为边框的画幅。民间建筑上的葫芦装饰有木雕、石雕、砖雕、彩绘等多种形式。

长期以来，广大劳动人民在生产、生活的风俗、习惯中把葫芦看成一种安全长命的吉祥物。传说中葫芦为神圣之物，不可渎亵。正月初七用葫芦祈祥求寿；七月七日戴"瓢面具"向七仙姑乞巧；端午节门前挂葫芦，消灾免难；年幼小娃娃背上、胸前戴小葫芦，以祈长命富贵。山东省微山湖以船为家的渔民，用一个大大的亚葫芦拴在小孩的腰间，俗言可保小孩平安，但同时它还兼有装饰的功用，万一小孩落水，无疑又有实际的保护作用。民间剪纸、面塑、年画、工艺品等都常见四个瓶子配四季花卉为一套的作品，其含义大家都明白是"四季平（瓶）安"。值得注意的是，作品中的瓶子往往被画成（或做成）亚葫芦的形状，从而形成了"双料"的吉祥。供室内陈设的花瓶，也常被造型为葫芦。民间美术作品中，还有一种"盘长葫芦"，也是把吉祥图案"盘长"与葫芦结合在一起。

（原载《民俗研究》2008年第4期）

滇西南拉祜族吹奏乐器葫芦笙综述

罗成萍

　　葫芦笙是滇西南拉祜族主要的传统吹奏乐器，它几乎伴随着男人们的一生。这里拉祜人恋爱生活、仪式生活中的葫芦笙演奏竞技活动的兴起和传承，在客观上刺激了拉祜音乐的口头传承和动态流传。他们把葫芦笙作为传承文化、抒发感情、交流思想的重要工具，成为社会生活的重要内容，在拉祜族文化中占有重要地位。正是这一竞技的长期发展，不断酿造出优秀的音乐琼浆，培养了一代代乐师。迄今为止学者们对于起源于河湟地区古氐羌遗裔之一的，位于云南西南部澜沧江两岸的思茅、临沧地区的拉祜族吹奏乐器葫芦笙的研究都局限于形状、吹奏和历史的简要介绍，也很少有人对其文化传承活动及竞技过程中演奏者的音乐行为及其文化意义给予清楚的阐释。故此，本文将从民族族源引入，系统介绍其形状、结构，进而介绍其演奏方法和曲调特征，同时结合社会功能的高度来介绍云南拉祜族吹奏乐器葫芦笙，向人们展示拉祜族的风俗人情、人文道德、音乐特色，进而向人们展示拉祜族民间器乐的精髓。

一　历史族源

　　葫芦笙历史久远，早在2700多年前的周代，我国古代乐器八音分类中就有用葫芦制作的匏类乐器——笙，从湖北随县曾侯乙墓出土的几支战国初期的笙，充分证明了这一点。我国滇西南少数民族使用的葫芦笙，也有着较悠久的历史。二十世纪五十年代以来，在云南江川李家山二十四号墓、晋宁石寨山古墓群出土的铜葫芦笙斗，据测定属春秋至战国之际的遗物。有五、六、七管三种。竹或木制笙管已腐朽不存，铜制笙斗的形制略有差异。李家山二十四号墓出土的两支铜斗，上端均铸一立牛为饰，造型生动形象，通高分别为26和28.2厘米。铜葫芦笙系仿天然葫芦匏形用青铜铸造笙斗，另插竹木制笙嘴吹奏。主要用于伴奏舞蹈。如开化铜鼓面部主晕图象中有匏笙舞，画面上八人中有一人边吹葫芦笙边舞，晋宁石寨山出土的铜鼓胴部画面、舞俑、乐舞铜饰物和房屋模型中也屡见吹奏葫芦笙的形象[1]。早在先秦之时葫芦笙已在我国滇西南广大地区流传，至少已2500年历史，如1955年—1960年，在云南省昆明市晋宁县石寨山发掘了以滇王为首的贵族用的青铜葫芦笙斗和吹奏葫芦笙的铜舞俑。以及云南省大理白族自治州祥云县大波那木廓铜棺墓中出土的铜葫芦笙斗。据测定，这些铜葫芦笙斗均属春秋晚期和战国初期的制品[2]。

二　简介

　　滇西南拉祜族的葫芦笙，流行于云南省澜沧江两岸的拉祜山寨，是拉祜族主要的传统吹奏乐器，它几乎伴随着男人们的一生。葫芦笙大的有1米多，小的只有10厘米左右。葫芦笙用一个干葫芦、两壁对打5个孔；用5根长短不一的竹管，部分插入葫芦内抠出音孔，安上簧片，交接处用酸蜂蜡密封糊牢；用一根竹管插入葫芦蒂部做吹管，也有直接以蒂部做吹管的。葫芦笙的大小及规格不定，发出的音乐也高低不同，有艺人根据自己的爱好选做。葫芦箫是很有特色的乐器，形状和构造别具一格。它的构造和笙大致相同，由笙斗和笙管组成。利用小葫芦的腹部为笙斗，3根竹管和平枚金属簧片组成，通体长约30厘米。在葫芦的柄端，插一细竹管为吹口，笙管多用

① 《中国音乐史图鉴》Ⅱ—48至Ⅱ—51。
② 《云南音乐史鉴》Ⅱ—56至Ⅱ—62。

海拔千米亚热带地区的凤尾竹或黄枯竹制作,有五至八管不等,环列插于葫芦斗中,管底微露于外,用蜡固定。整个葫芦做气箱,葫芦底部插进3根粗细不同的竹管,每根插入葫芦中的竹管部分,镶有一枚铜质或银质簧片。中间的竹管最粗,上面开着7个(正6背1)音孔,可吹出由g~g'一个八度的旋律音,称为主管。两旁的副管,上面只设簧片,不开音孔,只能发出与主管共鸣的和音,通常是较细的竹管发a音,最细的发e'音。在西盟、澜沧一带,还有一种更小的高音葫芦笙,通高不到15厘米,外出访友或上山劳动时常放入衣袋中携带。

三 演奏及吹奏曲调特征

(一)演奏

演奏时,双手抱笙,手指按孔。葫芦笙的每根笙管,均能发出高低不同的两个音,音程为小二度、大二度或小三度关系。用手指按住笙管上的音孔,可以发出基本音,也即音程中的高音,用手指堵住露于笙斗底部的管口,管底则可发出变化音,也即音程中的低音。因此,一个葫芦笙虽有五、六或八根笙管,却能发出十、十二或十六个音来。五管葫芦笙的音列为:第一管bb、c1,第二管be1、f1,第三管f1、g1,第四管ba1、b1,第五管bb1、c2。八管葫芦笙的音列为:a1、#a1、b1、#c2、#c2、d2、#d2、f2、e2、f2、f2、g2、g2、a2、g2、#a2。其指法,以五管葫芦笙为例,用左手拇指按第二个孔上,食指按第一孔,无名指按第三、四孔,右手食指按第五管上孔,拇指兼按笙斗下方各管底孔。而在六管或七管葫芦笙演奏时,以右手食指按住最末一个孔,中指按第五或第六孔。吹吸皆可发音。葫芦笙管上按孔的发音,多用于吹奏旋律或奏出双音、三音或四音和音与和弦,所演奏的曲调,一般多是五声音阶,并可移调演奏。用手指在笙管底端管口上轻轻抹动,还可以奏出轻微而圆润的装饰性滑音,常用以衬托旋律或奏出固定的节奏。

(二)曲调特征

拉祜族葫芦笙的制作工艺和演奏方法基本相同,但音的排列略有些差异。澜沧、孟连等地拉祜族各支系吹奏葫芦笙的方法基本相同，音例是首调的EGACDE，音域为十度，中间没有变音。而双江、临沧各地的拉祜族葫芦笙曲调中，音例是首调的#GACDE#GA，音域为八度在加一个小二度。澜沧、孟连一带拉祜族在葫芦笙的演奏中，首调的G和高八度的G为持续音，旋律在八度持续音内来回穿行，有时遇到旋律音和持续音是同一个音时，则省去持续音保证旋律音的正常进行，这会出现持续音中断的情况。演奏的曲调都属大调性质的，以五声宫调式和G调式为多见，结构一般都是一气呵成长大乐句的随想和变奏曲。临沧、双江等县的拉祜族在演奏葫芦笙的过程中以首调饿A和高八度的A为持续音，但非从头至尾，而是断断续续；围绕相差八度的两个持续音各自形成旋律线条，产生了拉祜族二声部的复调音乐。葫芦笙属于一件多声乐器，其表现力比其他乐器丰富，既能演奏清新明快的曲调，也能演奏情绪激烈，节奏有力和优雅动听的曲调。

"有的艺人口衔烟锅，堵住一只鼻孔吹笙，让烟从笙管中喷出，风趣诙谐之状，会使在场的人笑得泪水纵流。"①演奏时，双手抱笙，手指按孔。葫芦笙的每根笙管，均能发出高低不同的两个音，音程为小二度、大二度或小三度关系。用手指按住笙管上的音孔，可以发出基本音，也即音程中的高音，用手指堵住露于笙斗底部的管口，管底则可发出变化音，也即音程中的低音。因此，一个葫芦笙虽有五、六或八根笙管，却能发出十、十二或十六个音来。五管葫芦笙的音列为：第一管bb、c1，第二管be1、f1，第三管f1、g1，第四管ba1、b1，第五管bb1、c2。八管葫芦笙的音列为：a1、#a1，b1、#c2，#c2、d2，#d2、f2，e2、f2，f2、g2，g2、a2，g2、#a2。葫芦笙管所演奏的曲调，一般多是五声音阶，并可移调演奏。用手指在笙管底端管口上轻轻抹动，还可以奏出轻微而圆润的装饰性滑音，常用以衬托旋律或奏出固定的节奏。按孔的发音，多用于吹奏旋律或奏出双音、三音或四音和音与和弦。拉祜族葫芦笙，音色清脆悠扬，是拉祜族青年喜爱的乐器之一，常用于独奏、对奏或为歌舞伴奏，经常是边舞边奏，有时也和笛子、大小三弦配合演

---

① 张铁山、赵永红：《中国少数民族艺术》，中央民族大学出版社1999年版。

奏。他们随身携带，走到哪里吹到哪里，并经常为《葫芦笙舞》伴奏，舞蹈时，男女青年手拉手、围成圆圈，从晚上一直跳到天明。高音笙清脆明亮；中音笙圆润柔和；低音笙浑厚低沉。所奏乐曲，绝大部分是舞曲，虽然有少数是用于节日和喜庆的乐曲，但也都带有舞曲风格，一般比较轻快活泼、节奏鲜明。传统乐曲有《打歌调》、《出门调》、《迎亲调》、《丰收舞》、《过山调》、《送亲调》、《赶街调》、《放羊调》、《串姑娘调》、《摆饭调》和《过年调》等①。在拉祜民间，葫芦笙是"踏歌"、"打歌"和《葫芦笙舞》的主要伴奏乐器。拉祜人过年期间都要举行隆重盛大的"跳芦笙"。正月初二开始，寂静的拉祜山寨便热闹起来。午饭过后，盛装的拉祜男女老幼纷纷汇聚到寨子中央空场上。人们在舞蹈场恭恭敬敬摆放篾箩，敬上祭神祭祖的糯米粑粑、蜡、酒等供品和祈福的籽种、泥土。庄重而简短的仪式过后，娴熟的芦笙手、三弦手吹奏起古老动听的曲调，男子依次围成里圈，女子围在外圈，大家"连袂而歌，踏地为节"，按逆时针方向边舞边唱。舞蹈以足踏动作为主，有点玉米歌、栽秧歌、收获歌、三脚歌、合脚歌、缩脚歌、阉鸡摆尾歌、斑鸠拾谷子歌、拉藤歌等，表现劳动狩猎场景或模拟禽兽动作，格调古朴，动作热情洒脱或诙谐有趣。在拉祜民间有"听得芦笙响，脚底板发痒"的说法。跳笙结束后，人们纷纷抓取一把经过跳笙的籽种或泥土，带回家播种，认为来年必能获得丰收。

（三）音乐行为和文化意义

滇西南拉祜族民间吹奏乐器葫芦笙的音乐行为和文化意义主要表现在：1. 浓厚的民族意识，使吹奏观念和民族观念紧密结合在一起，从而使拉祜人世世代代在这样的音乐文化氛围中接受熏陶，潜移默化，培养了强烈的民族自豪感和自尊自强的民族精神。2. 拉祜族人无论在农闲和节日组织歌会时吹奏葫芦笙从不分贵贱，自由参与的活动形式本身就是人际关系，社会公德的精神陶冶，有些演奏曲目直接反应社会公德的内容，如《老人曲》，面对老人，向老人吹奏表示向老者的尊重与祝福；《男人曲》和《女

---

① 晓根：《芦笙恋歌口弦情》，云南教育出版社 1995 年版。

人曲》则表现男女平等、互相尊重的道德观念。3.吹奏葫芦笙的娱乐活动即可表达演奏者的情感又可增进人与人之间的友谊，吹着葫芦笙、打着歌是拉祜族真正的狂欢形式。"好玩不过吹葫芦打歌去，欢乐不过吹葫芦打歌的人"；"吹葫芦打歌使得山走路，使得水上坡"。这类山歌充分描述了人们在边吹葫芦笙边打歌时的狂欢场面。4.一些竞技性的葫芦笙吹奏活动，如春节流行的葫芦笙舞赛舞和葫芦笙打歌中的即兴对歌比赛活动，对人们的智力和体力都能起到一定的锻炼功能。5.拉祜族虽然有拉祜文，但只为少数的毕摩所掌握。多数拉祜族人民虽然能进行拉祜语交流，但看不懂拉祜文。因此，拉祜族只有靠口耳相传的形式来延续拉祜族文明。而口耳相传就必须注重记忆的方法，葫芦笙的演奏形式无疑在一定意义上承载了文化传承的功能。6.表现生产生活劳动的葫芦笙舞曲，在客观上起到了传授生产生活知识技能的作用和意义。7.人们辛勤劳动一年，到了收获和农闲季节开展的大型葫芦笙歌舞活动，既是一种娱乐精神享受，又满足了休养生息的生理需求。

四 结语

滇西南拉祜族吹奏乐器葫芦笙以一种民间的风土人情吹奏形式，形成了一种独特的乡土文化。吹奏出了拉祜族人民勤劳朴实、英勇顽强的气质和乐观主义的精神风貌，抒发了拉祜族人民对爱情和幸福生活的向往，体现了滇西南拉祜族古朴的原生性文化特征，是闪烁在云贵高原民族民间音乐中的一颗璀璨明珠！

（原载《江西科技师范学院学报》2011年第4期）

中国画葫芦题材的图像意义及风格特征

扈 鲁

葫芦是中国传统吉祥文化中的重要成员之一。经过数千年的文化积淀，形成了葫芦的饮食文化、器用文化、医药文化、民俗文化、宗教文化等，并通过诗歌、雕刻、绘画等艺术形式表现出来，形成了令人惊叹的葫芦艺术。葫芦题材的花鸟画是葫芦艺术的重要组成部分，不但具有中国画的一般特性，还具有丰富的民俗文化内涵。从图像学视角来解读葫芦题材花鸟画，能更深入地了解其民俗意蕴和图像意义。

图像阐释学的代表人物潘诺夫斯基将图像阐释方法归纳为三个层次，分别对应于艺术作品的三层意义。第一层次是"前图像学描述"，主要探讨图像所再现的、模仿的"自然意义"，一般是由可识别的物象或事件构成。因此可称为图像本体阐释学。第二层次是严格意义上的图像学分析，主要是探讨图像所暗含的"常规意义"。"常规意义"源自某种普遍的因果记忆或逻辑推理，可称为图像寓意阐释学。第三层次是图像研究的解释，它所关注的是图像生产的文化密码，即彼得·伯克（Peter Burke）在《图像证史》中所说的"揭示决定一个民族、时代、阶级、宗教或哲学倾向基本态度的那些根本原则"。第三层次的意义生产可称为图像文化阐释学。

用图像学方法分析葫芦题材花鸟画，首先我们看到的是图像的第一个层次，是作为一般意义上的花鸟画。葫芦绘画作为吉祥绘画的一个重要题材，是来源于葫芦吉祥图案，但吉祥绘画的产生与吉祥物的生成不是在同一阶段上的，这与绘画自我的发展存在着不可分割的联系。一般地认为，吉祥绘画当产生于吉祥物生成之后，而又在绘画技艺得到高速发展的阶段上。它一方面被赋予吉祥观念，另一方面更存在着艺术观念，必须注重绘画自身的形式（笔墨、色彩、造型、构图）特征，这是了解吉祥绘画不可忽视的两个方面。

吉祥绘画作为绘画的特定题材之一，其本身也是顺应绘画的发展规律而发展的，因此，在绘画的各个历史发展阶段，吉祥绘画与各个时代绘画的整体风貌是相一致的。故它从另一侧面显示了中国绘画的发展状况和风格演变历程，所呈现的面貌也丰富多彩。如宋代花鸟画工笔重彩大兴，绘画偏于写实，吉祥绘画也表现出这一特征，宋代画家讲求写生，草虫入画，既能表现天地造化万物之奇，又能托寓吉祥，是体现宋画精微及丰富文化内涵的好题材。

明清写意画崛起，葫芦吉祥绘画也朝写意画发展。随着市民文化的发展，吉祥题材绘画繁荣起来，葫芦题材花鸟画也成为文人画家笔下的常见题材。近代花鸟画大师齐白石画有很多葫芦题材花鸟画，是画写意葫芦最精彩的画家之一。齐白石以篆籀和汉隶笔法入画，笔墨淋漓自然，沉厚大气。他画葫芦常常是以赭黄画匏，以浓淡墨画叶，以篆籀笔法画藤，画面色彩对比强烈和沉稳，极富抒情意味和艺术形式感，好像给葫芦题材的画法立了一个标杆，以后的很多画葫芦的画家没有脱出他的窠臼。齐白石的《大吉图》构图较为繁复，全图共绘四根竹架、六只葫芦、九片叶子，"四"、"六"、"九"在中国的传统观念里都是吉祥如意的数字，代表"事事如意"、"六六大顺"、"天长地久"之意，加之以葫芦为题材，寓意奇佳。吴昌硕著名画作《依样》写葫芦大藤，表现出深厚的大篆书法功力，中锋用笔，行笔稳健，尽显以草篆之笔入画的气势，起落分明，洒脱，毫无做作之态，似乎都在有意与无意、有法与无法之间驰骋。而盘旋往复、贯通全画的则是以书入画的藤蔓。藤蔓是此画的血脉，画因它的流动而生意盎然。在疏密虚实的处理上，画家尤具苦心，实处密不透风，虚处中疏通透，如此才使疏密得当、虚实相生，充分表现了吴昌硕先生古拙、浑重、豪迈的画风。

作为在中国画中占有一席之地的葫芦画，从最初的工笔画到后来的写意画，从水墨画到彩墨画，时至今日已形成了种类繁多、特色鲜明的葫芦画系统。葫芦画中集中体现了中国画在点、线、面上的特点，说葫芦画是中国画特点的集大成者亦不为过。

葫芦题材花鸟画图像的第一个层次是着眼于中国画的本体语言，偏重于对其绘画风格的认识。透过葫芦花鸟画的绘画语言，我们进入图像的第二层次，来认识"图像的内容和寓意"。

解释吉祥绘画，一般以图像本身为出发点。葫芦花鸟画的吉祥寓意来源于葫芦的吉祥寓意。葫芦在中华吉祥文化中，为吉祥物的典型，中华葫芦文化是中华吉祥文化的代表之一。

葫芦又称"蒲芦"，谐音为"福禄"。其枝茎称为"蔓带"，谐音"万代"，故而"蒲芦蔓带"谐音为"福禄万代"，大吉大利的象征，葫芦与它的茎叶一起被称为"子孙万代"。葫芦的果实里面有很多种子，所以自古以来人们把葫芦作为"繁育生育、多子多孙"的吉祥物，葫芦被很多民族认为是人类的始祖而崇拜，中国的很多民族都有人类起源于葫芦的神话。从文献上看，我国古代民间就有以葫芦等为多子象征的信仰。后来道教兴起，葫芦被纳入其宗教体系，增加了非常丰富的文化内涵。佛教的传入和流布，也给葫芦增添了新的花叶。

围绕葫芦的生长态势、性能与实用性，古人不断将逐步发展的感知、希望、幻想加之于它。如适应性强、长势好、果实累累圆润饱满，令人联想家族兴旺、繁衍、美满。又因其实用性强，既能容纳、包藏，又寓意顺利、富裕、如意。由济水、共济，代表保平安、济世救人，进而代表医药、健康、长寿，甚至包括驱灾难、避凶险。

传统中国农业社会人心趋吉，人们大多殷切地期望子孙满堂，繁衍不绝。早在春秋时代，《诗经》中就因瓜田里遍布着大瓜、小瓜，彼此又有瓜蔓相连，以"瓜瓞绵绵"来代表子孙绵延、越来越繁盛。同时《诗经》也常因螽斯能生多子、彼此不妒忌、和睦相处，来比喻子孙众多的有德妇人。因此后人就以"螽斯之征"、"螽斯衍庆"等，来祝颂别人子孙众多了。

第三层次是图像研究的解释,它所关注的是图像生产的文化密码,可称为图像文化阐释学。葫芦吉祥寓意的产生根源和发展演变,是和人类早期的生存环境密切联系的。葫芦不但是中华吉祥文化的重要代表,而且在非洲和南美洲等国家也存在,但在中国,关于葫芦的崇拜和其它国家又有不同,被赋予了更多的含义。

纵观葫芦文化的象征性,可以归结到一点,葫芦崇拜的实质和根源是母体崇拜,这种崇拜,越古越浓。母体崇拜曾在人类文化史上产生过巨大的影响,在中国民间,这种对母亲的尊敬和母体的崇拜,往往又集中和外化为葫芦崇拜。于是,葫芦被注入新意,便有了福、禄、万、生、升的谐音效应。

正是远古先民们对自己命运多无从把握,所以他们找到了自然界中可以依托的动物或植物作为自己的想象中可以依靠和受到保护的神,从而幻化为自己部落或者村落的图腾崇拜。而那些所谓的图腾也成为认识自我的一个对应物,主体将自身的认识投射到那里,试图从那里得到对自己的启示,即所谓的"镜子的镜子"。

葫芦作为一种植物被中华民族崇拜的原因是多方面的。首先中华民族作为一个农耕社会的自然经济基础不曾发生根本的改变;其次,多民族长期共存的大一统国家没有发生长期的分裂和断裂;再次,作为大一统的国家,汉语言长期占据主导地位,突破时间、地域、方言等阻障,脉络相通。另外,中华民族未曾像西方社会形成政教合一的较长专制时期,在中国民间,长期存在着信仰鬼神的传统,而对葫芦的民俗崇拜正是鬼神崇拜的一种体现,是原始先民们"巫术"仪式和原始崇拜的延续。

葫芦题材花鸟画作为葫芦艺术的载体之一,它的出现和兴盛是和时代文化背景密切联系的。从现存资料结合当时的实用艺术的发展来看,葫芦题材花鸟画最早出现在宋代,《瓜瓞绵绵图》即是宋代的一幅无名氏的工笔作品。但葫芦题材花鸟画的大量出现是在明末以后。明中期以后,随着商品经济的快速发展,市民阶层的审美趣味得到普遍的体现,随着晚明奢侈消费之风的兴盛,艺术消费的需求大增,绘画出现了世俗化的倾向。除了传统的梅兰竹菊等雅文化的题材，像葫芦等富有吉祥寓意的题材也受到人们的喜爱，除了大量运用于瓷器、玉器等工艺品中，也大量进入文人的视野，成为文人笔下常表现的花鸟画题材。到了近现代，因吴昌硕、齐白石等花鸟画大家在葫芦画上表现出极高的造诣，使葫芦画得到了新的发展。

由此，我们可以看出，中国的葫芦吉祥文化有着源远流长的历史，它从图腾崇拜里来，走过了人类漫长的历史，使长期以来民族趋吉求福的心理在民俗活动中得到了形象而生动的体现，而且深深地渗透进了百姓的日常生活中。从原始的葫芦生殖崇拜，到大量的葫芦实用工艺品，再到葫芦题材的水墨画，葫芦文化的丰富内涵通过诸多的艺术形式得到体现。特别是葫芦花鸟画，不但具有吉祥寓意，还具有传统中国画的笔情墨趣。

葫芦民俗艺术经过几千年的发展，从古老的农业社会进入现代社会，虽然葫芦文化的"巫术"性质和作用在减弱，但其丰富的内涵已成为一种文化基因，将随着社会的发展，以丰富的艺术形式为载体，不断传承下去。

（原载《国画家》2012年第6期）

谈匏器

王世襄

　　匏器,又名葫芦器,是我国特有的一种人工与天然相结合的工艺美术品。

　　近年河姆渡遗址的发现[1],证明我们的祖先至少已有七千年种匏的历史。用匏做成日常用具,也可以上溯到远古。但不知是哪一位聪明人,想出了一个巧妙的方法,把初生的嫩匏纳入范中,使它长成各式各样的器物。天然果实而形态方圆,悉随人意,不施刀凿而花纹款识,宛若雕成,真可说是巧夺天工了。

　　商承祚同志《长沙古物见闻记》有《楚匏》一则"二十六年,季襄得匏一,出楚墓,通高约二十八公分,下器高约十公分,四截用葫芦之下半。前有斜曲孔六,吹管径约二公分,亦为匏质。口与匏衔接处,以丝麻缠绕而后漆之。六孔当日必有璜管,非出土散佚则腐烂。吹管亦匏质,当纳幼葫芦于竹管中,长成取用。"[2]可惜这件楚匏已经毁坏,无由审视。如果做吹管的葫芦确实是用套管之法长成的,那么至少在两千年前已经知道用模子来范制匏器了。

　　我国古代匏器流传在日本的有原藏法隆寺、明治间奉献宫中成为御物的唐八臣瓢图(图1)。器形似盖罐,图象为人物三组孔丘、荣启期问答图,苏秦、张仪向鬼谷先生求教图,四皓盘游图,共九人。据显真《古今目录

---

① 见浙江省文管会等:《河姆渡发现原始社会重要遗址》,《文物》1976 年 8 期。

② 商承祚:《长沙古物见闻记》卷上,1939 年金陵大学文化研究所刊本。

图1　唐八臣瓢图通高16.8公分

抄》称"人形虽有九人，其中荣启期非臣家，故云八臣"。①人物席地而坐，间以柳、竹、杂树，经营位置，近似传世竹林七贤图，画意颇具唐人风格。它何时传往日本已不详，类似器物也未闻在国内发现过，故其产地、制者及具体年代均待考。

明谢肇淛在《五杂俎》中有如下一条记载"余于市场戏剧中见葫芦多有方者，又有突起成字为一首诗者，盖生时板夹使然，不足异也。"②可见到了十六世纪，带花纹、文字的匏器已是民间常见的一种工艺美术品了。

民间工艺往往被吸收到宫廷中去，匏器也不例外。清宫范制匏器当始于康熙时期，这是据实物款识、证以文献材料而得知的。

有年款的匏器尚未见到有早于康熙的。弘历于乾隆十二年丁卯年写过《咏壶卢器》，序中说"壶卢器者出于康熙年间，圣祖（康熙帝玄烨）命奉宸取架匏而规模之，及熟遂成器焉，盌、盂、盆、盒唯所命。盖其朴可尚，而巧亦非人力之能为也。"③沈初《西清笔记》更明确指出康熙间开始范制"葫芦器，康熙间始为之，瓶、盘、杯、碗之属，无所不有。阳文花鸟山水题字，俱极清朗，不假人力。其法于葫生后，造器模包其外，渐长渐满，遂成器形。然数千百中仅成一二，完好者最难得。尝见一方砚匣，工致平整，承盖处四面脗合，良工所制，独逊其能。"④

清宫种匏范器究竟在什么地方，弘历的《恭题壶卢椀歌》中也讲到了"葫芦椀逮百年矣，穆如古色含表里。摩挲不忍释诸手，'康熙御玩'识当

① 关野贞：《支那工艺图鉴》第四辑，图版 99 及解说。
② 谢肇淛：《五杂俎》卷十"物部"二，1959 年中华书局排印本。
③ 弘历：《乾隆御制诗初集》卷四十四，清刊本。
④ 沈初：《西清笔记》卷二，《功顺堂丛书》本。

底。……园开丰泽重农圃，蔬匏尔时种于此。"①据《清宫史续编》，丰泽园
在西苑太液池瀛台西北，"南向，门五楹，门外一水横带，前有稻畦数亩，圣
祖仁皇帝尝亲临劝课农桑。"②原来丰泽园就在南海里面。

关于匏器的范制，讲得最具体的要数九钟主人吴士鉴。他在《清宫
词》中写道"匏卢秋老结深青，范合方圆各异形，款识精镌题御玩，旒陶而
外有新铭。"注云"园籞旷地，遍植匏卢。当结实之初，斫木成范，其形或为
瓶、或为盘、或为盂，镌以文字及各种花纹，纳匏卢于其中。及成熟时，各
随其范之方圆大小自为一器，奇丽精巧，能夺天工。款识隆起，宛若砖文。
乾隆间所制者尤为朴雅，此御府文房之绝品也。"③他把范制的方法讲得
相当清楚，尤其是说明当时所用的范用木斫成，和现能看到的清晚期匏范
是相同的。

以上列举了一些有关匏器的史料，下面依年代的次序看一看实物；其
中康、乾两朝的多数是故宫博物院的藏品。

一 康熙时期

康熙时期匏器中最为朴质的要数大小不同的盘盌，几乎光素不施雕
饰，实例如弦纹小盘，通体只有弦文三道，黑漆里，足内有"康熙赏玩"楷
书款。它们可能是早期初试范匏时的制品，乾隆时期就很少再有这样简洁
无文的了。器物相近，而造型纹饰并逞华妍的则有康熙年款的六瓣盌（见
图版5）。每瓣云纹一朵，迴旋圆婉，仿佛剔犀漆器上所见。盘黑漆里，绘描
金折枝牡丹，灿烂夺目。

缠莲寿字纹盒，盖和底均作鼓腔形，扣合平整严密，不差毫发（图2）。
审视盖与底系用两匏分别范制，合成一器。在两者的中心部位，各有花脐，
可以为证。足知当年斫范时，对器形及尺寸的要求一定很严，故范成的器

---

① 弘历：《乾隆御制诗五集》，卷十六。
② 庆桂等：《清宫史续编》卷六十四，1932年排印本。
③ 九钟山人：《清宫词》，1911年排印本。

图版5 匏器

上　康熙六瓣云纹匏盌
　　尖至尖16.8公分（左背面、右正面）
右　乾隆缠莲纹匏盖罐
　　通高10.5公分
下　乾隆八仙人物匏瓶
　　高25公分

右　道光蝠磬纹漱
　　盂式葫芦器
　　高7.8公分
下　右图葫芦器的
　　道光款识

物才能精密如此。

八方形笔筒和蒜头瓶，属于康熙立体匏器一类。笔筒模印唐人五言流水诗，楷书极为工整。器里用金漆髹涂，坚实完好，可以插笔而不致损伤筒底（图3）。蒜头瓶肩有仰俯云纹，腹有莲纹，由于瓶身分

图2 康熙缠莲寿字纹匏 盒径16.5公分

瓣，显得花纹格外突出，而且色如蒸栗，莹澈照人，是匏器中的精品。《故宫博物院藏工艺品选》有此器的彩色图版，这里就不再附图了。

清代宫廷所制成套乐器中，一部分用范匏制成。按"金、石、丝、竹、匏、土、革、木"，古称"八音"，匏居其一。但古代乐器用匏，主要作笙竽的斗，而清代则发展到利用范匏做拉弦及弹拨乐器的共鸣箱。下面举两例：

四弦提琴（见图版6），用八方形匏器做筒子，除上下两个平面的花纹分两组，为在中间贯穿的斑竹担子留出空当外，其余六个平面都模印长条的夔龙花纹。筒子一端开圆孔，一端装桐木板，玳瑁镶边。担子上端，以木雕龙头作装饰。

二弦弹拨乐器（见图版6），共鸣箱用夹扁葫芦形匏。正面上部模印海水飞鹤，寓"海鹤添筹"之意。下部白色皮革蒙面。两侧面分列楷书七言诗句一联"三星同庆祝万寿，四海来朝贺太平"。背面云端有跨麒麟者三人，手各持物，当为三星，上下以松石海水作背景。据此可知成套乐器为某次庆祝寿辰而造。范匏未见年款，但从两器的木雕龙头来看，造型较长，接近康熙风格，在没有找到说明其具体年代的材料之前，暂定为康熙时期的制品。

图3 康熙唐人流水诗八方形匏笔 筒径11公分

图版6　匏器

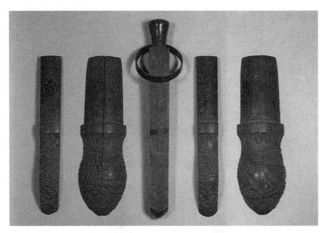

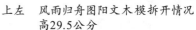

上左　风雨归舟图阳文木模拆开情况
　　　高29.5公分
上右　风雨归舟阳文模拼合情况
　左　凤仪亭图葫芦器和四瓣木范
　　　葫芦器高16.5公分
下左　四弦匏提琴　通高87公分（右）
　　　二弦匏弹拨乐器
　　　通高78公分（左）
下右上　篆文八方葫芦器
　　　　高5.2公分（左）
　　　　回纹六方葫芦器高3.7公分（右）
下右下　牡丹山石纹葫芦鼻烟壶
　　　　高5.8公分（左）
　　　　酒坛式葫芦鼻烟壶
　　　　高5.8公分（右）

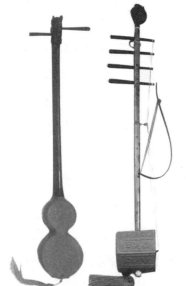

用匏器作民族乐器的共鸣箱，效果如何，有待研究音响的同志考查试验。如果适用的话，将为乐器制造提供更多的材料。

二 乾隆时期

乾隆时期匏盌，这里举兜口和撇口两式。前者足上模印回纹，盌身戏珠龙四躯，姿态各异，流云如带，环绕龙身，足内楷书"乾隆赏玩"款。后者用单线卷草构成云头纹，图案疏朗快利，足内款识与前同。

长圆形匏盘，边分十四瓣，每瓣有折枝花一朵，瓣瓣雷同。盘内朱漆地，绘描金葫芦花纹，花实累累，即俗称"子孙万代"。两者的花朵形态，十分相似，可知盘边模印的就是葫芦花。足内黑漆，有金书"乾隆年制"四字款。按匏若施漆，多在器里，器外则任匏质外露，这样更足以显示匏的本色，但此盘独于足内髹黑漆。据个人臆测，范匏要制成如此盘那样平整长圆的器形，比较困难，如范夹匏身的一段，长成后割取作为盘边，似比较易成。不过采用此法中间必然空透，要用镶木片加髹漆来填补它。有可能匏盘就是用此法制成的，故足内也施黑漆，以免露出木胎痕迹。

盖罐是匏器中常见的另一品种，有高挫肥瘦多种式样。此罐（见图版5）侈腹，模印缠枝莲纹，盖模垂俯的莲瓣，利用天然匏柄，做成盖顶的鼻纽。罐口用黄杨木钤镶，黑漆里。

乾隆葫芦形匏瓶（见图版5），上部接近立方形，下部是抹去了八个尖角的立方，展现出十二个平面，俗有"八不正"之称。上下模印八仙人物，花纹颇清晰。此瓶的范具看来比较复杂，不过康熙时已有同样的制品，并不是乾隆时才开始有的。

造型比较别致的是大寿桃（图4），它采用了整个匏实，未加任何裁截。大桃之上，附着枝叶及小桃八枚，合成九桃之数。图案意匠，备见经营。此种匏桃，有的已剖成两半，

图4 乾隆匏桃 高42.5公分

制成捧盒，有的保留完整，可作几案上的陈设。彩瓷和剔红捧盒也有类似的设计，足见同一时期工艺品的相互关系。

曾经寓目的匏器，岁久而仍留有深刻印象的是一柄如意。上端模制云头，有乾隆款识。下端利用葫芦蒂，范成如意柄，中部则不加范束，用细长的葫芦本身挽成一个结。全器三停匀称，粗细弯转，无不合度。工艺之难，可以想见。

康、乾两朝的匏器除上面讲到的外，还曾见凤纹尊、饕餮纹炉、龙纹宝月扁壶、砚台盒、自鸣钟钟楼、小香盒、嵌匏背铜镜，以及各种盘、盌、杯、盏等不下二、三十种，这里就不再一一详述了。

清代工艺，尤其是宫廷工艺，一般有这样一个规律，即康熙时初具规模，至乾隆而大盛，嘉、道以后，日趋衰落。工艺技法的精粗、花纹装饰的繁省，品种产量的多少，一般也符合这个规律。这自然和时代的经济基础、社会风尚及帝王的爱好有密切关系，不过匏器却有些例外。从上述各器可见康熙时期不仅范制工艺已很娴熟，品种也相当完备，和髹饰、镶嵌、铃钮等工也有高度的结合，只是传世实物可能比乾隆时期的较少而已。

康、乾两朝匏器主要供帝王赏玩，有时也用作国际礼品，或赏赐贵族王公。玄烨曾以匏器赠给沙皇彼得大帝。清宫档案有关于王公大臣入宫观剧后赏给匏器的记录。

从传世匏器数量来看，当时一定曾雕制匏范多具。此后长期不用，很可能堆存在宫中某一处所，束之高阁。我们曾希望会像制造蜡烛的雕花木模一样，发现一大批，但迄今未能在故宫找到。因此匏范的具体构造，如何分瓣，如何斗合等，都只能凭匏器上的范痕去推测探索。好在我们已经搜集到清代晚期小型匏范实物，对研究更早匏范的形状、构造，并进而推测大型匏器的范具，还是有一定参考价值的。

三　道光以后

乾隆以后，宫中已不再大量范制匏器。据传闻，从道光时起，宫中只有小花园（有谓乃慈宁宫花园的别称）还种葫芦。但宫廷以外，王公在宅邸中都仿种起来。种植地点先有鼓楼附近及西郊海淀的某王府，稍晚则有宗室永良，其私宅在地安门内慈慧殿。永良之子绵宜，同、光间任盛京户部侍郎，曾在沈阳种过葫芦。这些宅第范制的匏器，统称"官模子"，以别于晚晴以来三河、徐水等地民间范制葫芦器。

晚清匏器的特点是不再范制瓶、壶、炉、盒等大型器物，品种也大为减少，只剩下贮养鸣虫的笼具、鼻烟壶及小件陈设三种了。匏器大小的变化必然牵扯到选用匏种的变化。康乾时期范匏用的是大匏和大葫芦，而晚晴用的则是无腰的棒子葫芦、松腰的小葫芦和小型的扁圆葫芦了。

笼具中有做漱盂式的，用蝙蝠及磬组成图案，取"福庆有余"之意。足内有"道光年制"四字楷书款（见图版5）。据年款推断，当为小花园或海淀某王府的制品。

底部尖削的笼具更为常见，花纹不同者不下数百种，兹选两例。一具模印兰花两本，花叶肥腴圆润，予人露垂欲滴的感觉。一具模印蝙蝠流云，匀称工整，近似清代中、晚期的织锦。两具不仅木范雕刻精工，葫芦也长得充实匏满，堪称官模子中的上品。

从上述笼具身上，往往可以看到范痕，不是直纹四道，便是直纹六道，这是什么缘故呢只要看到两种木范实物，就完全明白了。

有四道直纹的匏器用四瓣木范做成。木范的制法用四根木材拼在一起，横断面作⊕形，依所设计的匏器形状将中心挖空，内刻阴文花纹。用此种木范模制的匏器，长成后外表可见直纹四道。图版6左图中间是一具模印着三国故事凤仪亭图的葫芦，两旁就是用来模制这一葫芦的四瓣木范，只是已被人两瓣粘合在一起，成了两个半具而已。

有六道直纹的匏器先用七根木材拼成阳模木坯。坯中心是一根一端带收杀的方材，外边用六根木材将它包围起来，横断面作⊕形。用胶将木材粘成一个整体，上旋床车削成所需要的匏器的形状，然后在它的表面刻阳文花纹，入水将七根木材泡开，在上端用铜箍将它们箍在一起，这样阳模就算完成了。

下一步是用阳模再翻制阴文的砖范。方法是用粘土调泥,包敷在阳模之外,厚约二公分。待稍干,将阳模中心带收杀的一根先抽出,随后将外围的六根木材一一抽出,使敷在外边的泥层成为一个空心而内有阴文花纹的泥范,其外形很像一个大窝头。泥范入窑烧焙,成为砖范,幼匏即用它来模制。匏实长成后,敲碎砖范,即可取出。用此种砖范制成的匏器,身上多留有直纹六道,图版八上图便是刻着风雨归舟图的一具阳模被铜箍箍紧和去掉铜箍分块展开的情形。

范制匏器从用四瓣木范到用阳模翻制的砖范是一个很大的进展。因为一具木范每年只能模套一次,生产一件匏器。砖范只要有了阳模,可以无限制地翻制,故可大量生产。以工料成本计,砖范比木范经济多了。但也正因如此,木范模制的匏器更加被人重视,这也是物以稀为贵吧。

从大型匏器身上的范痕,我们可以看到除拼范严密,未留痕迹者外,绝大多数是直纹四道。匏桃比较特殊,可看到的范痕是前后圆形各一,两侧弯长不规则形各一,底部四方形,是由五瓣木范的缝印出来的。匏桃整个包在范内,因无出口,根本无法用抽出阳模的做法翻砖范,而只能用分瓣的木范来范制,从而我们可以肯定康、乾时期多用四瓣木范,形状特殊的则用特制的分瓣木范。阳模翻砖范的做法应该是道光前后才开始出现的。

鼻烟壶两具,一作扁壶形,两面开光,模印牡丹山石,肩部有啣环的兽面,范制年代约在道光间。一作酒坛形,上有楷书"清香瓮头春,异味快活林"十字,传为绵宜所制,楷书即其手书(见图版6)。

小件陈设有方、圆、六方、八方等多种形状。传世实物有的顶盖已开口,制成小罐,颇似水中丞。有的完整未开凿,葫芦的柄蒂尚在。它们的用途还不明确,或谓也是贮虫笼具;或谓可摇之作响,用呼驯鸟;或谓可置诸承盘中作为文玩,今姑称之为小件陈设。今选两例,一作八方形,模印篆书"金谷留春,玉壶贮暖"八字,一作六方形,每面有两组回文(见图版6)。两件范制均精,花纹匏满,文字图案应出封建文人之手,是道光前后宫廷或府邸的制品。

民间范匏之家,以道光前后三河县刘某最有名,所制俗称"三河刘"。

徐水的农户也有多年范匏历史，所制俗称"安肃模"①。天津亦以种葫芦称著，时代更晚，本世纪三十年代徐水、天津都还有以此为副业的农户。不过上述三处所产的匏器只限于贮虫笼具，除"安肃模"外，多朴素无文，似乎失去了范匏应有的特点。"安肃模"则花纹题材十分广泛，曾见胖娃娃、蝴蝶、金鱼、花鸟等多种图案，木范雕刻不及官模子精工，但民间气息浓郁，别具活泼清新的风格。模印猿猴献桃图的一具，就是数十年前徐水的制品。

总的说来，匏器只不过是传统工艺美术中的一个旁支别衍，百花丛中的小小花朵而已。但不难看出在这里却积累着许多人的意匠智慧，尤其是开畦扎架的老圃园丁，雕花制范的能工巧匠，不知付出了多少劳动，才总结出成功的艺匏经验。范匏成器，是天工人力的结晶，有的国外园艺家认为任何果实，外部被模子套住，密不通风，必然腐烂，不能成长，因而看到匏器，讶为奇迹，认为仅从园艺的角度看就是一件了不起的事。他们的评价并非全无道理，据今所知，不仅我国举不出其它用相同方法制成的工艺品，就是世界上也罕有类似的。

从历史文物的角度来看，匏器既有宫廷制品，也有民间制品，论其价值，应当不亚于清代官窑和民窑瓷器，何况在数量上它比瓷器少得多。从艺术价值来看，匏器和清代木刻是分不开的，我们在搜集木刻艺术品时，会想到这里还有部分可资参考的材料。匏器在质感上颇具特色，和竹雕相似，久经岁月，经人摩挲，色泽渐深，光润可爱。由于上述种种原因，匏器虽属小品，还是应当作为一种传统的工艺美术品来看待的。

三百年来，范制匏器经历了一个由民间到宫廷，又由宫廷回到民间的历程。一般说来，艺术进入宫廷，为封建统治者所占有，会走上僵化的道路而失去其生命力。不过艺匏虽回到了民间，近百年来，竟终归沉替，没有能挽回它走向消亡的命运。其主要原因在于范制的器物只限于专供封建没落阶级观赏使用、足以玩物丧志的少数几种，随着没落阶级的消亡，腐朽生

① 今徐水，清代为安肃县。

活的变革，匏器自然也与之偕亡了。不过我们不难认识到匏器作为我国特有的一种传统工艺，经过批判地继承，不仅值得恢复，而且是可以搞得比过去更好的。

要恢复和发展匏器的范制，首先必须对器物品种进行改革，设计制造适合现代生活的日用品和工艺品，改革过去匏器上为封建没落阶级所欣赏的花纹题材，而代之以人民群众喜闻乐见、内容健康、能反映现代生活，富有时代气息的新题材、新内容。匏器也可以作为特种工艺品出口，设计适合国外人士生活需要的器物品种。至于种匏范器，四十多年前笔者曾访问徐水、天津艺匏者施、史等家，他们的经验是，如果施肥充足，不遭虫害，每亩有四人管理，一年可收获范匏两千枚。随后我在北京西郊架种数畦，因初次试验，仅小有所获。当然范匏中必然有一部分长得不够饱满，花纹不清晰，成为次品，但决不像沈初《西清笔记》所说的那样言过其实"数千百中仅成一二，完好者最难得。"如果真的如此，就不会有人以艺匏为副业了。这里附带叙及匏器生产，或许是从事工艺美术工作的同志，尤其是有志挖掘传统工艺的同志所愿意知道的吧。

（原载《故宫博物院院刊》1979第1期）

试谈对葫芦文化的调查研究

王世襄

1996年6月中国东方文化研究会发起主办以葫芦文化为专题的"民俗文化国际研讨会"是一个非常有意义、举办得又很及时的学术会议。会期为时一周,几十位专家学者宣读了论文,参观了葫芦展览及故宫博物院的珍藏,还去山东调查访问。不仅使一般葫芦爱好者大开眼界,惊讶地承认这是一门大学问;就是致力于此多年的研究者也提高了认识,感到应该做的工作很多、很重要,有迫切感。

大体说来,对葫芦文化应该做的调查研究有以下三方面:

1. 民俗学方面的调查研究

与会者宣读的论文有不少篇是从民俗学的角度研究葫芦文化的。出乎本人意料的是竟有如此众多的民族其始祖起源、图腾崇拜、神话传说都和葫芦有关。它们有的十分相似,有的颇有差异,都有力地说明了葫芦和我们的先民的密切关系。如果进而对全国各民族进行广泛的调查,作必要的记录,一定会收获到丰硕的成果。将为我们研究各民族的人文历史、地理气候、起源分布、迁徙交流等,提供有价值的参考资料。

2. 实用价值方面的调查研究

葫芦可以佐餐,历史悠久。南方叫"夜开花",北方曰"瓠子",既是家常蔬菜,亦可登筵席。其他食用的方法尚多,如腌渍、蜜饯等。古代食谱有的今已罕为人知,亟待发掘,我们也可以创造出适宜现代生活的新的食用方法。葫芦有很高的药用价值,《本草纲目》就说它主治消渴、恶疮、利水道、消热、除烦、消心热、利小肠、润心肺等等。总之,葫芦的用途甚广,由于本人在这方面缺少研究,而与会者又有好几篇论文详述其实用价值,故兹从略。

3. 工艺品制作方面的调查研究

用葫芦作原料,可以制成多种多样的工艺美术品。其造型大小不同,形态各异。只有找到符合要求、适宜使用的原料,才能得心应手创造出完美的工艺品来。因此通过采访调查,广泛地搜集葫芦品种,不仅是全国的,还应包括世界各地的,经过培育,了解并稳定其特性,有选择地保存它、发展它,是一项十分重要的工作。试举例以明之:我到冯其庸先生家,看到其案头陈设,才知道新疆喀什有高逾二尺的大亚腰葫芦。用它制作大件工艺品是适合的。打结的葫芦多为长柄,现在许多地方已不种植。寻找培育长柄葫芦,已是当务之急。迟兴蔼女士用一种细而长的葫芦范制佛像人形,成品受其限制,显得有些单调。为此,曾建议不妨范制鱼或船等长形器物,但这仍等于削足适履。要范制出不同形体的器物,只有使用形体和它相近的葫芦才能获得创作自由。乌拉圭的朋友送我一个用天然葫芦截成的饮料杯,其特点是壁厚质坚。我意识到这一特点一定也可以为我所用。用它做乐器音箱或许比用胎骨松软的葫芦更合适。总之,只有搜集到大量的不同葫芦品种,才可供我们选用,制造出千姿百态的工艺美术品来。

拙作《说葫芦》1993年出版,上卷天然葫芦居首,以下依勒扎、范制、火画、押花、针划、刀刻等不同装饰方法分章节。当然上面只限于本人所知,主要是京津地区的工艺技法。广泛地调查、搜集不同的装饰技法,并加以研究改进,又是一项十分重要的工作。

针对当前葫芦工艺品的生产情况,下面提出一些改进、提高的建议:

①天然葫芦

保留葫芦的天生形态,或裁截成器,但不施雕饰,均被称为天然葫芦。它在葫芦器中是品格最高的。可惜现在尚未发现有人从事这一类器物的制作。天然葫芦的造型以端正或奇妙见胜。更要求其肌肤光洁润滑、色泽优雅静穆,这正是葫芦的本质美。它和珠、玉、象牙、紫檀、竹材一样,质色美乃自然赋予,可谓得天独厚。我们只要看古代文人墨客对葫芦的赞美,无不从质色着笔,便可知保留并突出其天然美是最最重要的。治匏名家如明代巢鸣盛、清代王应芳、周廉夫等,所制都以形态美、质色美为人所珍。对比之下,山东及其他地区的商贩,在葫芦上涂刷清漆,或胡乱画上几笔,有的葫芦甚至被色漆全部涂没,实在是庸俗不堪,难以入目。必须说明的是我并不反对将大量长得一般的葫芦,制成低档的旅游纪念品出售,但决不可只生产低档货而不去精心制作品格不凡、艺术价值极高的天然葫芦。到旅游商品生产地去宣讲引导,提高制作者的艺术欣赏水平,是十分必要的。应当让制作者知道,一件高水平的天然葫芦,其经济价值要高出旅游商品百倍甚至千倍。他们又何乐而不为呢?

②勒扎葫芦

勒扎葫芦现在也很少有人生产。最简单的是用两片木板勒夹取得扁形的葫芦。周正的可以制成扁壶,不周正的也能裁取平面的片材,可用它来镶嵌器物或首饰,如箱盒、别针等。复杂一些的则改变葫芦天然形态,随人的意志勒扎成器。现在除用绾结法勒制花瓣葫芦外,很少有人致力于此。使人困惑的是绾结葫芦,打单结的乃至打双结将两个葫芦联在一起的都有实物传世,但尚未听说现在有谁能种出来。难道这一奥秘真已和岁月一同消逝了么?!《群芳谱》载有埋巴豆使葫芦蔫后打结的方法,有人试种失败,可能未得其法,有待更多的试验才能成功。以中国之大,真希望有一天发现有人还在种。即使果真失传,相信经过刻苦地研究和实践,也一定能庆重生。葫芦打结与国计民生无关宏旨,却也能体现中国人的聪明才智。

③范制葫芦

范制葫芦在全国解放后,由于大家都知道的原因濒于灭亡。1960年我写了《谈匏器》一文,而《文物》杂志恐受玩物丧志之责,不敢刊登。直到1979年《故宫博物院院刊》复刊,始得发表。此后又经十多年的准备探索,到1985年前后才有人试种成功。目前则已相当普遍,北京、天津、廊房、德州、济南等地,均有人范制葫芦,再无失传之虞了。不过有待提高改进之处尚多。一是只知生产虫具,认识不到文玩陈设及兼有实用功能的器物远比虫具重要。经过多次呼吁,近两年才开始有人范制笔筒、盘碗、鼻烟壶等,但距离清代康、乾时期瓶壶尊罐,炉洗匣盒等一应俱全还很遥远。二是花纹图案欠佳,有的还很庸俗。范制者的艺术修养亟待提高。三是器物成品率低。辛勤一年,收获不大。只有努力钻研科学种植,改进制模、套模技术,才可望降低成本,增加效益。

④火画葫芦

⑤押花葫芦

北京、天津都有人学火画和押花。火画还远远达不到当年管平湖、溥毅斋的水平。押花主要学陈锦堂,临摹之作有几分相似,自行构图便瑕疵立见。其根本原因都在缺乏绘画基础。提高艺术修养和绘画水平,是求进步不可逾越的先决条件。

⑥针划葫芦

针划葫芦的流行地区仍为西北兰州一带,作品多为小件,技法接近微雕。因习惯就地取材,在无柄的鸡蛋大小的葫芦上刻划文理,未免受其限制。为求变化和发展,应采用多种葫芦为原料,藉以增加器物品种,更应改进花纹的题材内容。技法上可借鉴髹漆的鎗金,金银器的毛雕来丰富自己。

⑦刀刻葫芦

刀刻葫芦或浅刻阴文花纹,或镂刻透雕图案,亦有一器兼施者。由于本人所见不广,尚未看到耐人观赏值得收藏的佳品。倘有人下工夫精心设计,认真操刀,也肯定能创造出美好的工艺品来。

上述几种装饰方法,过去在器物上只各自分别存在。即范制葫芦不再烫花、押花,烫花葫芦也不再刻花等等。现在设想两种或三种方法,何妨施之于一器。(常见范制葫芦因花纹欠清晰,而用火笔再勾描一遍,或用押刀再砑压一遍。殊不知妄图补救,反增其丑。和上面的设想不是一回事。)例如一具范制的方形笔筒,只四面边缘有高起的花纹,中部光洁的平面,用烫花、押花、针划、刀刻四种方法来装饰。其效果可能因繁琐而并不理想。

那么，简化一些，两种方法的结合是否会好一些呢？我们应该有敢于试一试的创新精神。

上面拉拉杂杂说了许多，都离不开采访、调查、研究、试验。不难看到成立一个葫芦文化研究会，把志同道合的同志组织起来，交流信息、经验，并与海外的学会联系是十分必要的。能成立一个全国性的学会固然好，如时机不成熟，某省、某市能先办地方学会，也同样值得庆贺。这次中国东方文化研究会举办的葫芦研讨会之所以重要，是因为与会者来自全国，可以说已经初步建立起一个联络网。我们要珍惜这个良好的开端，把与会同志凝聚在一起。因此，出版一本研讨会论文集，末附与会者的姓名、地址，藉以加强联系，是值得举双手赞成的。

我期望着葫芦文化研讨会的再次召开和某地成立葫芦文化学会的喜讯到来！

（原载游琪、刘锡诚主编《葫芦与象征》，商务印书馆2001年版）

葫芦与原始艺术

刘锡诚

　　在长达三四千年的新石器时代里，我国的原始先民就地取材，制造出了散布于黄河流域、长江流域、沿海一带以及华北、东北等广大地区的陶器、牙骨器和玉器等器皿或装饰品，并且在这些造型精美的器皿和装饰品上，刻制或绘制一定的花纹或图案，使之成为具有审美价值的原始艺术品。

　　作为史前时代的艺术，大量的新石器时代的陶器（特别是彩陶和黑陶），悠悠几千载，埋藏在地下，只是靠了学者们的考古发掘，才得以使其中的一部分重见天日，恢复其本来面目，也从而使重构原始文化和史前艺术的规律和体系成为可能。比较起其他原始艺术门类（如口传的原始艺术，如神话、诗歌；身体动作的原始艺术，如舞蹈）来，以陶器为代表的造型艺术，因为有物质外壳的依托而得以完整地把原始艺术原来的面貌保存下来。

　　本文拟从葫芦与原始陶器的造型、葫芦与原始神话、葫芦与原始巫术三个方面，来讨论葫芦与史前艺术的关系。

葫芦是新石器时代陶器造型的原型之一

　　由旧石器时代过渡到新石器时代，主要的标志固然是人类所使用的工具，由打制石器即粗石器进步到了磨制石器即细石器。然而火的被利用，使泥土等物质改变了自己的化学性质，从而结束了单纯依靠自然力恩赐的历史。因此，陶器的发明，又被认为是新石器文化的一个标志。

考古学确认的属于新石器时代的陶器，有碗、钵、罐、盆、壶、豆、瓶、鼎和鬶等十余种形式。这些陶器具有一定的造型，实用性很强，同时制作时也注意器表的光洁和美观。这里面，既包含着制作的技巧，也包含着审美的观点。因此，陶器造型本身就构成艺术。

陶器的造型，有象形的，也有非象形的。就其起源来说，是多元的，而不是一元的。原始先民由于生活和生产的需要，在制造出陶器来之前，曾经经历过一个利用自然界提供的现成物件当作器皿的阶段。这是无可怀疑的。

考古学已经证明，可能从旧石器时代起，人的头盖骨就曾经是人们用来喝水的杯子。如"北京人"的洞穴里发现的14件头盖骨，被认为是"把头盖部分作为盛水的器皿"的例证[1]。

野生的或经驯化的葫芦，也是自然界为人类提供的一种现成的器皿。吴山先生在1982年提出："我国新石器时代的居民，早先很可能利用自然形态的葫芦果壳，作为器皿使用。"[2]刘尧汉先生于1987年进一步提出："我们根据民族志资料可以推断：世界上凡是远古曾生长葫芦的地方，那里的原始先民，在使用陶容器之前，曾先使用天然容器——葫芦。"[3]虽然我们没有直接的证据，但我们相信，还处在采集阶段或采集渔猎阶段上的原始人，就可能用野生的葫芦作为容器了。原始先民在使用过一段时期的自然界提供的现成器皿之后，才开始模仿这类现成的物体的形状，或以这些物体为模型，创造出各种形状和不同用途的陶器来。葫芦就是其中的一种。

在新石器时代，以葫芦为原型制陶的方法，可能有两种情况。其一，制陶者把葫芦作为模型，将和好的细泥糊在葫芦的外面，做成一个葫芦状的泥坯，然后放在火上烧。待烧成后，葫芦因被烧成灰烬而自然脱落，剩下来

---

① 贾兰坡：《远古的食人之风》，《化石》1979 年第 1 期。
② 吴山：《中国新石器时代陶器装饰艺术》，文物出版社 1982 年版。
③ 刘尧汉：《论中华葫芦文化》，《民间文学论坛》1987 年第 3 期。

的便是陶瓶或陶壶了。恩格斯在《家庭、私有制和国家的起源》中说："可以证明,在许多地方,也许是在一切地方,陶器的制造都是由于在编织的或木制的容器上涂上黏土使之能够耐火而产生的。"①友人宋兆麟先生告知笔者,他曾在云南文山的彝族中见到,他们还保留着这种最原始的制陶方法。其二,以葫芦为原型,模仿葫芦的样子,将泥片塑成葫芦形状的泥坯,然后放到火上烧制。原始先民模仿葫芦的形状或以葫芦为模型制陶,制出来的陶器可能呈现出各种不同的造型。以造型来区分,葫芦形陶器大致可分两类:一类为完形的葫芦造型,呈丫丫葫芦状,鼓腹、敛口、平底或尖底,如瓶、壶;一类为经过切割后的葫芦造型,截去上半部分为罐、瓮,纵面切开为碗、瓢。迄今发掘出土的最早的完形的葫芦形陶器器皿,如西安半坡遗址出土的长颈葫芦形陶瓶、细颈陶壶,是属于仰韶文化早期的,距今约6000年②。这种葫芦形陶瓶(壶)在仰韶文化中也是有时期性和地区性特征的,而不是普遍。有学者指出,葫芦形陶瓶(壶)是半坡早期的遗物,而与羊城早期的文化特征相同的遗址,又主要分布在陕西中部的关中平原。因此,半坡类型的葫芦形陶瓶(壶),多见于关中地区,而基本上不见于关东地区。这里面必有我们还不知道的原因,譬如,半坡或关中一带六千年前曾经是葫芦的生长和种植的区域,当地氏族部落存在着崇拜葫芦的信仰等③。

同属半坡类型的宝鸡北百岭出土的几件彩陶壶和陶瓶,与完形的葫芦形象酷似。其中XⅢ式陶瓶,口部葫芦形,腹下坠,最大颈近底部,平底,整个器型像个葫芦。Ⅲ式细颈陶壶,口部作葫芦形,腹壁作流线形,底呈尖锥状,腹侧有双耳,颈部有戳刺纹,腹部饰斜绳纹。通常称作尖底瓶④。陕西临潼姜寨出土的葫芦形彩陶瓶共114件,数量极为可观。此类陶器是姜寨第二期文化遗物中的主要器形之一。陶质细腻,造型美观。多为泥质红

① 恩格斯:《家庭、私有制和国家的起源》,《马克思恩格斯选集》第4卷,人民出版社1972年版。
② 中国社会科学院考古研究所、陕西西安半坡博物馆:《西安半坡》,文物出版社1963年版。
③ 严文明:《论半坡类型和庙底沟类型》,《仰韶文化研究》,文物出版社1989年版。
④ 中国社会科学院考古研究所:《宝鸡北首岭》,文物出版社1983年版。

陶及细砂红陶，多数素面，少数饰黑彩，个别饰绳纹。标本ZHT8M168：3葫芦形瓶，口微敛，口颈分界不明显，平底。腹部绘有两组黑彩变体鱼纹图案。标本ZHT5M76：10葫芦形瓶，口和腹全饰黑彩，腹周饰黑彩变形人面四组。每组绘一圆形人面，眼、眉、鼻、嘴俱全。[①]陕西渭南史家遗址出土的葫芦瓮，眉县马家镇杨家村发现的泥质红色葫芦瓶，也都是依照葫芦的形状作为彩陶的造型的实例[②]。

甘肃甘谷县西坪和武山县傅家门出土的庙底沟类型和石岭下类型时期的人面鲵鱼纹彩陶瓶，甘肃秦安大地湾出土的庙底沟类型时期的人头形器口彩陶瓶，也都属于葫芦形的陶器[③]。

马家窑类型甘肃永登遗址出土的束腰陶罐，也是葫芦形的。马厂类型甘肃临洮出土的一件陶勺，被认为是葫芦纵剖面的形象[④]。这件作品被瑞典人安特生1923-1924年在甘肃地区考察时在兰州买到，近几十年来多次考古发掘中再也没有见到类似的遗物，因而成为稀世珍品[⑤]。

云南鲁甸马厂新石器时代遗址出土的9件陶器，其中一件发掘报告称之为"陶勺形器"，形状酷似葫芦，在颈部有一小圆孔，体部有一大圆孔，内部实心而不相连，显然不是葫芦笙一类的乐器。有学者认为是一件自然崇拜物，而且从艺术的角度看，是对葫芦模仿得极像的陶葫芦，可以归于象形的即葫芦（植物）形的原始造型艺术品[⑥]。

为什么原始先民选择葫芦作为陶瓶或陶壶的造型原型呢？

首先是葫芦种植普遍并容易得到，就决定了葫芦能够成为原始先民最先选择的简单而又轻便的容器和仿制陶器的原型。1973年和1977年考古工作者两次对浙江余姚河姆渡新石器时代遗址的发掘，出土了被认为是我国最早的葫芦种子，说明六七千年前葫芦就已经栽培了。由此可以推断，远

① 西安半坡博物馆、陕西省考古研究所、临潼县博物馆：《姜寨》，文物出版社1988年版。
② 《眉县杨家村遗址调查报告》，《考古与文物》1990年第5期。
③ 《甘肃彩陶》，文物出版社1979年版。
④ 张朋川：《甘肃出土的几件仰韶文化人像陶塑》，《文物》1979年第11期。
⑤ J.G.Andersson, Prehistory of the Chinese.BMFANo.15, 1943.P·162.
⑥ 申戈：《云南原始艺术初论》，《云南人类起源与史前文化》，云南人民出版社1991年版。

古时代，葫芦在江浙一带不仅有野生的，人工种植也已经相当广泛和普遍了。关中一带当年是否种植葫芦，没有可靠的考古材料可资证实，以陶器的器形作为反证，倒也能够说明一些问题。

其次是葫芦的实用性。葫芦是原始采集与农业民族的重要作物，有很高的实用价值，可食用、药用，晒干后经剖切制作，可作各种形态的容器和渔网的浮子，以及汩水的工具等。葫芦作为容器，在同等的圆口器皿中，容量最大，又容易倾倒入水、方便出水，因而为原始先民制作陶器提供了天然模型。

再次，葫芦可能是被当地居民崇拜的神物。由于葫芦的形状是鼓腹而有细颈。鼓腹的形象，多籽的特性，很像是妊娠女性的身体。原始先民便根据同构的原理产生出联想，认为葫芦具有繁盛的生殖力。于是，在其信仰中，就赋予葫芦以人类孕育和出生的母体的象征意义。《诗经·大雅·绵》说："绵绵瓜瓞，民之初生。"这个"瓜瓞"就是葫芦。葫芦在诗里被隐喻为人所由出生的母体。在原始观念中，葫芦逐渐由受崇拜的"母体"而兼为受崇拜的"祖灵"。人死后，其灵魂也回归到葫芦里或通过葫芦这座"桥梁"返归祖地。葫芦作为祖灵被崇拜的观念，在现代一些少数民族中也还有某些遗留，如云南楚雄彝族自治州南华县摩哈苴村，还有少数彝族家庭仍把葫芦当作祖先的化身来供奉。这样说来，葫芦在古代可能是一种普遍使用的祭器。把葫芦作为陶器造型取象的来源之一也是不足怪的[①]。

第四，葫芦的造型美观。"葫芦外形美观，不须任何加工，它的外壳剖开后就可制成碗、瓶、勺、罐等实用器皿。我国历代很多工艺品就模拟它来造型；古代不少绘画作品，也有以葫芦作为器皿的描绘。"[②]葫芦那坚硬而光洁的外皮，流线型的曲线造型，都给人一种审美的快感。而对审美的追求，在早已脱离了野蛮状态而进入新石器时代早期或中期的先民来讲，已经成为一种现实而正常的要求。这也就成为原始先民把自然界的葫芦作为陶器造型的原型的一个重要原因。随着原始的创造思维的提高和加工能力

① 普珍：《中华创世葫芦》，云南人民出版社1993年版。
② 吴山：《中国新石器时代陶器装饰艺术》，文物出版社1982年版。

的改善，在原来粗拙的造型的基础上，进一步改善其外形，达到匀称均衡，使其更实用、更合理、更美观。

人类起源神话中葫芦的原始意象

原始神话是原始艺术的重要组成部分。原始神话是人类童年时代的叙事故事，它的特点是神圣性、真实性以及与信仰紧密连接在一起。神话是一种以语言传述为主，以巫术、绘画、岩刻、纹饰等多种原始艺术符号表现为辅的综合性艺术。用文字记录下来的神话，是很晚近的事。由于靠语言传承，变异性很大，在漫长的岁月中往往会发生讹变，因而我们很难看到原始神话的原貌，而一些出现于新石器时代的岩画上的图像、彩陶和玉器上的纹饰，却将某个特定时代的原始神话意象凝固在线条和形象中，使一些神话的意象得以以较早和较为原始的形态保存下来，成为我们在文字记载之外认识神话的又一条重要途径。

前面说过，六千年前的仰韶文化遗址出土了先民制作的各种形态的葫芦形陶瓶（壶），甘肃甘谷西坪出土了仰韶文化庙底沟类型的人面鲵鱼纹彩陶瓶，其腹部绘有身体弯曲、充满着生命力的人面鲵鱼纹饰。继而，又在甘肃武山出土了一件马家窑文化石岭下类型的人面鲵鱼纹彩陶瓶。这两件彩陶瓶及其腹部所绘制的鲵鱼人面纹饰，所表现的很可能是"葫芦生人"神话的意象。

这个图像上的"鱼"纹，可能是鲵鱼，也可能是蜥蜴。鲵鱼，俗称娃娃鱼，状若蜥蜴。无论是鲵鱼，或蜥蜴，其共同的特点是水陆两栖动物，在古代都是受到崇拜的动物。据何新先生的研究，鲵鱼古代被奉为虹神，蜥蜴被称为"龙子"。鲵鱼或蜥蜴就是被人们所崇拜的"龙"的原型。有记载以来，"所谓'龙'，就是古人眼中鳄类、蝾螈及蜥蜴类动物的名称"[1]。在新石器时代，蜥蜴在世界许多民族中都是先民崇拜之物。澳大利亚人的图腾中，在陆上的动物中，通常以袋鼠为图腾；在两栖类中，就有蛇类和鬣蜥

---

[1] 何新：《龙：神话与真相》，上海人民出版社 1989 年。

蜴。原始先民所以把蜥蜴当做图腾来崇拜，首先与当地当时的自然条件有关。

甘谷和武山毗临而居，不论是庙底沟类型时期，还是石岭下类型时期，先后在这里居住的先民，可能都是以鲵鱼或蜥蜴为图腾祖先的氏族部落。人面鲵鱼纹或人面蜥蜴纹可能是他们氏族的图腾祖先图徽。这里的先民，把他们所崇敬的图腾祖先的形象绘制在葫芦形的陶瓶的腹部，绝非随意之作，而是一种很严肃神圣的事情。想必他们在制作这件彩陶瓶时，可能还要举行某种仪式。根据原始先民的思维特点来推论，器表所绘制的动物图像，往往也就是装在陶瓶里面的动物的透视图像，这个蜥蜴图像可能意味着他们的图腾祖先是孕育在葫芦里、从葫芦里生出来的，葫芦是孕育人类祖先的原始母体。这个绘制着人面鲵鱼或人面板蜴图像的陶瓶，因而可能变成了一件渗透着人类起源神话意象的圣物，这些图像也许隐含着一个早已消失在历史深处的人类起源的原始神话。

我国许多民族至今还保留着这种十分古老的"葫芦生人"母题的神话。从今人记录的这些人类起源神话来看，以"葫芦生人"为母题的神话分布是相当广泛的，包括汉族在内的许多民族中都有，特别是南方民族。我们不妨把新石器时代葫芦形陶瓶（壶）上的人面鲵鱼或人面蜥蜴图像所隐含着的"葫芦生人"神话意象，与今人记录的"葫芦生人"神话作一简单的比较。

今人记录的"葫芦生人"神话，仍然保留着"葫芦生人"的基本母题：人最初是从葫芦中走（生）出来的。傣族神话说，在荒远的古代，地上什么也没有。天神见了，就让一头母牛和一只鹞子到地上来。这头母牛已经在天上活了十几万年，到地上只活了三年，生下三个蛋就死去了。此后，鹞子孵蛋，其中一个蛋孵出了一个葫芦，人即从这个葫芦里生了出来。拉祜族的天神厄莎创造人类时，是用自己种的葫芦。葫芦长大，发出人的声音和歌唱，厄莎叫老鼠给葫芦咬开两个洞，人便从葫芦里爬了出来。佤族神话说，主宰世上一切最大的鬼神"达摆卡木"与一条母牛交配后生产出一颗葫芦籽，栽种后结了一个大葫芦。洪水滔天，淹没了大地，黑母牛把葫芦放进船里守着,后来,当水退落,黑母牛用舌头舔开葫芦,人类便从葫芦里出来,一代一代繁衍到今天。

除了人类外,从葫芦里走(生)出来的还有各种有生命的动植物。佤族神话说,古时像开水一样沸腾的洪水淹没了大地,世上的人都死光了,只剩下达梅吉和一条母牛。达梅吉和母牛交配,母牛受孕,产下一个葫芦。人和万物就从这个葫芦中诞生出来。原始思维认为,万物有灵,人与动物常有血缘关系,是兄弟,所以人与动物同出于一个母体[①]。

在这些后代记录的人类起源神话中,最基本的神话元素是葫芦和人祖。二者之间的关系是:葫芦是孕育人祖的母体。这就是说,这些神话元素是从仰韶文化彩陶瓶(壶)上人面貌鲵鱼或人面蜥蝎图像所凝聚着的"葫芦生人"神话意象中传袭下来的。后世记录的神话文本与陶瓶图像的神话意象之间的不同,或陶瓶图像上的神话意象中所没有的东西是:葫芦是从哪儿来的。记录的神话文本提供了三种答案:一,葫芦是从母牛生下的蛋中孵出来的;二,葫芦是母牛与鬼神"达摆卡木"交配生的葫芦籽长的,或母牛与达梅吉交配生的;三,葫芦是天神厄莎种出来的。记录这几则神话时,这几个民族虽然已经不同程度地受到汉民族文化的影响,但还大都处在氏族社会解体阶段。显然,在从新石器时代中期到记录神话的漫长的传承过程中,人们时时在寻找一个合理的答案,而这三个答案在不同程度上都存在着合理化的倾向,其中葫芦是天神厄莎种出来的这个答案,带有相当发展的农耕社会(出现了"种植"的观念)和相当进步的原始宗教(天神信仰)的色彩"。这是我们在彩陶瓶的图像中所看不到的。尽管这些神话文本是现代记录下来的,我们仍然可以把这种带有一定合理化因素的"葫芦生人"神话看作是比较原始形态的"葫芦生人"神话。

关于"葫芦生人"神话,以及它在我国人类起源神话中所占的地位,闻一多先生早在40年代就已经论述过。他对所搜集到的49个洪水神话进行

---

① 所引神话,分别见李子贤《傣族葫芦神话探源》,《探寻一个尚未崩溃的神话王国》,云南人民出版社1991年版;陶阳《中国创世神话》,上海人民出版社1989年版;邓启耀《宗教美术意象》,云南人民出版社1991年版。

比较分析后，也得出结论说："最早的传说只是人种从葫芦中来了或由葫芦变成。"①他指出，葫芦生人在人类起源神话中是原始的、基本的情节核心，在其演变过程中，洪水神话是后来粘合上去的。也就是说，洪水故事本无葫芦，是在造人故事兼并洪水故事的过程中，葫芦才以它的渡船的角色，巧妙地做了缀合两个故事的连锁。

葫芦形器出现在新石器时代墓葬中，也许还有其他的意义。绘有图腾祖先图像的葫芦形器，如果把属于个人图腾的标志这种情况排除在外，那就很可能是整个氏族的祖灵世界的象征。大量的考古材料证明，在新石器时代，人们已经出现了活人的世界和祖灵世界这种二分世界的观念。死人的亡灵进入到葫芦形器中，通过葫芦形器而变成祖灵，即意味着回到了祖灵世界。后世的明器——"壶"形器，作为灵魂从现世升入天上的桥梁的观念，是从原始的沟通活人世界和祖灵世界二者之间的桥梁的观念承袭和发展而来的②。

有史以来的史籍有很多关于人首蛇身的人类始祖伏羲的记载。如《帝王世纪》："庖牺氏蛇身人首。"《拾遗记》："蛇身之神，即羲皇也。"何新认为，甘肃甘谷和武山彩陶瓶上的人面鲵鱼或人面蜥蜴纹图，很可能就是人类始祖伏羲的原始形象。他说："这一人首蛇身，尾交首上的原始'伏羲'神形象，发现于距今约七千年的仰韶文化的陶饰图纹中。"③这当然还是一个推断，还要更多的考古资料来证实。

"葫芦生人"的神话意象，在沧源岩画中也有体现。汪宁生先生认定，沧源岩画作画的绝对年代约在两三千年之前，时值新石器时代晚期④。沧源岩画第6地点5区绘有一幅"出人洞"的画面。笔者曾亲去作过考察。有学者认为"出人洞"画面所显示的"葫芦生人"神话意象，也许与佤族现在还流传着的"司岗里"神话有关。"司岗里"又有"葫芦"或"成熟的葫

① 闻一多在《伏羲考》中说："最早的传说只是人种从葫芦中来，或由葫芦变成。"见《中国神话学文论选萃》，中国广播电视出版社1994年。
② （日）小南一郎：《壶形的宇宙》，朱丹阳、尹成奎译，《北京师范大学学报》1991年第2期。
③ 《诸神的起源》，三联书店1986年版。
④ 陈兆复：《中国岩画发现史》，上海人民出版社1991年版。

芦"的意思。"在佤语里,'司岗里'意为人从葛芦出。滇西南沧源和西盟两个佤族自治县之间的阿佤山有一个岩洞,就叫'司岗里'。'司岗里'(出人洞)……意译为'最初之路'或'人类发祥地'。而沧源县旧称'葛芦国',它们与人出自葛芦的神话可能都有关系。"①岩画所描绘的是一个略呈葛芦形的山洞,在山洞四周是众多刚从洞中出来的人和动物,大多呈现出急匆匆的样子,也有互相争斗的场面。佤族的《司岗里》神话说,利吉神和路安神造了天和地,又造了人、太阳和月亮。把人放在洞里。人在司岗里岩洞里闷得很。很多动物来凿岩洞,有扫哈神、马大头鸟神用喙来啄岩洞,有老虎神、熊神来凿。但谁都凿不开。小米雀把长刀(喙)磨快,终于把岩洞啄开了。人和动物都从洞中出来。岩画上的"出人洞"画面所显示的神话意象,与这则记录神话的内容大体上是相吻合的。

此外,在沧源岩画第3地点(曼坎)画面的下端,画有一个葛芦形图形和一组人物图像。对于这个葛芦形图形及相关人物的图像,有学者认为是许多民族中都有流传的洪水后兄妹血缘婚神话的具象形态。"就在这个葛芦图像的上端,有一个非常奇特的图形:两个双手平展的人物并列在一个三面画有连线的框内,在这个用线条构成的栏框的顶部中央,尚画有一只长着长长的尾巴,类似今天的雉鸡一样的雀鸟。值得注意的是栏框内的那两个人:其左者身体部位用颜色涂红染实,并在下身部位套绘着一个倒置的三角形;而其右者的下身部位则未加任何标志。很明显,作者是在表现不同性别的两个人。如果这个推测可以成立的话,那么,结合上述葛芦图形的认识,我们是否可以认为:崖画的作者正是通过这种奇特的符号和方式,向后人讲述着那遥远的洪荒时代,同居在葛芦中的兄妹近亲婚配,繁衍人类的传说和故事。"②沧源岩画作于大约二三千年前,大体与良渚文化和龙山文化晚期相当,当时玉器已经相当发达,礼器已经出现,社会分层现象大为强化,出现了拥有精致玉器和专业玉工的富有者阶层,总之,

---

① 邓启耀:《宗教美术意象》,云南人民出版社1991年版。
② 徐康宁:《推原神话与沧源崖画中的解释形图形》,《云南美术通讯》1987年第2期。这里转自邓启耀《宗教美术意象》。

已经迈入了早期文明的门槛。当然不同地区社会发展是不平衡的,地处云南边疆的沧源,其社会进步的程度很可能比良渚文化或龙山文化居民要慢得多。这幅画面是否意味着,比"葫芦生人"神话母题要晚得多的"洪水神话",那时已经产生了呢?

从仰韶文化庙底沟类型时期出土的彩陶葫芦瓶上的人面鲵鱼或人面蜥蜴纹图,到新石器时代晚期的沧源岩画中的"出人洞"和葫芦图形岩画,我们都读到了"葫芦生人"神话的意象。我们是否可以作这样的推想:"葫芦生人"神话最早出现于黄河上游地区,随着文化的变迁与传播,黄河上游地区的"葫芦生人"神话兼并了南方的"洪水神话",从而铸造了沧源岩画第3地点曼坎的葫芦图形所代表的兄妹血缘婚神话意象?"葫芦生人"神话是农业民族的精神产品,从神话意象到神话文本,始终都是在以农耕为主要生产方式的地区和民族中存在,而从未涉足地处北方的猎牧或游牧民族?

沟通人神之器

原始宗教信仰中的葫芦,带有神圣性和神秘性。它既可以作为巫师作法的巫具,具有通天地、连人神,沟通过去与未来的功能,又是人类始祖、氏族家庭祖灵的象征。

关于葫芦形陶瓶的远古时代的用途,其说不一。有些人解释为汲水器,即用于提水的工具,其形制符合力学原理,水入即倾倒,水满后即自动直立。经有关专家实验,指出这种说法是站不住的。另有些人将细颈葫芦壶葫芦瓶解释为"携水器",即先民外出狩猎或农耕时所带的水壶。据有关气象学家和动植物专家研究,仰韶文化时期,气候比现在温暖、湿润,到处是河流湖沼,到处可以饮水解渴,先民外出没有必要带水。有研究者认为,这些长颈葫芦瓶和细颈葫芦瓶最大的可能是装酒的酒器。酒既可以在劳动之余作解乏之饮料,又能在出现伤害时用以消肿治病[1]。

------

[1] 张瑞玲、巩启明:《清醴之美,始于耒耜》,《考古与文物》1990 年第 5 期。

其实，新石器时代先民制作的葫芦形彩陶瓶，其中有许多并非实用器，特别是尖底瓶，很可能是家族或巫师祭祀天地、氏族祖灵时用的祭器。苏秉琦先生在论到半坡遗址的一些文化现象昭示着氏族制度原则开始遭到破坏、社会面临着转变期时指出："小口尖底瓶未必都是汲水器。甲骨文中的酉字有的就是尖底瓶的形象。由它组成的会意字如'尊'、'奠'，其中所装的不应是日常饮用的水，甚至不是日常饮用的酒，而应是礼仪、祭祖用的酒。尖底瓶应是一种祭器或礼器，正所谓'无酒不成礼'。"①其实，作为祭器的不仅是小口尖底瓶。各类作为祭器的葫芦形彩陶瓶（包括小口尖底瓶）的出现，至少说明了：一，在仰韶文化社会中，专司祭祀的巫觋已经出现，巫觋担当着、或垄断了沟通天地的神圣职责，并因而受到社会的重视；二，葫芦形彩陶形瓶（壶）上绘制的人面鲵鱼或人面蜥蜴祖先图像，显示了原始信仰已经开始从图腾崇拜逐渐向祖先崇拜过渡，图腾崇拜还大量存在，而祖灵崇拜已经随着葫芦形彩陶瓶的出现而得到强化。

许多文章已经指出，在仰韶文化中已经出现了巫觋。巫师的出现，说明人神相通的通道开始被巫觋集团所垄断，即古籍中所说的"绝地天通"之后的事。张光直说："总括地说，仰韶文化的社会中无疑有巫觋人物，他们的特质与作业的特征包括下列诸项：1. 巫师的任务是通天地，即通人神，已有的证据都说巫师是男子，但由于他们的职务有时兼具阴阳两性的身份。2. 仰韶时代的巫觋的背后有一种特殊的宇宙观，而这种宇宙观与中国古代文献中所显示的宇宙观是相同的。3. 巫师在升天入地时可能进入迷幻境界。进入这个境界的方法除有大麻可以利用以外，还可能使用与后世气功的入定动作相似的心理功夫。4. 巫师升天入地的作业有动物作助手。已知的动物有龙、虎和鹿。仰韶文化的艺术形象中有人（巫师）乘龙上天的形象。5. 仰韶文化的艺术中表现了巫师骨架化的现象；骨架可能是再生的基础。6. 仰韶文化的葬礼有再生观念的成分。7. 巫师的作业包括舞蹈。巫

---

① 苏秉琦：《关于重建中国史前史的思考》，《中国考古学论丛》，科学出版社1993年版。

师的装备包括黥面、发辫（或头戴蛇形动物）与阳具配物。"①

　　除了这七个特征而外，还要补充一点，葫芦形彩陶瓶可能充当着巫觋作法时的巫具。巫觋在作法时，为了沟通人神，可能使用自然形态的葫芦，也可能使用葫芦形陶瓶（壶）作为巫具。自然的葫芦都已湮没无闻了，而这些葫芦形的陶瓶（壶）经历了几千年历史的风尘，保存到了今天。许许多多的新石器时代制作的葫芦形陶瓶（壶），从陕西洛南出土的仰韶文化葫芦形红陶人头壶，甘肃秦安大地湾出土的庙底沟类型的人头形器口彩陶瓶，到甘肃秦安寺嘴出土的马家窑文化的人头形红陶瓶，青海民和山城出土的马家窑文化的腹部塑有人头像的彩陶壶，应该说，都不是实用性的器皿，而很可能是巫觋作法时用的巫具。

　　青海民和山城出土的这件腹部塑有人头形的彩陶壶，其腹部用黑彩绘成两个V字形的蛙形，而在这两个V形交叉点上则有一个泥塑的人头，在人头的面上，还有鲸纹。有学者认为，陶壶上绘制的这个两个V字形交叉点处的人头像，就是巫师的形象。这样看来，这件陶壶，要么是巫师的巫具，要么是巫师死后用以陪葬的明器，人们期望通过这个葫芦形的陶壶能够引导巫师的亡魂到达天界或成为后人崇敬的祖灵。

　　宝鸡北首岭出土的一件Ⅲ式葫芦形彩陶壶，即标本M52：，俗称蒜头壶。颈部较大，作花苞状，内壁弯曲，颈腹相联不分，折腹，平底。有学者认为，这件蒜头壶同样也不是一种实用器，而是一种用于祭祀时的祭器或酒器②。在原始时代，酒与巫师和巫术的关系密切，可以使巫师在作业时产生与巫术目的相关的幻觉。此外，其腹部绘制的"鸟衔鱼图"，很可能取意于鸟能上天，鱼能入水，因而鸟衔鱼纹可能是沟通天地和人神的象征。

　　葫芦形陶器，除了作为巫师的巫具外，还用于丧葬。甘肃兰州青岗岔半山遗址第二次发掘时，在住室紧靠北壁的两柱洞之间，出土了一座瓮棺葬，瓮棺是葫芦形的，上下两鼓腹部都有双耳，瓮棺顶部还置有一单耳彩陶

────────────

① 张光直：《仰韶文化的巫觋资料》，台湾《中央研究院历史语言研究所集刊》第 64 本第 3 分册，1993 年 12 月。

② 中国社会科学院考古研究所：《宝鸡北首岭》，文物出版社 1983 年版。

罐。这种葬式，在新石器时代是颇为流行的。在仰韶文化社会，夭折的儿童常行瓮棺葬。半坡发现的瓮棺就有73座，成群或零星地分布在住地房屋的旁边。充当瓮棺的葬具有瓮、缸、钵、盆等陶器[1]。所以流行这种瓮棺葬的葬式，是否蕴含着让人死后回到他所出生的葫芦母体中去的含义，不得而知。但绝大多数葬具的底部中间部位，都有一人工钻制的小圆孔，供死者的灵魂出入。

（原载游琪、刘锡诚主编《葫芦与象征》，商务印书馆，2001年版）

---

[1] 甘肃省博物馆文物工作队：《甘肃兰州青岗岔半山遗址第二次发掘》，《考古学集刊》第2辑，中国社会科学出版社1982年。

兰州刻葫芦艺术及其传人

黄金钰

兰州刻葫芦艺术不同于其他地区、民族的刻葫芦,它是一种严格的地域性文化,这种地域性文化的形成有其独特的自然条件和民俗文化环境,也正是这种独特的自然条件和民俗文化环境,造就了兰州刻葫芦艺术的独特个性,使这一民间艺术驰名海内外。

一 兰州刻葫芦艺术产生的自然条件和民俗文化氛围

首先我们从这一艺术的载体——葫芦谈起。

兰州的葫芦作为艺术作品的载体,从质到形都与其他地区的葫芦颇有不同,它小巧玲珑,质地坚硬、细腻,最适宜精雕细刻及微雕艺术。如兰州地区特有的品种,也是雕刻葫芦的原坯的"鸡蛋葫芦""疙瘩葫芦"和"小桠桠葫芦"等,这几个特有的葫芦品种,都是兰州人花了几百年功夫,经历了无数次挫折和磨难培植出来的。这类葫芦都是种在兰州的"老砂地"里,经过独特的培植而成。"老砂地",兰州人也叫"压砂地":须先将地里原来的土砂铲去一层,收拾平整,然后上足粪,再用古河床下的白砂和石子,经过挑选,把砂子和石头依次铺在上好肥的地上。由于兰州地处西北高原,干旱少雨,这样的"砂地"有很好的保墒保肥作用,兰州人有"一个石头二两油"的谚语。加之当地气候凉爽,葫芦生长期长,结出的葫芦质细、底坚，适宜精雕细刻。"枰枰葫芦"形似竖"8"字；"鸡蛋葫芦"如枣核、算珠，最小的只有葡萄那么大，一般的都在2－3厘米左右；"疙瘩葫芦"就是上面长满了小瘤形状的葫芦。这些葫芦由于生长期长，种植人为了防止受损伤，不仅要把蔓架起来，还要把与葫芦接近的叶子摘掉，以免风吹摆动，叶子划伤葫芦表皮。

葫芦成熟摘下后，还要立刻刮皮晾晒，待干透后再用手工抛光，使葫芦表面光滑晶莹，如珠似玉。

其次我们看看兰州刻葫芦艺术形成的民俗文化氛围。兰州为古丝绸之路的文化重镇，又是古文化的发源地，历史上各种有关葫芦的民俗文化积淀十分丰厚，对刻葫芦艺术的形成和传播发挥过深刻的影响。原始文化的葫芦崇拜在当地民间故事中有不少流传，在民间有关葫芦的民俗事象和观念也不少。如端午节在门前、窗户洞里挂红纸粘成的八瓣葫芦，农村妇女绣葫芦荷包，老太太有在衣襟上吊木头或玛瑙小葫芦的习惯等；民俗观念中因葫芦蔓长籽多而用于祈福祈子，或认为葫芦可以尽收天地间邪气而用来避邪。葫芦是兰州人心目中的吉祥、祈福、祛邪之物，这种民俗内涵也是兰州艺人在葫芦上做文章的民俗心理和美学追求所在。他们既期望也乐于把民众对幸福美好的追求，将民间对美的创意，用人们心目中的理想之物——葫芦这个载体表现出来。从而造就了兰州刻葫芦艺术及其独特的个性。

二 兰州刻葫芦艺术的创立与传承

据专家考证，兰州刻葫芦艺术自清光绪十八年（1892）已有记载，有关地方志记有当时裁缝王鸿平和民间艺人崔家娃，在带皮的葫芦上粗略刻一些刀马人物和戏剧脸谱的情况。据说王鸿平心灵手巧，画得一手好画，每每在缝纫间隙用缝衣针在新采摘的葫芦上刻划自己的构思，把看到的戏文、见过的沙灯上别人的画搬刻在葫芦上。其法是将葫芦未刻部的原生皮刮去，待葫芦干了，就出现了黄底白画，非常好看。这种工艺被后来的艺人继承，延续到现在。

兰州有文字记载的第三个刻葫芦艺人是清光绪年间的李文斋。相传李文斋是一位穷秀才，当过几天"师爷"，能写会画，因其性情孤傲，蛰居家中，很少与他人来往，便以刻葫芦作为精神生活的寄托。李文斋创造了一种处理葫芦的新工艺：刮去葫芦表皮，用锶水混合颜料在上面涂成红黄二色，然后在上面仿照古典小说的绣像画或画谱，一半刻画，一半刻字。这样一来，兰州刻葫芦就出现了以银娃、马鸿武为代表的刀马人物为内容的粗制品和以李文斋为代表的图文并茂的精刻品。这类精刻品在民国初年，经过古董商的传播，在京、津一代颇有名气，称李文斋的刻葫芦为"绝技""妙艺"。

李文斋开创的这种新工艺和新手法，最早的追随者是刘建斌、徐家湾的马氏和庙滩子的魏氏。解放前，继承发展李氏工艺手法的有王云山、王德山、阮光宇、陈唯一等人。

王云山的特点是在构图上不善临摹，重在写意，着力神韵。他刻的《水漫金山寺》，在白蛇、青蛇身后，蟹兵虾将，鱼鳖鬼怪，形形色色各不相同，他运用变形的手法，将各类形象处理成腿短臂长的，头大身子小的，没于水中飞在空中的，造型奇特，形象丰富，气势壮观，生动异常。此人1961年逝世。

王德山也是跟随李文斋学艺较早的民间艺人之一。王德山家境贫寒，没上过学，当过屠夫、厨子、茶户。他从小非常喜爱刻葫芦，早期跟李文斋学艺，李文斋去世后，李的女儿把父亲常用的那本"名人画稿"赠给了王德山，他如获至宝，更加勤学苦练，"兰亭修禊""桃园问津""三国""西厢"以及"八仙"都是他非常爱刻的内容。他在艺术手法上除继承李文斋的长处外，善用"兰叶描"。他的人物刻得精细秀美，繁杂的古典服饰刻得细腻清新，很有特色。王德山还常云游四方，汲取民间文艺营养，在兰州古寺庙——唐庙（原称"庄严寺"）常常可以看到他的身影，唐庙的雕塑、书法、壁画被称为"三绝"，这些寺庙文化对他的艺术构思起着重要的影响作用。他常来到庙里，手拿葫芦、刻针，一针一针临摹壁画中的十八罗汉，经过他的勤学苦练，竟然把十八罗汉熟练地搬上葫芦，表现得活灵活现。他曾被轻工部授予"老艺人"称号。

解放前从事刻葫芦，并对刻葫芦艺术有着重要继承和发展的一位老艺人是阮光宇。他自幼酷爱民间工艺美术，1938年前在河北老家时就收集过大量的民间剪纸、泥人和皮影。到兰州后，当时任甘肃民国日报校对，工作之余，到隍庙去看古董字画和民间工艺美术精品，学习民间美术，那时他已开始收藏李文斋的刻葫芦，学习刻葫芦艺术。以后阮光宇认识了徐家湾刻葫芦艺人马氏，为向马氏学艺，他把自己刻的葫芦与马氏交换，很快掌握了马氏的艺术风格。阮光宇善于学习吸取民间民俗美术营养，兰州商行的标志，如金牛水烟的铜牛雕刻、金鱼摊子的金鱼招牌、纸扎铺的荷花灯、元宵店的元宵灯，以及民间节日习俗中的各种艺术形式，如春节贴的窗花、庙会上的玩具、泥人等小手工艺、端午节佩戴的荷包，这些凝聚着民间艺人审美情趣的作品，都是阮光宇学习汲取的对象，有些还被搬上他的刻葫芦作品。

阮光宇的刻葫芦手法除学习吸取李文斋、魏氏、马氏等艺人的长处外，还发挥他良好的书画功底。他针对兰州艺人"只有刻法，没有画法"的状况，特意将画法揉进刻葫芦，具体手法是：近处粗刻深刻，远处细针细刻、稀刻；近景刻实，远景刻虚；树木花草山石近处层层皴点，犹如浓墨画出；远山疏密小点点出，如淡墨渲染一般；远树不分株，先刻一片树冠，这样就是山水画的远树画法。用针法刀法来体现画中的笔法、墨法；在人物的头发刻法上，一改过去一般交叉混乱的做法，代以头发分组，根根交代的白描手法。在形式上阮光宇开创了"四圈""三圈""锦底开光"的刻法和"扇面""横披"等留出画面、满布云锦、冰汉等。他还创建了"通景"刻法，他刻的《秋山行旅图》《蜀道图》等山峦起伏，头尾相连，转着葫芦看，犹如在看一幅长卷，步步有情，处处有景。他还创新了彩刻彩绘法。

阮光宇所开创的刻葫芦新技法由他的儿子，当代"工艺美术大师"阮文辉继承。阮文辉自幼受父亲的熏陶，耳濡目染，阮光宇收藏的民间工艺品成了阮文辉儿时的玩具，阮光宇每次作完画都要叫儿子把剩墨画完，并亲自指导。从小打下的书画功底和民间艺术涵养,成为阮文辉继承父业,事业成就的重要原因。70年代,阮文辉到工艺美术厂工作时,他的第一枚微雕葫芦"古装孩童嬉戏"的百子图成功刻出;1986年他的《唐诗204首》《150儿童游戏图》《敦煌飞天微雕》等作品被中国工艺美术馆收藏。1988年被轻工部评为工艺美术大师。

建国前对兰州刻葫芦艺人做出贡献的还有一位老艺人——陈唯一。陈唯一兰州人,为人耿直,不善言谈,从小受祖父和母亲的影响,祖父是个业余画家,母亲是个民间艺人,擅长剪纸刺绣,他一直在浓郁的民间艺术环境中长大。他喜爱书画雕刻,14岁治印,并向民间艺人李文斋学习刻葫芦,常与王德山老艺人切磋技艺。他擅长刻刀马人物、古代建筑和十二生肖等。解放后考入西北艺术专科学校,学习美术,具有扎实的素描功底,从而开阔了他的艺术视野。刻葫芦传统都是表现花草鱼虫、才子佳人。陈唯一一破常规,用刻葫芦表现大型革命题材,50年代他与王德山合作在葫芦上刻出大型作品《红军长征万里图》,作品一出世就被中国军事博物馆收藏,这部作品充分体现陈唯一的素描功底和宏大的艺术构思。陈唯一由于长期学习传统雕刻,他的刀马人物作品也极为突出。他还长期从事篆刻艺术,刀功娴熟,笔法流畅,在葫芦上雕刻书法也是他的一绝,他将《太史公自序》的1212个字和《管晏列传》的1093个字刻在不到4公分直径的葫芦上,刀法苍劲有力,笔意洒脱流畅,就是一些笔功极深的书法家也赞叹自己的毛笔有时也难达到陈先生那种淋漓尽致的境界。1995年他又在两个小葫芦上雕刻了老子的《道德经》全文共5867个字,这枚作品连同他女儿陈红的作品一起参加了中国民间文艺家协会在京举办的中国著名民间工艺美术精品展,同年陈唯一被联合国教科文组织和中国民间文艺家协会授予"民间工艺美术大师"称号。陈老已年过古稀,他把两个女儿陈红、陈兵培养成一代新秀。陈红天资聪慧,勤奋上进,在严父的辛勤指教下很快成才,她特别擅长刀马人物、动物花鸟。她的作品细腻逼真,刀法娴熟,得心应手。1995年被联合国教科文组织和中国民间文艺家协会授予"民间工艺美术家"称号;小女儿陈兵自幼随父学艺,她的敦煌壁画题材葫芦雕刻《伎乐天》在

1997年甘肃首届民间工艺美术评奖中获一等奖,由甘肃省文联和甘肃省民间文艺家协会授予"甘肃民间工艺美术家"称号。

与陈红、陈兵同时成长起来的一代年轻新秀还有阮文辉门下弟子,以微雕见长的宋迦勒,阮文辉的女儿阮琦。

(原载《民间文学论坛》1998年第1期)

简论含经堂遗址出土的葫芦器陶范

北京市文物研究所（王继红执笔）

一 含经堂遗址出土的葫芦器陶范

2001年至2002年北京市文物研究所圆明园考古队，对圆明园的长春园含经堂遗址进行了科学发掘。在含经堂东侧买卖街遗址区域内，出土了一批泥质灰陶葫芦器模具，共计41件。其中完整者4件，残损者37件（参见附表）。这些陶范的形制单一，从完整标本及残件中可以拼合过半的器形观察，其外形皆为敛口亚腰鼓腹圆锥形，底部留有圆形气孔，内膛均为翻口束腰鼓腹心形。陶范外表均光素无纹，完整标本通高13.5至15厘米，最宽部位在颈部，外径8.7至14厘米，最厚部位集中在颈腰交接处；厚7.6至9.8厘米。绝大多数标本在内膛有阴刻纹饰，分布于腰腹部，腰部纹饰为带状装饰纹，腹部为各种主题纹饰。这41件陶范中，可基本辨识腹部纹饰者有33件，根据其主题纹饰差异特点，可将上述陶范分为四种类型：一为纯纹饰类型，二为纯文字类型，三为纹饰与文字混合型，四为素面无纹类型。以下就各类陶范进行简要介绍。

第一种类型的陶范有13件，数量最多，占可研究陶范数量的39%；第二种类型的陶范有11件，占可研究陶范数量的33%；第三种类型的陶范有8件，占可研究陶范数量的24%；第四种类型的陶范有1件，占可研究陶范数量的3%。第一种类型的陶范不仅数量最多，式别也是最多的，共有

5式。I式为几何纹，HTAO-005，HTAO-023，HTAO-024等3件为菠萝纹
（拓片1），HTAO-021为万字锦纹（拓片2）。II式为人物形象，仅HTAO-
026一件，腹刻一个满脸络腮胡须、头扎幞头的大汉（拓片3）III式为八卦
图案与祥云团鹤纹的组合，HTAO-006，HTAO-016，HTAO-034等3件为
此纹饰（拓片4）。IV式是昆虫和花草的组合图案，HTAO-020刻一对蝈蝈
各居奇石上，其一在啃食一只螳螂，周围环绕谷穗与菊花；HTAO-022残余
在菊花、谷穗中的一对蝈蝈（拓片5，图版1）；HTAO-025图案似与HTAO-
022相同，但只余菊花、谷穗和一只蝈蝈头。V式为器物纹，HTAO-027和
HTAO-028腹部均刻有香炉图案（拓片6，图版2）。

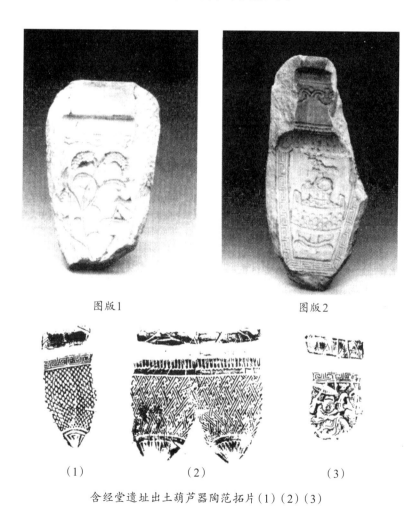

图版1　　　　　　　　　　　　图版2

（1）　　　　　　（2）　　　　　　（3）

含经堂遗址出土葫芦器陶范拓片（1）（2）（3）

　　第二种类型的陶范有2个式别。Ⅰ式为楷书唐诗,一般每个陶模刻二首七言绝句,有李白《早发白帝城》和王昌龄《芙蓉楼送辛渐》,如HTAO一002、HTAO一013、HTAO一029、HTAO－31、HTAO一32等(拓片7,图版3、4)。Ⅱ式为经修饰的文字,如HTAO－003为百寿图(图版5);HTAO－036、HTAO－040均为分别在弧边四凹角框内楷书"意"和"祥"、"如"字样(拓片8、9,图版6),推测该类陶范腹部原刻"吉祥如意"等字样,框外四角饰"喜"字;HTAO一037在四凹角框内余"万"、"寿"二字,框外四面饰"寿"字,推测原刻"万寿无疆"等字样(拓片10);另有HTAO－014腹部残余两个双"囍"字。

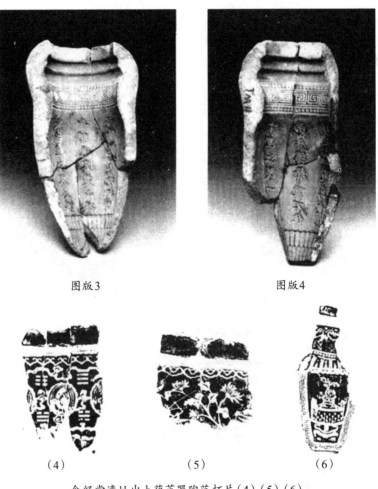

图版3　　　　　　　　　　　图版4

(4)　　　　　　(5)　　　　　　(6)

含经堂遗址出土葫芦器陶范拓片(4)(5)(6)

图版5 图版6

图版7 图版8

　　第三种类型的陶范也有2个式别。I式为文字和图样融合一体，文字是图案的补充，如HTAO一039腹刻2个灯笼，一灯笼上书双"囍"字，"卍'"字缀，另一灯笼饰"寿"字缀（拓片11，图版7）；HTAO一038底纹为梅花冰裂纹，中间残余一圆框，内楷书"泰"字，推测原刻"国泰民安"的字样；HTAO一033、HTAO一008和HTAO一009均为"五蝠捧寿"纹，圆框内篆书"寿"字，框外5只蝙蝠环绕；HTAO一035为双"囍"字和蝠蝶纹；HTAO

一010为缠枝花与葵花，葵花内刻双"囍"字。Ⅱ式以纹饰为主题，文字起点题作用，或为戳记，如HTAO一001，腹纹为两蝙蝠穿梭于竹林山石间，旁题"日日平安报好音"，另有阴刻一方戳，内有"记"字（图版8）。

第四种类型的陶范只1件，器型完整，内外光素无纹。它的作用是规范葫芦的形状。

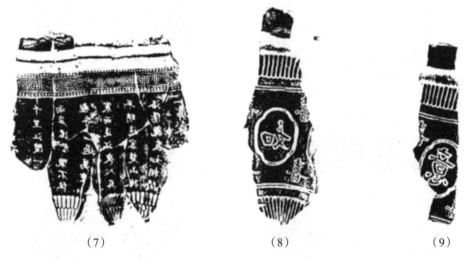

（7）　　　　　　　　　　　　（8）　　　　　　　　　　　（9）

含经堂遗址出土葫芦器陶范拓片（7）（8）（9）

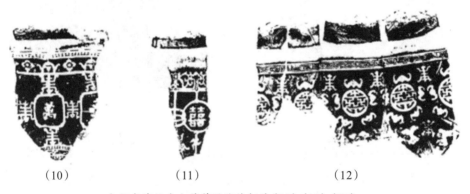

（10）　　　　　　　（11）　　　　　　　　（12）

含经堂遗址出土葫芦器陶范拓片（10）（11）（12）

二 葫芦器的相关问题

谈起葫芦陶范,我们不得不追溯到葫芦器。我国种植葫芦的历史已有七千年了[①]。远古的先民只是把天然的葫芦作为盛器使用,因为葫芦中空、外壳严密又轻便的特点,使其几乎不经过任何加工,就能成为很好的容器。有人推测,葫芦还是陶器的鼻祖[②]。人类对于大自然的认识总是由简单到复杂,对大自然的利用也由直接的"拿来主义"到主动的开发、再创造,葫芦器也不例外。随着对葫芦品性及生长规律的掌握,天然形态的葫芦已经不能满足人们的欲望和审美需要,于是这种人工与天然相结合的工艺美术品——葫芦器便诞生了。葫芦器的制法多种多样,有勒扎、范制、火画、押花、针划、刀刻等等,有的是在本长葫芦(天然葫芦)上,以各种手法创造出丰富多彩的图案,如火画、押花、针划、刀刻等,并不改变葫芦的天然形态;有的是借助外力将葫芦的天然形状加以改造,以适用于各种造型,如勒扎、范制;也有几种手法共同使用,综合多种工艺技法来进行创作的。葫芦器的品种多不胜数,有乐器、容器、工具、食具、文具、首饰、案头陈设等等。

目前,尚不见出土葫芦器实物,所见皆为传世作品。含经堂出土的这批葫芦器陶范,是范制虫具的模型。关于范制葫芦,商承祚在《长沙古物见闻记》的"楚饱"一文中记载:"二十六年,季襄得匏一,出楚墓,通高二十八公分,下器高约十公分,截用葫芦之下半,前有斜曲孔六,吹管径约二公分,亦为匏质。口与匏衔接处,以丝麻缠绕而后漆之。六孔当日必有璜管,非出土散佚则腐烂。吹管亦匏质,当纳幼葫芦于竹管中,长成取用。"孟昭连先生认为,如果此说成立,那么春秋时期就已有范制葫芦的方法了[③]。王世襄先生则认为至迟战国时期施范于葫芦[④]。但是,因原器出土时已粉毁,以上

---

① 浙江省文管会等:《河姆渡发现原始社会重要遗址》,《文物》1975 年第 8 期。
② 刘锡诚:《葫芦与原始艺术》,选自游琪、刘锡诚主编《葫芦与象征》,商务印书馆 2001 年版;刘庆芳:《葫芦的奥秘》,山东教育出版社 1999 年版。
③ 孟昭连:《中国葫芦器与鸣虫》,东方出版社 1998 年版。
④ 王世襄:《中国葫芦》,上海文化艺术出版社 1998 年版。

推断是否成立已无从考察。日本现存八臣瓢，形似盖罐，原藏法隆寺，明治间成为宫中御玩，器身有孔丘、荣启期问答图，苏秦、张仪向鬼谷先生求教图，四皓盘游图，此物由何人、何时创作，如何流入日本，尚不清楚，有人从画风分析应属唐代，实在有些含糊。有明确史料记载，范制葫芦应在明代万历年间已出现。谢肇淛《五杂俎》中有这样的记载："余于市场剧中见葫芦多有方者，又有突起成字为一首诗者。盖生时板夹使然，不足异也。"葫芦器本源自民间，到清朝前期传入宫中。康、雍、乾是清朝盛世，统治者不仅文韬武略兼备，而且有极高的文化艺术修养，追求雅玩。康熙和乾隆二帝对葫芦器都十分喜爱。康熙皇帝曾在丰泽园辟田种植葫芦，并令专人作模制器。乾隆皇帝更是有过之无不及，曾多次赋诗咏葫芦器。乾隆十二年（1747年），做诗《咏壶卢器》："累在栗薪烝，陶人岂藉凭。玉成原有自，瓢落又何曾？纳约传遗制，随圆泯锐棱。爱兹纯朴器，更切木从绳。"①乾隆四十六年（1781年），作《敬题康熙年间葫芦瓶》："具绘非因刻，成模不是陶。物皆堪造就，可识化工高。"②乾隆四十七年（1782年）作《咏壶卢瓶》："幸谢蒸鹅佐脱粟，却成槌纸得全壶。囫囵弗藉范而范，汲穆何妨觚不觚。学士漫嗤画依样，陶人那问铸从模。无烦贮水安铜胆，随意闲花簪几株。"③乾隆五十年（1785年）又咏诗曰"壶卢碗逮百年矣，穆如古色含表里。摩挲不忍释诸手，康熙御玩识当底。……"④。直至乾隆五十八年（1793年），咏葫芦的诗不下十首，喜爱之情溢于言表。乾隆时期，皇太后六十大寿时，寿礼中有9件范制葫芦，皇太后七十大寿时，寿礼中的葫芦器就达近百种了。现在藏品中，"康熙赏玩"、"乾隆赏玩"的字样比比皆是。葫芦器不仅是宫中玩物，而且还是外交礼品。康熙皇帝曾将一枚葫芦器赠与彼得大帝，乾隆皇帝也曾让来华英使马嘎尔尼将一枚葫芦鼻烟壶转赠英王乔治三世。由于统治阶层的偏爱，"一朝选在君王侧"便身价百

① 乾隆《御制诗初集》。
② 乾隆《御制诗四集》。
③ 乾隆《御制诗四集》。
④ 乾隆《御制诗五集》。

倍，清朝前期，葫芦器的地位几乎与金银玉器相等。至乾隆时期，范制葫芦器迅速发展至高潮，数量大，品种多，工艺精，真乃登峰造极。清朝晚期，随着外敌入侵，清廷政治、经济与文化的衰落，皇室已无心研究雅玩，后代帝王整体文化素养也远不及康乾，在这样的背景下，范制葫芦工艺也随着其它手工艺的衰落而急剧衰退。葫芦器的品种显著减少，原来范制瓶、炉、壶等大件器物罕见了，代之以范制鸣虫具等小器件，工艺再次流入民间，于是王府、市井开始范制葫芦虫具，葫芦器再度于民间兴盛起来。

我国对于鸣虫的畜养和赏玩，由来已久。畜虫的目的是为欣赏其鸣声，因此畜养的虫类都是善鸣之虫。主要有三类，一是蝉类；二是蟋蟀类，有油葫芦、金钟和各式铃虫等；三是螽斯类，有蝈蝈、扎嘴儿、纺织娘等。这些虫依靠翅膀的振动和摩擦发出悦耳的声音。畜虫的选择，无疑是基于人们对大自然长期细致入微的观察。《诗经·豳风·七月》中就有这样的描述："五月斯螽动股，六月莎鸡振羽。"《诗经·召南·草虫》还对鸣虫的叫声和动作给予形象的表述："喓喓草虫，趯趯阜螽。"在同大自然极度亲近的人类的孩童时代，在艰难的物质生活、贫乏的精神生活中，虫鸣之清韵无疑能带给人们些许宽慰和快乐。真正畜养鸣虫，恐怕还始于宫女们。宫廷生活虽然衣食无忧，但缺少尊严和自由，这些"笼养宠物"如何打发空虚寂寞的时光？畜虫游戏恰好满足了她们的生活需要，成为一种精神寄托。《开元天宝遗事》中即有宫女笼养蟋蟀的记录。此法传出宫外，民间效法起来，百姓有了叫卖鸣虫的营生。鸣虫虽美好，但时日短暂，只能生活于百草葱茏的夏季，人们希望在万木萧疏、冷寂单调的冬日也能听到富有生机的虫鸣，于是有了冬季人工繁殖、罐养鸣虫的方法。葫芦体轻壳硬，便于揣入怀中保暖、携带；性温，保温功能好，从怀中取出后仍能保持温度；内膛质松，共鸣好，便于鸣声传送，成为畜养鸣虫的最佳选择。畜养鸣虫尤以清代最盛，以葫芦器代替竹笼、板笼、金丝笼畜养鸣虫也始于清代。

不同的鸣虫，习性不同，对周围环境的要求也不一样。缘枝类鸣虫，如蝈蝈、扎嘴儿等，喜高离地面，葫芦器内不用垫土，留出宽绰的空间，内置铜丝璜，以便共鸣，所以缘枝类鸣虫葫芦器高腰大膛尖底，状如鸡心。穴居类鸣虫，如蛐蛐族，不能离开土壤，葫芦器底要垫土，为营造洞穴环境，腰要偏低，以便鸣虫发声，所以穴居类鸣虫葫芦器低腰平底。观含经堂遗址出土葫芦器陶范形便知，其均属于缘枝类葫芦器陶范，俗称蝈蝈葫芦陶范，是最常见的一种畜虫葫芦器陶范。

　　葫芦虫具既具观赏性，又具实用性。要得到好的葫芦器，首先要有好的模具。模具一般有木制和陶制两种。木范是比较原始的模具，以一块纹理细密、足够大的硬木，分成二瓣或四瓣，再用胶粘合在一起，依所要器物的形状将木芯掏空，然后用水将胶泡开，在木瓣内侧刻出阴文图案即可。陶范要比木范多一道程序。首先要选一块纹理细密的硬木芯，打磨出所要器物的大致形状，然后在木芯上刻出阳纹图案，将木芯分成四瓣、六瓣或八瓣，外面用泥糊好，晾干后轻轻将木芯取出，将泥范上窑烧制。模具做好后，就要选择适宜的葫芦品种。如果养殖条件基本相同，再有遗传基因的控制，每一品种的葫芦尺寸相当，要根据模具的大小选择葫芦的品种，葫芦太小不能盛满模具，就不能得到构思的葫芦器；葫芦过大，又会出现模具变形、破裂或葫芦因缺氧枯死的现象，也不能如愿。只有葫芦的品种合适，才有可能培植出满意的葫芦器。将制成的葫芦范套在幼小的葫芦上，待葫芦长成后有可能得到满意之器。还应注意模具要有一定强度，生长中的葫芦对模具的张力最高值可达200公斤，因此木范要用铁丝或绳索捆牢，陶范要有一定的厚度。

　　范制葫芦绝非易事，早期作品均出自隐居的文人雅士之手[①]。首先要

[①] 《嘉兴府志》记载："王应芳，字蟾采，隐居种梅，善制匏器。每语人曰：'破匏为尊，太古制也。'自号太朴山人。其后有周五峰，制匏器亦工。每岁种匏，霜落摘置几案间，尊、炉、瓶、碗，相其质制之。色莹香清，天然可爱。同里陈处士英作《匏器歌》，曹侍郎溶和之。"
　《嘉兴府志》又载："巢鸣盛，字端明，年二十始就塾，不岁尽通其义。崇祯丙子举于乡，乙酉渡钱塘江，寓萧寺以观时事。见江东守拒失律，遂归。即墓侧构数椽，绝迹城市，邻里罕见其面。筑阁可望先垄，栽桔百本，绕屋种葫。制匏樽，作五言律以自喻。妻钱氏，篝灯纺绩，泊如也。持论勉忠孝，敦廉耻，仿司马、程朱为家训。"

有遁出于世的淡泊心境,不计名利,全身心投入;其次要像农民一样吃苦耐劳,播种耕耘,精心培育,耐心等待,来不得半点焦躁;再次要有工匠的技巧,严丝合缝,精雕细琢而不留痕迹;最后,集文学、美术、书法、雕刻修养于一体,在有限的空间里赋予神奇的构思,施以精绝的工艺,多次摸索,反复锤炼,方能成器。成功的作品非常难得,千百件中也难得出一、两件珍品。含经堂遗址出土的葫芦器陶范,布局疏密有致,图案构思巧妙,堪称精品。HTAO-003的书法规整流畅;HTAO-020的雕刻精微入理,谷穗颖粒饱满,似乎要胀破谷壳,蝈蝈纤巧的触须,仿佛正在敏锐地感觉着周围的一切,眼睛警惕地注视着你,细长强健的后肢好像就要一跃而起,刀法细腻逼真,栩栩如生。艺术手法炉火纯青,可见功力之深。

几百年来,人们苦心经营着葫芦工艺品,且乐此不疲。葫芦自然天成,纯朴实用,葫芦器虽小,但它凝聚了人类的智慧和审美情趣,是特定历史文化、道德修养、风俗礼仪等社会生活的缩影,摩挲把玩,能陶冶情操,使人进入返璞归真、天人合一的境界。所以,葫芦器总被一些文人墨客、皇亲国戚、达官贵人、富商巨贾所玩赏,这就是葫芦器兴起和绵延发展的原因所在。

三 含经堂遗址出土的葫芦器陶范的时代

含经堂是圆明三园之一——长春园的主要景区,始建于乾隆十年(1745年),至乾隆三十五年(1770年)基本竣工。总占地面积6万余平方米,建筑面积近3万平方米。

历史上的含经堂,为长春园中心区规模最大的一组寝宫型建筑群,是乾隆皇帝打算归政后,用以息肩娱老的场所。到乾隆十二年(1747年),含经堂景群的基本格局已形成,含经堂、涵光室、渊映斋、得胜概、蕴真斋、含经堂宫门、梵香楼、霞蔚楼、澄波夕照敞厅、明漪潇照方亭等都已建成。乾隆三十五年(1770年)又拆改蕴真斋,添建淳化轩、理心楼、三友轩、待月楼、静莲斋等，这时买卖街已建成。嘉庆十九年（1814年）以后，对含经堂东路北侧重新规划。东北角的库房拆除，摆放了几组太湖石，原礓磜拆除，改建在西北角茶膳房西侧。添建神心妙达看戏殿，振芳轩改建成戏楼，南侧加盖扮戏房。拆除含经堂东侧的垂花门，加盖西向三间小房。将原在东路的库房全部拆除或改作它用后，另在东北山脚下加盖十三间库房，买卖街外东山脚下，东西向盖了四组共16间库房。西路也有改动，原三友轩改为静莲斋，原涵光室改为三友轩，涵光室改建在假山南侧。道光时期含经堂建筑组群总的格局没有什么变化。咸丰十年（1860年）英法联军火烧圆明园，含经堂为其重点劫掠、焚毁目标，从此，这所收藏极为丰富、恢宏壮丽的御园寝宫，便沦为一片废墟。

含经堂遗址出土的葫芦器陶范，出土地点集中于遗址东部买卖街及东山脚下的库房中。买卖街建成于乾隆时期，库房建成于嘉庆十九年（1814年）以后，这些地方都是太监、下人经常出入的场所，含经堂景区及其附近在乾隆和嘉庆时期可能就有种植葫芦的园圃和制造葫芦器陶范的艺匠，这些艺匠应是园内太监。据笑然的《圆明园遗闻》记载，长春园曾有一处藤架，是专门畜养蟋蟀的地方。每年九月九日重阳节，咸丰皇帝都和太监、宫女们在此斗蟋蟀。可见，咸丰皇帝也是鸣虫的一大玩家。这处藤架的具体地点虽然没有指明，但不能排除它就在含经堂景区及其附近一带。用藤架专门畜养蟋蟀似乎有些不妥，蟋蟀是穴居类鸣虫，离不开土壤，不可能悬空养在藤架上，作者大概不了解鸣虫的习性而造成笔误。用藤架畜养的应是缘枝类鸣虫，如蝈蝈等。那么咸丰皇帝和宫女们不仅在藤架下斗蟋蟀，还会在藤荫下欣赏蝈蝈悠扬的鸣叫。既养虫，虫具不可少，在长春园辖区内出土咸丰时期的缘枝类葫芦器陶范也在情理之中。

如上所述，我们可以推断，含经堂遗址出土的葫芦器陶范的相对年代应在乾隆十二年（1747年）至咸丰十年（1860年）之间。

附表：

圆明园含经堂遗址出土葫芦器陶模统计表

序号	器物号	型	式	形志	纹饰	文字	规格（厘米）								
							通/残长	口径/残宽	镂孔径	唇厚	颈长	腰长	外颈宽	上腹宽	腹壁厚
1	HTAO-005	I	I	残片1，惟角残缺	腰饰回纹，腹饰菠萝纹		10.8	5.4		1.7	0.8	1.2			2.3-1.8
2	HTAO-021：1-2	I	I	器形完整，中间纵向断开，1分为2	腰饰绹纹和粗弦纹，腹饰万字锦纹，锥角饰绹纹		13.5	4.8	0.45	1.2	1.2	1.2	8.7	8.3	1.8-0.6
3	HTAO-023：1-2	I	I	残片2，可衔接，锥角残缺	腰饰蕉叶纹，腹饰菠萝纹，腹下饰如意云纹		12.9	4.6		1.6	1	1.8	8.2	7.5	1.4-0.8
4	HTAO-024	I	I	残片1	腰饰回纹，腰饰菠萝纹，锥角饰回纹		13.3	7.1		1.9	0.8	1.1			1.9-1.5
5	HTAO-026	I	II	残片1，腰以下残缺	腰饰回纹，腹刻头扎幞头、络腮胡须的大汉，左侧露另一人手执伞盖		10.7	7.4		1.9	1	1.1			1.6-0.8
6	HTAO-006	I	III	残片1，锥角残缺	腰饰如意云纹，腹饰八卦图案、祥云团鹤		12.4	7		2.2	0.6	2			2.5-1.5

续表

序号	器物号	型	式	形志	纹饰	文字	规格（厘米）								
							通/残长	口径/残宽	镂孔径	唇厚	颈长	腰长	外颈宽	上腹宽	腹壁厚
7	HTAO-016	I	III	残片1，颈以上、腹以下残缺	腰饰如意云纹，腹饰八卦图案及团鹤纹		7.5	4.5				2.1			2-1.2
8	HTAO-034：1-3	I	IV	残片3，可衔接，锥角残缺	腰饰如意云纹，腹饰八卦图案及团鹤纹		13	10.9		1.9	0.6	1.3			2.2-0.9
9	HTAO-020	I	IV	完整，近似大头初截平的鹅蛋形	腰饰如意云纹，腹饰谷穗、菊花，一对蝈蝈各居一奇石上，其一在啃食一只螳螂		13.5	5.5	0.4	2.1	1	1.7	14	9.7	2.2-1.5
10	HTAO-022：1-3	I	IV	残片3，可衔接，腰以下残缺	腰饰如意云纹，腰饰菊花、谷穗、一对蝈蝈		10.7	5.3		2.2	0.8	1.3	10	9.8	2.3-1
11	HTAO-025	I	IV	残片1，锥角残缺	腰饰如意云纹，腹饰谷穗及一蝈蝈头部		13.2	5.5		2.5	0.8	1.2			2.14-1.1

续表

序号	器物号	型	式	形志	纹饰	文字	规格（厘米）								
							通/残长	口径/残宽	镂孔径	唇厚	颈长	腰长	外颈宽	上腹宽	腹壁厚
12	HTAO-027	I	V	残片1，锥角残缺	腰上部饰如意云纹，下沿饰联珠纹，腹部上沿饰璎珞纹，中心饰香炉纹，其左右下三面饰勾连纹		15.5	7.2		0.95	0.8	3			1.5-0.9
13	HTAO-028	I	V	残片1，腰以上及锥角残缺	腹饰香炉纹，左右下三面饰勾连纹		9.7	6.8							1.1-0.5
14	HTAO-1-7	II	I	残片7，拼合过半	颈饰凸弦纹；腰饰二周联珠纹，中间饰回纹；腹刻楷书诗文；锥角饰双重绹纹	"……千里江陵一……两岸猿声啼不住，轻舟已过万重山""寒雨连江夜入吴，平明送客楚山孤。洛阳亲友如相问，一片冰心……"	16	5		1.2	1.7	2	8.4	7.6	1.5-0.3
15	HTAO-013	II	I	残片1，颈以上、腹以下中残缺	腰饰二道联珠纹，中间夹饰回纹；腹刻楷书诗文	"朝辞白帝……"	9	5.3				2.3			1.7-1.4

序号	器物号	型	式	形志	纹饰	文字	规格（厘米）								
							通/残长	口径/残宽	镂孔径	唇厚	颈长	腰长	外颈宽	上腹宽	腹壁厚
16	HTAO-029	II	I	残片1，腰以上、锥角残缺	腰饰二周联珠纹，中间夹饰回纹；复刻楷书诗文；锥角饰绹纹	"寒雨连江夜入吴，平明送客楚山孤"	11.6	7.9				2			1.8-1
17	HTAO-030	II	I	残片1，锥角残缺	腰上沿饰联珠纹，下饰如意云纹；腹刻楷书诗文	"花尖还要山，百那得一……"	11.7	9.2		1.5	0.7	2			2-0.9
18	HTAO-031	II	I	残片1，锥角残缺	颈饰凸弦纹；腰饰2周联珠纹，中间夹饰回纹；腹刻诗文	"两岸猿……轻舟已过万重……"	14	5.8		1.5	1.7	2.2			1.5-1.1
19	HTAO-032	II	I	残片1，腰以上、锥角残缺	腰饰2周联珠纹，中间夹饰回纹；腹刻诗文	"轻……重山""寒雨连江夜入吴……"	13.4	7		2.2					1.7-0.8
20	HTAO-003	II	II	残片1，腰以下残缺	腰饰柿蒂纹，腹刻文字	18个不同字体篆书"寿"字	11.7	5.1		1.8	0.9	1.5	9.4	9	1.8-0.9
21	HTAO-014	II	II	残片1，腰大部残缺	腰饰绹纹，腹刻文字	残余2个双"囍"字	6.5	4.6		0.7	0.8	2.3			

续表

序号	器物号	型	式	形志	纹饰	文字	规格（厘米）								
							通/残长	口径/残宽	镂孔径	唇厚	颈长	腰长	外颈宽	上腹宽	腹壁厚
22	HTAO-036	II	II	残片1，锥角残缺	腰饰绹纹，弦纹，腹刻文字	在弧边四凹角框内楷书"意"，四角外饰"喜"字	15.5	5.5		1.8	1.3	2.9			1.4-1.3
23	HTAO-037	II	II	残片1，锥角残缺	腰饰一周联珠纹和蝙蝠、菱花相间纹，腹刻文字，锥角饰联珠纹。陶模外表有一1.5厘米见方的阴刻框，框内印记模糊	在弧边四凹角框内楷书"万"、"寿"，四面饰"寿"字	13.3	8.9		1	1	2.1			1.3-1
24	HTAO-040：1-3	II	II	残片3，可衔接	腰饰绹纹、弦纹，腹刻文字，锥角饰弦纹、绹纹	在弧边四凹角框内楷书"祥"、"如"、四角外饰"喜"字	19.2	9.4		2.1	1.3	2.9			1.5-0.9
25	HTAO-039	III	I	残片1，锥角残缺	腰饰十字花纹，腹饰2灯笼	一灯笼上书双"囍"字，"卍"字缀；另一灯笼以变体"寿"字为缀	11.2	6.1		1.1	1.4	2.5			1.5-1.1
26	HTAO-038	III	I	残片1，腹以下残缺	腰饰绹纹，腹饰梅花纹及楷体字	圆框内楷书"泰"	11	7.5		1.9	1.4	1.7			1.5-0.7

续表

序号	器物号	型	式	形志	纹饰	文字	规格（厘米）								
							通/残长	口径/残宽	镂孔径	唇厚	颈长	腰长	外颈宽	上腹宽	腹壁厚
27	HTAO-033：1-4	Ⅲ	Ⅰ	残片4，可围合	腰饰回纹，腹饰"五福捧寿"，边饰"寿"字和卷云纹	"寿"	13.9	5.5		2.2	0.8	1.5	10.4	9.8	1.9-0.7
28	HTAO-035	Ⅲ	Ⅰ	残片1，只余腹部	腹饰双"囍"字和蝙蝠	双"囍"	8	7.2							0.5-0.3
29	HTAO-008	Ⅲ	Ⅰ	残片1，腹以下残缺	腰饰回纹；腹饰"五蝠捧寿"	"寿"	11.2	8		1.9	0.9	1.5			2.3-1.5
30	HTAO-009	Ⅲ	Ⅰ	残片1，锥角残缺	腰饰回纹，腹饰"五蝠捧寿"	"寿"	11.7	7.5		1.9	0.9	1.5			1.9-1.3
31	HTAO-010	Ⅲ	Ⅰ	残片1，锥角残缺	腰饰如意云纹，腹饰缠枝花葵花下饰绚纹	葵花圆心内刻双"囍"字	10.6	6.5		2.1	0.9	1.5			1.9-1
32	HTAO-001	Ⅲ	Ⅱ	完整，亚腰圆锥形	颈上部出棱，腰饰蝠云纹，腹饰两蝠蝙穿梭于竹林山石间	腹刻"日日平安报好音"，并有"记"字戳印	15	4.9	0.4	1.7	1.8	1.2	8.9	7.9	1.6-0.8
33	HTAO-004	Ⅳ	Ⅰ	完整，亚腰圆锥形	内外光素		14.6	5.1	0.4	1	1.1	2	9.1	8	1.5-1.2

续表

序号	器物号	型式		形志	纹饰	文字	规格（厘米）								
							通/残长	口径/残宽	镂孔径	唇厚	颈长	腰长	外颈宽	上腹宽	腹壁厚
34	HTAO-007			残片1，腹以下缺损	腰无纹饰，腹饰祥云瑞蝠		10.1	7.4		1.4	0.9	2.9			1.1-0.9
35	HTAO-011			残片1，腹以下残缺	腰饰绹纹和两道阴刻弦纹		9.3	6		2.6	1.8	3			1.3-1.2
36	HTAO-012			只余锥角	三道棱棱纹与两道金钱海棠纹相间		8	7.5	0.5						0.8
37	HTAO-015			残片1，腹以下残缺	腰饰蕉叶纹		7.3	6.5		1.3	1.2	2.2			
38	HTAO-017			残片1，中腰以下残	上腹饰一周联珠纹，下饰卷云纹		4.9	4.6				1.2			1.7-0.6
39	HTAO-018			残片1，只余锥尖	腹下沿饰两道弦纹。锥尖饰绹纹		6.5	5.8							0.8-1.1
40	HTAO-019			残片1，只余腰上部	素		5.2	4.9				2			0.8-0.7
41	HTAO-41			残片1，腰以下残缺	腰饰二周联珠纹，中间夹饰梅花瓣纹；腹饰竹叶		9.6	7.5		1.8	1.4	1.6			1.7-1

（原载《北京文物与考古》2004年第6辑）

中国民间葫芦精品鉴赏

孟昭连　文/摄影

　　葫芦是一种常见植物，根据品种的不同，它有多种用途。还有一种葫芦器，古称"匏器"，简单地说，就是用葫芦做成的器物。不过，从严格的意义上说，它一般并不是指人们常见的葫芦瓢，而是指用特殊工艺制作而成的葫芦器物。葫芦器是一种人工与天然相结合的工艺美术品，具有特殊的审美与实用价值。

　　据文献记载，葫芦器出现在明代。明万历年间谢肇淛的《五杂俎》物部："余于市场戏剧中见葫芦多有方者，又有突起成字为一首诗者。盖生时板夹使然，不足异也。"葫芦长成方者，且有的突起为诗，必是以模子范制无疑。至清代，葫芦器被引入官中，身价陡增，成为最高统治者垄断的宫廷艺术，帝王将相、王公贵戚视之为"奇丽精工，能夺天工"的"御府文房之绝品"。也因为这个原因，葫芦器的制作工艺水平达到令人叹为观止的地步。现在故宫博物院还藏有康乾时期的不少葫芦器精品。葫芦器种类繁多，但就其用途来说，可分为实用与观赏两类。如葫芦杯、盘、碗、瓶、罐，及大部分小型的葫芦摆件，主要是置于厅堂案头，供人赏鉴、把玩，并无实用价值。而有些葫芦器除了赏玩，还有一定实用价值，如葫芦笔筒、葫芦鼻烟壶、葫芦虫具等，其中数量最多的是畜养鸣虫用的虫具。从工艺角度来看，葫芦器可分为范制、系扣、勒扎、砑花、火绘、雕刻、绘画等多种。在葫芦上雕刻、绘画比较常见，相对来说艺术价值稍逊。范制是制作葫芦器的主要方法，也最能体现葫芦器的高超技艺，所以审美价值与经济价值都是最高的。像葫芦虫具、葫芦摆件等大都是用模子范制而成的,那千变万化的造型,出人意料的设计,令人叹为观止。在这几种工艺中,数系扣所产生的效果最为奇特。其法是将正在生长中的长柄嫩葫芦,像系绳子一样打成一个结。表面上看,它的工艺算不上复杂,但令人纳闷的是,它是如何弯曲而成的?这曾经是古今无数人士百思而不得其解的问题。如明代谢肇淛就说:"于闽中见一葫芦甚长,而拗其颈,结之若绳状。此物甚脆,而蔓系于树,腹又甚大,不知何以能结之?"其后很多人想了很多办法(明清就有人用浇酒、埋巴豆之法),都没能实验成功。上个世纪九十年代中期,笔者因一次偶然的机会,得一国外优良品种,经多次杂交,终将此工艺恢复。个中的甘苦与乐趣,不足为外人道焉。葫芦器之所以受到人们的钟爱,除了因为它有多变的造型和精湛的工艺,主要在于它具有葫芦的特殊质地和色泽,洋溢着一股清新自然之气,给人以古朴、凝重的审美感觉。老熟的葫芦色黄如金,时间愈久,其色愈重;再加上玩好者几十年乃至上百年把玩摩挲功夫,其色由黄变红,由红变紫,最后达到紫润光洁,色如蒸栗,古色古香,令人赏心悦目。

系　扣

系扣,也有人称之为"挽结"。有关此种工艺的最早记载见于明代,晚清尚存,以后便失传了。此二器一为单系扣,一为双系扣。后者工艺更难,成功率极低。最难得的是一对葫芦大小、形状、下垂角度均要相同,这可真是万里挑一。

单系扣葫芦(孟昭贤勒制)

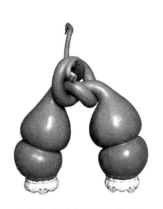

双系扣葫芦(孟昭贤勒制)

勒　扎

在葫芦生长期间,用绳子扎在不同的部位,可形成各种不同的造型。下面两图,上图如一正在闭目养神的天鹅,形体酷似,神态安闲。下图一为网格突起,一为橘瓣形,作为案头摆设,各具其趣。

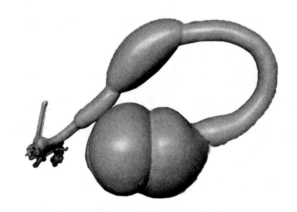

回首天鹅葫芦(孟昭贤勒制)

网纹与桔瓣葫芦(孟昭贤勒制)

范　制

范者,模也。趁葫芦嫩时,置于预先做好的模内,成熟后葫芦就变得与模子一样了。花纹、图案、人物、器物,各随其意,皆可成器。八不正葫芦瓶生长饱满,纹路清晰。葫芦佛人物造型夸张,表情丰富。

八不正葫芦瓶（路军范制）

葫芦佛（黄全华范制）

砑　花

　　砑花，是葫芦器的重要工艺之一。砑花的原理与阳雕很相似，但使用的工具不是刀具，能产生浅浮雕的效果，与范制出的花纹图案具有不同的美感。下图左为牡丹图案，右为山水图案，皆布局合理，纹路清晰，大有中国山水花鸟画之风。

砑花山水纹葫芦罐（王清云砑花）

砑花牡丹葫芦（万永强藏）

火 绘

　　火绘俗称"烫花"或"烙花"，是一种有很长历史的工艺。与在木质器物上火绘不同，葫芦火绘要求笔法更为细腻，因葫芦皮质松软，技术要求也更高。左图为火绘蟋蟀葫芦，笔法较粗犷；右图为仿唐韩干牧马图，用笔严整精确，线条简明，突出了马匹膘肥体壮、神骏出众，以及人物的安详神态；二马黑白对照，更见精神，较好地再现了原作的风格。

火绘松石图蟋蟀葫芦

火绘韩干牧马图葫芦瓢（万永强藏）

蟋蟀葫芦

　　鸣虫虫具是葫芦器的最大宗，因其兼具观赏与实用的双重价值，故最受民众欢迎。下图为蟋蟀葫芦，一高身，一矮身，共鸣效果有所不同。高身葫芦为百年前物，色黄如金，光可鉴人，为虫具中之上品。

矮身蟋蟀葫芦（孟昭连藏）

素模蟋蟀葫芦（孟昭连藏）

蝈蝈葫芦

有人把养虫葫芦统称为"蝈蝈葫芦"，实乃外行话。其实，蟋蟀葫芦与蝈蝈葫芦有严格区分，这是玩虫家的常识。下左图为笔者自制之本长倒栽，周正而厚实，出音洪亮动听。右图为象牙口范制花模，造型俊秀，尤其脖处收束甚美，画面为常见的八骏图。

本长倒栽蝈蝈葫芦

范制八骏图蝈蝈葫芦（万永强藏）

拼　接

　　这种工艺相对较简单,将成熟后的葫芦剖开,利用其不同部位重新组合成各种不同造型的器物。下左是儿童玩具,形象生动,色彩鲜艳,尽显民间艺术的纯朴风格。右为古瓶借鉴了青铜器的造型,配以翻白雕刻,古色古香。

拼接葫芦玩具　　　　　　　　拼接葫芦瓶

葫芦乐器

　　葫芦自古就是做乐器的重要材料,属"八音"之一。实事求是地说,葫芦乐器的发音效果不是太好,这也是它被淘汰的原因。清宫有多种葫芦乐器,但均非为实用。柳琴为笔者手制,音色尚不知,难得的是这只葫芦的形状、大小居然与柳琴如此酷似!

（原载《人民日报》海外版2004年12月18日

第四版）

葫芦柳琴（孟昭连制）

葫芦模制工艺始于唐代说

孟昭连

经过近二三十年的恢复发展，模制葫芦器这种特殊而奇妙的古老工艺，已经被愈来愈多的国人所认识。葫芦器的制作原理，是利用葫芦幼时柔嫩、可塑性强的特点，用模子控制它的发育，使其只能在模子的有限空间里生长成熟，最终改变其天然形状，为我所用。就其原理而言，并不复杂，人类早就懂得这个道理，并因此而创造了辉煌的古代青铜艺术。古代用模子铸钱、铸镜，乃到民间日常生活中做月饼、花馍都是运用的同一原理。也许古人正是受到铸造工艺的启发，才想出这么一个高明的主意，为我们创造出那么多精美的葫芦器，开创了一门全新的工艺领域。其出意表之处在于，把这个人人都懂的原理大胆运用到正在生长着的植物上，改变自然规律，从而产生了人定胜天的效果。模制葫芦器的出现，既是对传统铸造技术的突破，更是对园艺技术的创新，使葫芦工艺实现了一个质的飞跃，历经数千年的发展，至清代康乾时期达到了繁荣。那么，模制葫芦器到底最早是何时出现的？传统的说法一般认为，准确的文献记载是在明代，即谢肇淛《五杂俎》中的一段材料。笔者近些年对此问题颇多留意，有所发现。

镜范与钱范（网络图）

左图为汉代镜范的残片，右二图为新莽大黄布千钱范与铜钱。中国古代的铸造技术早在商周时期就已经非常成熟，制造出司母戊方鼎、四羊方尊等有典型性的青铜器作品。唐代铜镜铸造更是繁荣，精品迭出，远销至海外。铸造技术的发展，为模制葫芦器的出现提供了借鉴。

一 春秋"楚匏"非模制

一种说法是，葫芦的模制技术春秋战国时期可能已经出现。此说见于古文字学家商承祚《长沙古物见闻记》。其云：

二十六年，季襄得匏一，出楚墓，通高约二十八公分，下器高约十公分，截用胡卢之下半。前有斜曲孔六，吹管径约二公分，亦为匏质。口与匏衔接处，以丝麻缠绕而后漆之。六孔当日必有璜管，非出土散佚则腐烂。吹管亦匏质，当纳幼胡卢于竹管中，长成取用。器出土唯吹口略残，干亦未裂坏。一日季襄于匧中取物，不慎堕地，碎不可复，懊丧万状。当日未能留景，遂成遗憾。兹据其忆，图形如左。

长沙楚匏图（商承祚绘）

如前所述，以匏为笙，古已有之，无可怀疑。匏笙的制作材料主要是两种，即葫芦与竹管。故晋潘岳《笙赋》一开头就说："河汾之宝，有曲沃之悬匏焉；邹鲁之珍，有汶阳之孤筱焉。"前一句说的曲沃所产之葫芦，有做匏笙的价值，故被人誉为"宝"；

后一句说的是汶阳所产之竹，也是制作匏笙的重要材料，故被称作"珍"。
写到这里，我们免不了要有疑问：不论葫芦还是竹子，品种都很多，产地也
很广泛，何以只有曲沃葫芦和汶阳竹子才被称为"珍宝"？其他地方的葫芦
和竹子不能作为制笙的材料吗？回答是肯定的。《经说》云："《乐书》'笙
以匏为母'，《国语》曰'匏竹利制'，笙以匏竹合而成声。古者造笙，必曲
沃之匏，汶阳之竹。"（卷七）其中的"必"字，说明"曲沃之匏"和"汶阳之
竹"乃是不可替代的，其重要性可想而知。何以如此？我们知道笙的大小
是一定的，所以对两种制作材料的要求也是一定的。先来看竹管部分。笙
管虽有多少长短之不同，但其径粗却是一定的，内径大约1-1.3厘米。也就
是说，竹管只能用这样粗细的竹子来做。而所谓"汶阳之孤筱"，正符合这
个标准。许慎《说文》曰："筱，小竹也。"晋戴凯之《竹谱》记之最详："又
有族类，爰挺峰阳。悬根百仞，竦干风生。箫笙之选，有声四方。质清气
亮，众管莫伉。"并自注云："鲁郡邹山有筱，形色不殊，质特坚润，宜为笙
管，诸方莫及也。《笙赋》云所谓'邹山大竹，峄阳孤桐'，此山竹特能贞绝
也。"所谓"质特坚润"，可能就是它不同于一般竹子的特殊品质，也是制
笙最需要的，所以不但"宜为笙管"，而且是"诸方莫及"的最佳材料，这也
正是当时人们誉为"邹鲁之宝"的原因。后世制笙所用之竹，多为紫竹和斑
竹。如《元史》："巢笙四，和笙四，七星匏一，九曜匏一，闰余匏一，皆以斑
竹为之，玄㲴底，置管匏中，施簧管端，参差如鸟翼。"（卷六十八）《明会
典》记"大乐制度"，谓"笙十二，攒用紫竹十七管，下施铜簧，参差攒于黑
漆木匏中，有嘴，项有黑漆。"（卷一百四十八）

再来看"曲沃之悬匏"。悬匏作为葫芦之一种，可以用来装酒，也能用
来做勺，还是制笙的必备材料。然而，匏则匏也，何必"悬匏"？问题之关键
正在于此。只要我们看看出土的古代匏笙，就会明白非悬匏则万万不能。
下图系曾侯乙墓出土十四簧笙，现藏湖北省博物馆。笙斗保存完好，系截
悬匏而成，匏腹作笙斗，上有两排共十四个孔。悬匏的柄截作吹管，长约
二十厘米。全器表面髹涂黑漆，绘有三角云纹及绚纹等彩色图案。旁边六
根为笙管，竹质，大多数已残断，只剩下这几根较完整。每根笙管上端有出

汉代葫芦笙（谭维四2003）
　　上个世纪七十年代末，湖北随州曾侯乙墓出土葫芦笙四件，形状
与仿葫芦笙相似。笙斗以天然葫芦制成，笙管以苦竹制成。从残留的
插孔看，有十二管、十四管、十八管之分。左为出土残斗及残管，右为
仿制品。

音孔，靠近笙斗的上方有按音孔。笙斗内还发现有四个残存的簧片，簧片是用长方形竹片削制而成，形状与现代笙簧片完全相同，上面甚至还残留着点簧调音的白色物质。看到这件出土实物的图片我们就会明白，后世以木代匏之笙的结构是由三部分组合而成：笙斗、吹管及簧管。但古代匏笙实际上只有两部分，因为它的笙斗与吹管本来就是一体的：悬匏之腹为笙斗，悬匏之柄截得长短适中以作吹管（后世亦俗称"笙嘴"）。我们可以用现代还保留于少数民族地区的葫芦笙作一对照，同样可以证明制作葫芦笙只能用悬匏这个品种。当然，悬匏也有大小之分，有的长仅尺余，有的则长达三四尺；匏腹有的大如足球，有的则只有苹果大小。一般来说，制作笙斗的悬匏，只能选用匏腹大若双拳者，太小则笙管难以排开，太大则演奏时握持不便。如曾侯乙墓出土之笙，一排挖七孔，孔径约为一厘米，则匏腹直径大约十厘米有余，双手抱持正合适。另外还有一个因素应该考虑，即葫芦的质地。众所周知，葫芦的质地有软有硬，民间把质软的葫芦称"穰葫芦"，把质硬的葫芦称"瓷葫芦"。制笙所用，当然是质地愈坚硬音色愈好。古人以匏制笙，"用则漆其里"（《古今注》），以漆髹涂葫芦的内部，目的就是为了增加葫芦的硬度，既结实也对音质有利。由这诸多方面综合考虑，"曲沃之悬匏"之所以为"宝"，可能正是因此它的品种大小及质地最

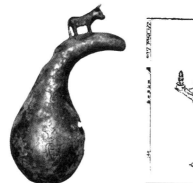

左图为五十年代云南出土的战国与西汉的铜制葫芦笙斗，
吹嘴是弯的；中图为清《皇清职贡图》中的南蛮吹笙图，图中笙
斗上的吹嘴也是下弯的；右图为现代葫芦笙，吹嘴上弯。

适合，以之制笙能达到最佳音乐效果。晋崔豹《古今注》说"悬匏可为笙，曲沃者尤善"，原因恐怕也正在这里。

那么让我们再回到商承祚先生所提到的话题上来。按照商先生的描述，他得到的这件"楚匏"并没有笙管，所谓"非出土散佚则腐烂"。也就是说，竹质的笙管已经完全腐烂或散佚不见，只剩下了笙的匏质部分。这也许正是商先生把此器称作"楚匏"而非"楚笙"的原因。"通高约二十八公分"，当然只能是笙斗加上吹管的高度。说"高度"而不说"长度"，说明商先生是把它竖放而非横置。"下器高约十公分，截用葫芦之下半"，"下器"指的是笙斗，有十厘米高，那么剩下的就是吹管的高度（亦即长度），约十八厘米。"吹管径约二公分，亦为匏质。口与匏衔接处，以丝麻缠绕而后漆之"，说明笙斗与吹管虽同为匏质，但原来并非一体，而是分别取二匏之部分再加组合而为一，并且为了更牢固"口与匏衔接处，以丝麻缠绕而后漆之"。由此可以断定：这件笙并不是用悬匏制作的。如前所说，用悬匏制笙，笙斗与吹管天生一体，这也是古代人类用悬匏而不用其它品种的根本原因。最引起笔者注意的一句话，是"吹管亦匏质，当纳幼葫芦于竹管中，长成取用"。那么，这就不免让人怀疑：

其一，这件笙为什么不用悬匏制作？以悬匏为之既是传统制笙方法，笙斗与吹管是一体的，免去了将二者组合"以丝麻缠绕而后漆之"的麻烦，而且也更坚固实用，但这件楚匏何以要舍易求繁？

其二，我们也可以假设当时悬匏难觅，不得不以无柄之葫芦代替以作笙斗，那么为何吹管"亦匏质"？难道非要用葫芦质地的吹管吗？直接找一截粗细合度的竹管做吹管不是更简单而且也更结实吗？事实上，有些少数民族的葫芦笙就是用竹管做吹管的。

其三，如果此时已有"纳幼葫芦于竹管中，长成取用"的模制方法，那么为什么笙斗不用这个方法制作，偏偏只用于吹管？如果把二者范制为一体以免再加衔接的麻烦，不是更好吗？

其四，"纳幼葫芦于竹管中"当是取其直，但事实上葫芦笙的吹管并不要求绝对直，相反，不论出土文物还是现代葫芦笙，都说明大多数葫芦笙的吹嘴是弯的，或上弯或下弯，这样吹奏起来姿势更为舒展。

如果这几个疑问不能得到合理的解释，就把模制葫芦的方法提前至春秋时代，未免太过草率，缺乏说服力。

二 关于"唐八臣瓢壶"

另一说谓模制葫芦器出现在唐代。日本有一具称作"唐八臣瓢壶"的宫中御物，又称"圣贤瓢壶"，被誉为"世界上最早的葫芦工艺器"，是古代从中国传入的葫芦模制品。这件葫芦是何时传入日本的，准确时间已难以确定。但早在日本镰仓时代（公元1185年—1333年）的1238年，日本法隆寺高僧的《古今目录抄》就有"八臣瓢"的记载，就是指的这件葫芦器。此时相当于中国南宋的嘉熙二年。可见，此物被法隆寺收藏至少是在公元1238年之前。明治初年，在欧化主义和排佛弃释的浪潮中，"八臣瓢壶"被法隆寺献到宫里，明治给了法隆寺10000日圆作为回报。从此，这件来自中国的葫芦罐便成了御物。

此器高16.5厘米，口径11.6厘米，形似一个双耳盖罐。器表雕三组人物，分别是孔丘、荣启期问答图，苏秦、张仪向鬼谷先生求教图，四皓盘游图。日本学者认为，从花纹的式样来看，与中晚唐铜镜的文饰十分相

八臣瓢壶

图中的几组人物，上左为孔夫子、荣启期；上右为罐盖；下左为
张仪、苏秦、鬼谷子；下右为商山四皓。

似，尤其是画面中的树林背景，与伯牙弹琴唐镜中竹丛也很接近。此说
颇有道理。唐代铜镜的题材十分丰富，其中有神仙人物一类，充满浓厚
的道教色彩。有的道士亲自设计铜镜的样式及图案，唐代道书内还记载
着这些镜式图案。如唐代著名高道司马承祯所绘《上清含象剑鉴图》，
即存有五种道教镜图样。唐玄宗有《答司马承祯进铸合象镜剑图批》，
其云："得所进明照宝剑等，含两曜之晖，禀八卦之象。足使光延仁寿，
影灭酆城。佩服多情，惭式四韵。"而八臣瓢壶上的三组人物图，孔夫子
问答荣启奇和商山四皓两组都是唐镜的常见题材，这绝不会是偶然的
巧合。从画面的线条、人物与景物的布局，八臣瓢壶也与唐镜有很多类
似之处；尤其是从雕刻技法上来看，衣褶的处理皆以流畅的曲线勾画出
来，简直如出一辙。王世襄先生从画意上考察，认为颇具唐人风格，亦
怀疑为唐代故物，认为："据图案风格及在日本收藏经过，定为唐物，自

孔夫子问答荣启奇唐镜　　　　　商山四皓唐镜　　　　　伯牙弹琴唐镜

属可信。"同时也颇有疑虑："唯耐人思考者为范匏技法唐时既已娴熟，何以国内竟无实物遗存，且宋、元诸朝，亦无记载及之。岂唐代之后，斯艺沦亡，至明而又复兴耶？有待考古及史料之更多发现为作解答矣。"如此，则唐代说成了一个难以破解的悬案。

三　王旻及其《山居要录》

这既是一个有趣的问题，也是一个有意义的问题，若能得出答案，无疑对古代农学及工艺学的研究都有价值。为了弄清这起"葫芦案"，笔者十余年来无时不在留意着此类材料，冀有所发现。令人高兴的是，梦想成真。笔者近年在翻检《四库全书》时发现，所收《御定月令辑要》的卷五有这样一条资料：

种大葫芦：（增《山居要录》）正月中掘地作坑，方四五尺，深如之。实填油麻、菉（绿）豆秸及烂草等，一重粪土一重草，如此四五重，向上一尺余着粪土。种十余颗子，待生后拣取四茎肥好者，每两茎相着一处，以竹刀子刮去半皮，以物缠之，以牛粪、黄泥封之，一如接树法裹之。待相着活后，各除一头。又取此两茎相着，如前法治。待得活后，惟留一茎。四茎合为一本，待着子，拣取两个周正好大者，余旋除之。如此，旧是一斗，可容一石也。若须为器，以模盛之，随人所好。

《御定月令辑要》二十四卷，系康熙五十四年大学士李光地等奉勅撰，是在明代冯应京、戴任所编《月令广义》的基础上，删其芜杂，补其阙遗而成的。开头的所谓"增",是说此处所录内容,是《月令广义》原来没有,这次重编时新增补的。除了这一条,《御定月令辑要》还从《山居要录》中增补了"芋□"和"种葵"两条。

那么,《山居要录》是一部什么样的书?是什么时代的书?作者为谁?考《山居要录》作者王旻,乃唐开元、天宝间著名道人。唐牛肃《纪闻》载其事迹,宋李昉《太平广记》卷七十二有"王旻"一则,注"出《纪闻》"。文略谓王乃得道者,常游名山五岳,其父、姑皆得道;姑以房中术致不死,夫婿甚众。旻于天宝初应征入宫,玄宗与贵妃杨氏旦夕礼谒,拜于床下,访以道术。玄宗不好释典,旻长于佛教,每以释教引之,广陈报应,以开其志,帝亦雅信之。旻服饰随四时变改,或食鲫鱼,每饭稻米,然不过多。至葱韭荤辛之物,咸酢非养生者,未尝食也。后旻乃请于高密牢山炼丹,玄宗许之,因改牢山为辅唐山,许旻居之。所记虽有神化之嫌,然牛肃与王旻为同时人,基本事实殆无疑义。唐段成式《酉阳杂俎续》卷九引王旻一条资料,谓"王旻言:萝蓄(一曰卜)根茎,并生熟俱凉。"宋佚名《五色线》亦曰:"王旻好劝人食芦菔根叶,云冬食功多力,甚养生之物也。"查《山居要录》正有"种萝卜"条,并有"至五月取苗生熟唉之,若冬中根黄石英种埋之,春初取英食之尤妙"之语。

关于书名,各家著录非一。《宋史》艺文志农家类载:"王旻《山居要术》三卷,又《山居杂要》三卷,《山居种莳要术》一卷。"(卷二百五)宋代的《崇文总目》、《直斋书录解题》等作《山居要术》,宋《东坡诗集注》、清《月令辑要》作《山居要录》,元《居家必用事类全集》、明李时珍《本草纲目》等则作《山居录》。根据诸种文献比对的结果,王旻所著起码有两部书,内容有繁简之别。《山居要录》为繁本,《山居要术》为简本,《山居录》则是《山居要录》的简称。

《山居要录》的这条资料非常有价值,它厘清了农学史与工艺史上一个久久困扰人们的问题,即模制葫芦究竟始于何时。以前研究者所能考察到的最早材料,是明代谢肇淛《五杂俎》中的有关记载,遂将葫芦的模制工艺的最早年代定于明代中晚期。至于日本所藏"唐八瓢臣",虽有王世襄先

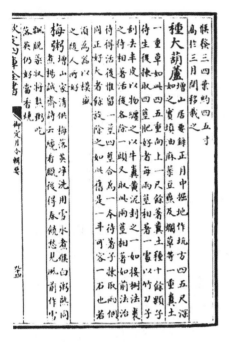

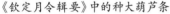

《钦定月令辑要》中的种大葫芦条　　　　　　　　《四库全书总目》书影

生的大胆推测，但无文献佐证，毕竟缺乏说服力而难成定论。现在情况就不同了，既然我们发现了这条材料，那就说明模制葫芦工艺在唐开元天宝年间就已经出现了。在此基础上，我们还可以大胆进一步推测，葫芦的模制工艺，很可能就是王旻发明的。

我们知道，在中国古代科技发展史上，道家居功至伟。在中国传统思想中，道家最贴近自然，不但主张"道法自然"，而且主张"察其所以"，最富科学探索精神。比如道家炼丹，虽说是为了成仙，但其方法又确有科学的因素，被人视为开科学实验的先河。所以李约瑟认为："道家极端独特而又有趣地揉合了哲学与宗教，以及原始的科学与魔术。"他甚至认为："东亚的化学、矿物学、植物学、动物学和药物学，都发端于道教。"古代农书的作者有不少为道士，这不是偶然的。而李唐王朝正是个崇尚道教的时代，开国皇帝高祖李渊自命为太上老君后裔，奉天命而坐天下，甚至下诏宣布三教中道教列第一，等于把道教宣布为国教。其后，太宗李世民也宣布尊奉道教。从此以后，直至唐玄宗李隆基时代，除武则天时代外，道教一直大行其道。因此,唐代的思想文化、文学艺术的方方面面都染上了道家色彩非但不奇怪,甚至是理所当然的。

王旻作为唐开元天宝间的著名道士,先后隐居于青罗山、衡山和牢山,种植花木、炼丹修道,故所著皆曰"山居",开创了古代山居类农书的先河。古代农书有不少出自隐士之手,又根据所居之所分为"山居"类与"居家"类(如《居家必用事类全集》)。《山居要录》的内容,虽有承袭前人的地方,但在很多地方都有自己的发展,更有创新之处。古代葫芦崇拜以道家为甚,乃至成了他们的法器,小小的葫芦中可以演绎出万千变化,王旻对之不能不有特殊的关注。如前所述,汉代《氾胜之书》的种大葫芦法,被贾思勰《齐民要术》转录,基本上是原文照抄。但到了王旻的《山居要录》中,就有了很多变化。这种变化从何而来?应该是他实践的结果。如果没有个人的亲身经验,他不可能无端修改前人的种植方法。至于葫芦的模制方法,此前的文献中从未有记载,首次出现于《山居要录》中,我们有充分的理由将发明权归于作者王旻。

月饼模与花馍模
古代铸钱、铸镜要用陶范、石范,因要浇灌熔化的金属,温度极高,不得不然。农村做月饼,做花馍,没有高温,用木模即可。模制葫芦,王旻一开始就想到用木模,也许不是偶然的,可能受到月饼模子的启发。

这条最早的模制葫芦的材料,虽然只有"若须为器,以模盛之,随人所好"短短十二个字,若细细解读,倒可以说明很多问题:

其一,模制葫芦所用工具,一开始就是用模子套在葫芦上,待其生长成熟而成器,基本原理与现代无二。至于用的什么模子,是木模还是泥模,抑或是其他模子,这里没说清楚。根据明清葫芦工艺的发展情况来考察,早期为木模，其后才出现了泥模，估计唐代应是木模。再者，古代不同质地做成的模子，叫法有所区别，木模为"模"，泥模为"型"，既然是"以模盛之"，木质模子的可能较大。

其二，所谓"器"，显然是指器皿，就是用来装东西的盛具。这说明模制葫芦在最初是与实用联系在一起的，而不同于后世的以审美为主。

其三，"随人所好"之语最能发人联想，翻译出来意思就是说，不论想要什么形状的器皿，都能用模子套出来。这就意味着，王旻当时已经以此法制作出不少葫芦器，且形状不一，各有其用。

其四，味其语气，颇有驾轻就熟的味道，说明他的模制技术已经相当成熟，成功率甚高，显然不像后来外行人渲染的所谓"数千百中仅成一二"那么玄乎。

葫芦的模制工艺出现在唐代并不奇怪，唐代是我国古代历史上一个繁荣强盛的朝代，也是当时世界上最先进的国家。经历了贞观、开元之治的唐代社会，经济和文化得到了极大的发展，工艺美术也出现前所未有的繁荣景象，陶瓷、染织、金工、漆器等，制作精巧华美，达到极高的艺术水平。在这种文化背景下，再加上王旻本人既有道家的强烈的幻想精神，又在种植、养生方面具有丰富的实践经验，所以模制葫芦器在此时出现，有一定的必然性。

四　模制葫芦器工艺何以一度失传？

唐代以后，葫芦模制工艺中断了很长一段时间。从王旻所在的唐玄宗朝，直到谢肇淛再次发现葫芦器的明万历时，其间经历了宋、元两朝，有近九百年的时间。在如此漫长的历史时期内，葫芦器工艺好像突然消失了，汗牛充栋的历史文献中几乎完全没有了葫芦器的信息。这中间究竟发生了什么？一项如此独特的民间工艺是如何失传的呢？笔者根据对已有资料的综合考察，认为主要是文献记载的缺失，导致模制葫芦工艺一度不传。

如上所说，王旻发明了葫芦的模制技术以后，将之写入自己所著的唐韩鄂《四时纂要》转录《山居要录》中的"种大葫芦"条时，删去了模制葫芦的内容。

《山居要录》内，附于"种大葫芦"条的内容中。王旻撰《山居要录》既对前人有所借鉴，而后人撰著也会参考此书的内容。因为古代农书（不仅农书）的撰写有一条不成文的规律，只要编撰者认为前人的材料对自己有用，就会毫不客气地抄进自己的书中。这种前后递相转录，近乎全文照抄的"借鉴"方法，在古代不足为奇。更有甚者，有的编撰者并不注明材料的来源，让人看起来全书就是他的"原创"。王旻之前的农书，只有一部贾思勰的《齐民要术》最有影响。《齐民要术》内容丰富，借鉴参考前人著作150余部，可以说是此类书的集大成者。贾思勰在引用前人材料时，大多以"××曰"注明出处。王旻撰《山居要录》不可避免地抄录了《齐民要术》中的不少内容，就连书名也是模仿的贾思勰（《山居要录》又名《山居要术》）。

基于上面所说的那个不成文的"规律"，最先转录《山居要录》"种大葫芦"内容的，是稍后于王旻的晚唐韩鄂《四时纂要》。宋《郡斋读书志》谓此书"遍阅农书，取《广雅》、《尔雅》定土产，取《月令》、《家令》叙时宜；采氾胜种树之书，掇崔实试谷之法，兼删《韦氏月录》、《齐民要术》编成"，肯定其博采群书的特点。王旻《山居要录》即在所采范围中。经过对照，《四时纂要》卷二"种大葫芦"内容，基本全文照抄《山居要录》，而非《齐民要术》。但怪的是，《四时纂要》竟单单把最后一句"若须为器，以模盛之，随人所好"删去了，代之以"此《庄子》魏惠王大瓠之法"。韩鄂为什么要删去此句？我们难以确定，也许韩鄂没见过这种工艺，也许认为这句话超出了"种大葫芦"的内容。韩鄂当时肯定没有意识到，他这一删几乎使模制葫芦的工艺失传。因为《四时纂要》成书后，影响远比《山居要录》大得多，所以其后的农书或其他著作中有关"种大葫芦"的方法，都是来自《四时纂要》而非《山居要录》。如宋《尔雅翼》、元《农桑辑要》、《农书》、明《农政全书》、清《授时通考》等，相关内容诸书虽略有增减，但基本内容都来自《四时纂要》是很清楚的，因此也都没有模制葫芦的这十二个字。这几种农书都是各个时代的农学代表作品，有的甚至是官方编辑并颁行的，对农业种植、园艺栽培等技术的影响非常大。我们可以设想，如果当初《四时纂要》没有删去这部分内容，其后的各种农书也都载有葫芦的模制方法，那么因好奇而以此法范制葫芦器的人肯定不少，根本不可能在长达八九百年的时间内几乎无人知晓此项工艺。

王旻的《山居要录》虽然并没有失传，但因为它的传播范围非常小，所以有关模制葫芦的内容几乎不为人所知。其实，书中"种大葫芦"条的内容在被收入《御定月令辑要》之前，曾被元代《居家必用事类全集》戊集收录。《居家必用事类全集》作者不详，明《永乐大典》屡引用之，其为元人书无疑。或说是元人熊宗立。《居家必用事类全集》凡十卷，内容庞杂，但大部分内容是抄录前人，只是稍加编排而已。戊集"农桑类"的内容多是抄

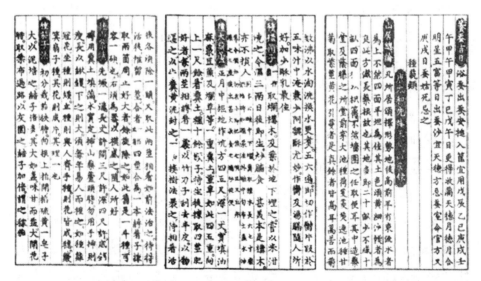

元《居家必用事类全集》戊集收录的《山居要录》"种大葫芦"条的内容，并没删去模制葫芦的内容。该书也注明种艺类内容皆来自"唐太和先生王旻《山居录》"。

自《农桑辑要》，"种艺类"多是抄自《山居要录》，并以黑底白字注明"唐太和先生王旻《山居录》"，说明此部分内容乃取自《山居录》，但并非每条都注，故容易为人忽略。经对照，《御定月令辑要》的"种大葫芦"条的内容，除漏刻几字外，其余与《居家必用事类全集》"种大葫芦"条完全相同。由此可知，《居家必用事类全集》此条录自《山居要录》无疑。不仅如此，《居家必用事类全集》在引用《山居要录》内容的时候，还使用了两个版本，以一个版本为主，刻成大字；以另一版本作校，相异的内容刻成双行小字以示区别。如"种商陆"条，正文为："取根白者（赤黄色者有毒），切如枣大，皆须带皮种之，择肥良地，作行伍种。若只种子亦得。上粪下水，根苗皆可食。武都公在颍川饵之。紫者尤佳，乃胜于白者味淡，熟蒸食之。"此句之下，又有双行小字云："别本：根劈破，畦中作行种，种子亦得。根苗茎并堪食。服丹砂、乳石等药者，不宜服。""别本"在有的条中又作"一本"，皆指另一版本。"种大葫芦"条于"惟留一茎合者"之下，亦有双行小字"一作左者"，意思是说"合者"在另一版本中为"左者"。这也说明，《山居要录》不但至元代还存世，而且不止一种版本，只是少为人所知。《居家必用事类全集》是古代比较有代表性的综合性家居类通俗读物，流传较广。其版本元代有至元己卯（1339）友于书堂本，现为残本。二百多年后，明隆庆二年（1568）又有飞来山人刻本，或疑为明人熊立宗校正补遗；稍后又有嘉靖年间司礼监刊本。很可能就是依靠这部书的流传，葫芦的模制工艺才在明代得以恢复。

五 明代的"板夹"葫芦

范制葫芦器在沉寂了数百年之后，到了明代又重现生机。谢肇淛在其所著《五杂俎》中有如下一段记载："余于市场戏剧中见葫芦多有方者，又有突起成字为一首诗者。盖生时板夹使然，不足异也。"此条一度被认为是有关模制葫芦的最早文字材料，并由此而产生了模制葫芦工艺始于明代中后期的说法。谢是明万历二十年进士，福建长乐人。此书初版于万历四十四年，内容上自天文，下至地理，乃到草木鱼虫，无所不备。此条见于"物部二"，文字虽简，但向我们传达了丰富的信息。

其一，葫芦的模制技术并没有失传，它还像一股潜流在民间缓缓地流动。葫芦长成方者，且有突起为诗者，必是模制无疑。所谓"板"者，即木模也；"板夹"者，以模套之也，与王旻《山居要录》中所说的"以模盛之"意思完全相同。葫芦能成方者，所用木模应该是一个六面的方木盒。更简单的是用两块刨平的木板将葫芦夹起来，使葫芦长成圆扁形。河北徐水所出葫芦虫具中有一种扁形的"鱼壶"，就是用这个方法夹制而成的。

其二，当时的模制葫芦并不少见，且品种非一。谢云见到的葫芦"多有方者"，这个"多"字说明他见到的方葫芦并不是绝无仅有的，而且有两种，一种是没有文字的，一种是有文字的。就制作工艺来说，以木板钉方盒套在葫芦上，便可得到方葫芦，较为简单易行，但葫芦表面光素无文。若做模的木板上再刻上凹入的诗句，葫芦上便会长出凸起的诗句来，这就是"突起成字为一首诗"的原因。相对而言，后者的工艺较为复杂，因而会更少见。就谢肇淛所述的语气来体会，他看到的正是无字方葫芦较多，有字的葫芦较少。除了方形葫芦之外，还有没有其他形状呢？谢虽然没有明说，但肯定会有。比如"突起成字为一首诗者"，只说葫芦表面上有字迹突出，并没说这个葫芦是什么形状的。难道都是方的吗？从常理上而言，那不可能。

其三，为什么这种方葫芦或带诗的葫芦是出现在"市场戏剧"中而不是其它场合？所谓"市场戏剧"是指元明时期的一种街头演出活动。中国的古典戏曲至宋已基本成熟，并有了专供演出的街头"勾栏瓦舍"；至元达到十分繁荣的程度，专门的演出剧场也达到相当规模。但对广大下层艺人来说，街头的"勾栏"仍然是他们的主要演出场所。在这些街头演出活动中，除了戏曲之外，也有说书、魔术、杂耍等民间艺术。所以这里的"市场戏剧"实际上是个很泛的概念，包括当时的多种民间艺术。那么范制葫芦器在这些演出活动中究竟作何用途呢？因缺乏这方面的资料，尚难作出准确的说明。据笔者推测有两种可能，一是作为演出时的道具，比如魔术表演中的道具；二是可能仅仅起到招徕观众的作用。虽然谢肇淛没有说明它的具体用途，为我们留下了些许遗憾，但从他的这段记载里我们可以知道，模制葫芦器在明代曾经与艺术活动有一定关系。

其四，对模制葫芦的原理，谢肇淛认为"不足异"，就是说其中的道理很好理解，不必大惊小怪，不要误认为真的有天生的方葫芦。谢是博学之士，识多见广，如此简单的原理理解起来当然不困难，但对于一般百姓而言，恐怕不一定如此。自古有所谓"少所见，多所怪"之语，对第一次见到这种模制葫芦的人来说，还是会有奇异的感觉。谢肇淛把此事记入自己的著作中，多少还是作为一件奇异之事来对待的，就是说对大部分人而言，模制葫芦仍然是个稀罕之物。

关于明代的这种"板夹"葫芦，虽然记载的资料只此一条，但它提供给我们丰富的信息。更重要的是，虽然模制葫芦在明代还远没有发展起来，或许只能算是一个重新露头的嫩芽，但它为以后在清代的大发展打下了良好的基础。

方西瓜（网络图）

近年报道说日本有人"发明"了方形西瓜，成批种植出口，说是便于装车运输。中国又有人学步，也种出福娃方西瓜。其实都是对模制葫芦技术的借鉴，谈不上什么发明，毕竟这已经是一千多年的技术，唐代八臣葫芦罐已经在日本宫中珍藏了千余年。

（原载游琪主编《葫芦·艺术及其他》，商务印书馆2007年版）

清宫旧藏葫芦形瓷器及所折射出的"福"文化

董健丽　高晓然

一　清代葫芦形瓷器特点

清代前期的康熙、雍正、乾隆三朝,达到了我国制瓷工艺的历史高峰。凡是明代已有的工艺和品种,大多都有所提高或创新,此时又创制了很多新的彩釉和品种,如粉彩、珐琅彩、釉下三彩、墨彩和乌金釉、天蓝釉、珊瑚红、松绿釉以及胭脂红釉等。雍正、乾隆时的仿古之作也取得了突出的成就。清代纹饰除继承了晚明"福"、"寿"、"寿山福海"、"百鹿"、"百鹤"、"云里百蝠"等,还增添了"寿"字、"云蝠衔寿字"、"双龙戏团寿"、"云蝠"、"瓜瓞绵绵"等。清代的纹饰题材可以说进入了全面发展的阶段,吉祥图案广为流行,"图必有意,意必吉祥"已成为清代陶瓷装饰中的一个明显特性。瓷器的类别和品种都比明代有所增加,其中包括有日常用具、仿古礼器、文具、娱乐用品、玩赏品及陈设品等。其中葫芦形瓷器生产的数量最多,北京故宫博物院珍藏500余件,是该时代典型器。葫芦形瓷器几乎囊括了当时所有的釉色品种,其生产量之大,品种之丰富,远远超过前朝,葫芦形瓷器达到了鼎盛。清代康熙、雍正、乾隆三朝的葫芦形瓷器除延续明代"上圆下方"葫芦形器外,还新创制了三节葫芦瓶、三孔联体葫芦瓶。器物高度从5厘米到70厘米不等。其中首次出现了70厘米高的大器,纹饰有动物、植物和人物等,可谓林林总总,变化万千。

（一）康熙朝葫芦形瓷器

器呈葫芦状，直口略高于明代一般葫芦瓶，瓶口有长颈、撇口，耿宝昌先生在《明清瓷器鉴定》一书中指出："康熙葫芦形瓷器上下圆腹较明代变高，新出现了三节葫芦瓶，器形新颖，前所未见，此造型受当时外销瓷影响，青花和五彩较多[①]。"笔者在整理文物中发现了黄釉暗花三节葫芦瓶。宫廷藏康熙葫芦形瓷器有：青花松鼠葡萄纹葫芦瓶、青花洞石花卉纹葫芦瓶、青花云头纹葫芦瓶、青花云龙纹葫芦瓶、青花开光八仙纹葫芦瓶、青花开光博古纹葫芦瓶、青花缠枝纹葫芦瓶、青花佛手竹纹葫芦瓶、青花云凤蕉叶纹葫芦瓶、仿宣德款青花勾莲纹葫芦瓶、仿成化款青花缠枝莲纹葫芦瓶、青花釉里红黄地缠枝花纹葫芦瓶、冬青釉青花加紫三果纹葫芦瓶、釉里红三果纹葫芦瓶、仿宣德款釉里红山水纹葫芦瓶、五彩灵芝暗花纹葫芦瓶、五彩缠枝莲云肩花蝶寿字葫芦瓶、仿成化款五彩鹤寿纹葫芦瓶、仿成化五彩璎珞寿字葫芦瓶。郎窑红葫芦瓶、洒蓝釉葫芦瓶、土定窑墨彩山水葫芦瓶、仿宣德款霁红葫芦瓶等。兹将有代表性的康熙朝葫芦瓶介绍如下：

1. 清康熙青花松鼠葡萄纹葫芦瓶：高12.4厘米，口径2厘米，足径5.2厘米。瓶葫芦形，直口，短腰，上腹长圆，下腹扁圆，浅圈足。通体青花绘松鼠衔葡萄。外底青花双圈内书"大清康熙年制"六字楷书款。此瓶造型秀美，青花淡雅，构图疏朗，画工技艺高超，有别清初古拙之风（图1）。

2. 清康熙五彩缠枝莲"寿"字葫芦瓶：北京故宫博物院藏。高42.2厘米，口径7.7厘米，足径10.3厘米。撇口，长颈，束腰，呈葫芦形，圈足。五彩为饰。上腹绘缠枝菊，下腹绘倒

图1 青花松鼠葡萄纹葫芦瓶（清·康熙）

---

① 耿宝昌：《明清瓷器鉴定》，紫禁城出版社1993年。

垂如意云头纹,其内绘花蝶纹,其下有四组花、磬、宝珠组成的璎珞纹,间隔成团"寿"字。另外口部、腰际及近足绘如意、卷云和蕉叶纹。此器用红、黄、蓝、绿等设色,色彩鲜艳,线条流畅,是一件精美的作品(图2)。

3. 清康熙五彩缠枝莲葫芦瓶:高42厘米,口径7.6厘米,足径13.4厘米。口微撇,长颈,粗短腰,圈足。五彩为饰。上腹绘缠枝莲,下腹肩饰云纹,下边有"卐"、"寿"字及八宝纹,腰部绘龟背锦纹,颈饰蕉叶纹,双腹近底为变形莲瓣纹。此器色彩鲜明,纹饰图案对称规整,造型大方丰满(图3)。

图2　五彩缠枝莲"寿"字葫芦瓶
(清·康熙)

4. 清康熙五彩"寿"字璎珞纹葫芦瓶:高19.5厘米、口径3.3厘米、足径5.5厘米。直口,长颈,束腰,卧足。五彩为饰。口边绘回纹,颈饰璎珞纹,上腹有篆书"寿"字,下腹肩部绘梅花、卷云和云头纹,腹部画璎珞。外底刻"大明成化年制"六字楷书款(图4)。

图3　五彩缠枝莲葫芦瓶(清·康熙)　图4　五彩"寿"字璎珞纹葫芦瓶(清·康熙)

5. 清康熙五彩团鹤"寿"字葫芦瓶：高42厘米，口径7.6厘米，足径13.4厘米。瓶葫芦形，直口，束腰，圈足。外壁通体暗花五彩装饰。口部绘团花纹一周，颈绘四团寿字及"卐"字，上下腹均绘倒垂如意云头纹，内绘花卉，云头下有四团鹤，腰部锦地开光内绘杂宝纹，近足处绘朵花锦纹一周。上下腹均暗刻云龙纹。底施白釉，釉下暗刻"大明成化年制"六字草书仿款。此瓶造型、纹饰都寓意"吉祥长寿"（图5）。

图5　五彩团鹤"寿"字葫芦瓶
（清·康熙）

（二）雍正朝葫芦形瓷器

明代的上圆下方葫芦瓶仍然生产，但器物矮小，方圈足，下腹矮扁，不同于明代的同类器型。见天青釉上圆下方葫芦瓶。前朝三节葫芦瓷瓶少见。此时新创的三孔连身葫芦瓶，后来成为一种传统的器型。另外还新出现了"福寿瓶"，即颈、肩及腹有对称弯曲的飘带相连，器型雅丽规整。这时期的葫芦瓶，口有直口、撇口等，有短颈和稍长颈。葫芦形瓷器的品种有青花釉里红、仿官窑、粉青釉和冬青釉（有的器上原有宫廷旧标签，墨书"上上色龙泉天地瓶，价壹两"）等，器底均有青花篆书款。该时期宫廷藏葫芦形瓷器有：青花勾莲纹葫芦瓶、仿宣德款青花缠枝纹葫芦瓶、青花加紫五鱼海水纹葫芦瓶、斗彩松鼠葡萄纹葫芦瓶、仿嘉靖款斗彩缠枝莲纹四方葫芦瓶、斗彩葫芦瓶、墨彩梅竹纹葫芦瓶、仿哥釉葫芦瓶、白釉葫芦瓶、茶叶末釉绶带葫芦瓶、白釉暗花云龙纹葫芦瓶、仿官天圆地方葫芦瓶、粉青釉天圆地方如意耳葫芦瓶、茶叶末釉葫芦瓶、仿汝窑如意耳葫芦瓶。兹将有代表性的雍正朝葫芦瓶介绍如下：

1. 清雍正仿宣德青花缠枝纹葫芦瓶：高24厘米，口径3厘米。小短颈，上腹溜肩，束腰，呈葫芦形。下腹扁圆。通体青花为饰，双腹绘缠枝花。青花发色浓艳，有斑点，白釉泛青，仿宣德特点，器型敦厚（图6）。

图6　仿宣德青花缠枝纹葫芦瓶
（清·雍正）

图7　青花勾莲纹葫芦瓶（清·雍正）

2.清雍正款青花勾莲纹葫芦瓶：高11厘米，口径1.5厘米，足径4厘米。瓶葫芦形、小圆口、长颈、双腹之间无腰，堆在一起，很罕见。圈足。足内青花双圈内书"大清雍正年制"六字楷书款。通体青花勾莲纹，纹饰繁密，线条纤细（图7）。

3.清雍正青地白花葫芦瓶：高17厘米，口径2厘米，足径7厘米。瓶葫芦形、小圆口、上腹溜肩圆鼓、束腰、下腹扁圆、平底，涩胎无釉。通体蓝地白花纹饰（图8）。

4.清雍正影青龙戏珠纹葫芦瓶：高18厘米，口径3.5厘米，足径5厘米。瓶葫芦形、圆口、长颈、上腹下垂、下腹丰满圆鼓。圈足，通体在白釉上绘影青龙戏珠纹，线条纤细，色调淡雅（图9）。

5.清雍正白釉葫芦瓶：高12.6厘米，

图8　青地白花葫芦瓶（清·雍正）

图9 影青龙戏珠纹葫芦瓶(清·雍正)　　　图10 白釉葫芦瓶(清·雍正)

口径2.8厘米。短颈,镶铜口,上腹微长圆,束腰,下腹扁圆,卧足。通体施白釉,滋润光滑(图10)。

(三)乾隆朝葫芦形瓷器

耿宝昌先生在《明清瓷器鉴定》一书中指出:"乾隆葫芦形瓷器器型多样。器有大中小等类,大型者,见有绘葫芦的青花器、粉彩器及窑变器;中型者,有冬青釉和蓝釉描金器;小型者,有仿汝、仿官、天蓝、粉青、茶叶末及彩釉描金器。"[①]北京故宫博物院藏乾隆葫芦瓶有:青花子孙万代纹葫芦瓶、青花缠枝莲云鹤纹葫芦瓶、青花螭纹绶带纹葫芦瓶、青花蟠螭团寿纹葫芦瓶、青花万代葫芦蝙蝠活环葫芦瓶、青花缠枝莲寿字葫芦瓶、青花蝙蝠纹葫芦瓶、青花八仙纹双耳撇口葫芦瓶、青花夔凤穿花纹绶带耳葫芦瓶、青花团花纹葫芦瓶、青花暗花八仙纹葫芦瓶、青花釉里红蝙蝠纹葫芦瓶、釉里红云龙纹葫芦瓶、釉里红蝙蝠纹葫芦瓶、釉里红团蟠螭灵芝纹葫芦瓶、斗彩龙凤缠枝莲纹葫芦瓶、斗彩龙凤牡丹纹葫芦瓶、斗彩勾莲纹

① 耿宝昌:《明清瓷器鉴定》,紫禁城出版社1993年版。

寿字葫芦瓶、斗彩"大吉"葫芦瓶、粉彩包袱式葫芦瓶、粉彩仿嵌珐琅子孙万代纹大葫芦瓶、酱色地开光粉彩山水花卉纹葫芦瓶、黄地粉彩子孙万代纹葫芦瓶、松石绿地粉彩红蝠葫芦纹三孔葫芦瓶、绿地粉彩折枝花卉纹葫芦瓶、紫地粉彩勾莲纹如意耳葫芦瓶、粉彩百花纹葫芦瓶、珐琅彩黄地开光洋人山水绶带葫芦瓶、金彩开光山水人物纹葫芦瓶、红绿彩云蝠纹葫芦瓶、红绿彩红蝠纹葫芦瓶、哥釉葫芦瓶、哥釉小葫芦瓶、黄哥釉葫芦瓶、哥釉三孔小葫芦瓶、仿汝葫芦瓶、龙泉窑葫芦瓶、东青釉葫芦瓶、东青釉暗花云蝠纹葫芦瓶、东青釉印花云螭纹葫芦瓶、青釉刻竹纹葫芦瓶、东青釉带盖葫芦瓶、粉青釉葫芦瓶、天蓝釉三节葫芦瓶、豆青釉葫芦瓶、窑变活环葫芦瓶、乾隆茶叶末釉小葫芦瓶、鳝鱼黄绶带耳葫芦瓶、白釉小葫芦瓶、白釉黑花纹葫芦瓶、绿釉葫芦瓶、孔雀绿釉葫芦瓶、霁蓝釉描金蝙蝠纹葫芦瓶、茶叶末釉描金蝙蝠绶带葫芦瓶、茶叶末釉小葫芦瓶、胭脂红三孔葫芦瓶、厂官釉绶带葫芦瓶、铁锈花釉葫芦瓶、潮州窑狮耳葫芦瓶、宜兴凸花葫芦瓶。其纹饰以瓜瓞绵绵、福寿万代为主。兹将有代表性的乾隆朝葫芦形瓷器介绍如下：

1. 清乾隆青花蝙蝠纹葫芦瓶：高59厘米，口径9.3厘米，足径22.5厘米。瓶呈葫芦形，直口，双圆腹，束腰，圈足。青花纹饰，通体绘满缠枝葫芦纹，其中蝙蝠穿飞于葫芦藤之间，口沿和近足饰回纹和蕉叶纹。此瓶是一件典型的宫廷陈设器，纹饰寓意"福禄万代"（图11）。

2. 清乾隆厂官釉描金花卉纹葫芦式壁瓶：高14.7厘米。壁瓶为葫芦形，底部相连半剖的灵芝小碗，下承仿紫檀托座，极具仿生效果。葫芦壁瓶施厂官釉并描金彩，金彩已脱落。灵芝小碗用粉彩装饰，色彩瑰丽（图12）。

图11　青花蝙蝠纹葫芦瓶（清·乾隆）

图12　厂官釉描金花卉纹葫芦式壁瓶(清·乾隆)　　图13　粉彩葫芦形镂空转心瓶(清·乾隆)

3. 清乾隆粉彩葫芦形镂空转心瓶：高36.5厘米，口径2.5厘米，足径9厘米。瓶呈葫芦形，腰部凸出一周花瓣形边，底部承一花口盘形座，内装套瓶，可旋转。瓶内施松石绿釉。口沿施一周金彩，其下绘变形如意纹，上腹红蝠为地，满绘粉彩花卉，并有四个圆形开光，内绘蓝地描金"蝠"、"寿"字。下腹绘缠枝花，亦有四面镂空开光，内瓶隐约可见。承盘分别饰有如意、蕉叶、回纹。此瓶造型新颖奇特，技艺高超精湛（图13）。

4. 清乾隆粉彩绿地折枝花纹葫芦瓶：高36.5厘米，口径6.5厘米，足径13.5厘米。瓶葫芦形，小口，束腰，圈足。器内施松石绿釉。外壁以绿釉为地，绘粉彩折枝花卉纹。底足内施松石绿釉红彩书"大清乾隆年制"六字篆书款（图14）。

5. 清乾隆粉彩三联蝙蝠葫芦纹葫芦瓶：高33厘米，口径2.1厘米，足径7厘米。瓶为三联葫芦形瓶，口微撇，短颈，上腹椭圆，下腹扁圆，浅圈足。瓶内施松石绿釉，描金口，瓶外通体粉彩纹饰，外

图14　粉彩绿地折枝花纹
葫芦瓶(清·乾隆)

口沿下一周紫粉色如意纹,瓶体在松石绿地上绘满红蝠黄彩葫芦纹。外底松石绿地上有金彩"大清乾隆年制"六字篆书款。此瓶造型奇特,纹饰精美(图15-①)。

6. 清乾隆粉彩紫地勾莲纹如意耳葫芦瓶:高21.8厘米,口径2.6厘米,足径7.2厘米。瓶呈葫芦形,短颈,束腰,圈足。瓶两侧置一对称的如意形耳,下有蓝色飘带。口边涂金彩,瓶通体施粉彩纹饰,上腹绘宝相花,腰部饰回纹一周,下腹饰宝相花,近足绘变形莲瓣纹,足墙绘描金卷草纹,外底松石绿地红彩书"大清乾隆年制"六字篆书款。此瓶造型稳重端庄,其造型及纹饰寓意"平安如意"、"江山万代"(图15-②)。

7. 清乾隆酱色地开光粉彩山水花卉纹葫芦瓶:高70厘米,口径12.5厘米,足径23厘米。瓶为葫芦形,圆口,圈足。通体酱色釉地粉彩纹饰,上腹在圆形开光内绘四季花卉。下腹在圆形开光内绘婴戏和山水纹。画面人物生动而鲜活(图15-③)。

① ② ③

图15-① 粉彩三联蝙蝠葫芦纹葫芦形瓶(清·乾隆)
图15-② 粉彩紫地勾莲纹如意耳葫芦瓶(清·乾隆)
图15-③ 酱色地开光粉彩山水花卉纹葫芦瓶(清·乾隆)

图16 粉彩绿地开光山水诗句葫芦壁瓶　图17 紫地开光花卉纹葫芦壁瓶
（清·乾隆）　　　　　　　　　　　　（清·乾隆）

8.清乾隆粉彩绿地开光山水诗句葫芦壁瓶：高20.4厘米，口径4厘米，足径6厘米。瓶为半葫芦式，小口，上腹小，下腹大，底半圆形足。后壁平直，有一悬挂的凹槽。瓶内施松石绿釉。瓶外松石绿地上用粉彩为饰，上下双腹部各有一圆形开光。上腹开光内墨书乾隆御制诗，下腹开光内绘山水楼阁图。半圆形足内松石绿釉上红彩书"大清乾隆年制"六字篆书款（图16）。

9.清乾隆紫地开光花卉纹葫芦壁瓶：高22.3厘米，口径6厘米。瓶半面葫芦式，小口，上腹小，下腹大。颈与上腹间饰一对螭龙耳。瓶后壁平，有一凹槽。瓶内施松石绿釉。外紫色地，上下两腹部各有一圆形开光，开光内绘洞石折枝化花（图17）。

二　清代葫芦文化内涵

（一）清代帝王"崇儒重道"的思想背景

1644年，满族入关，"定鼎燕京"，建立了清王朝。清王朝的政权体制采取了"满汉一体"的形式，为满汉地主阶级的联合政权。但是，这个联合政权的实质上是以满汉贵族为核心而建立起来的，从而保证了少数满洲贵族对广大汉民族和其它民族的强制统治。在明末清初争夺天下的激烈角逐中，面对汉族高度发展的封建文化，清统治者逐渐认识到，武力征服只能奏效于一时，人心归附才能得益于长久。在一代封建王朝崛起、发展并走向兴盛的过程中，以康熙帝独尊理学为标志，清统治者作出了关系其政权前途和命运的文化选择，确立了"崇儒重道"的基本国策。清统治者"崇儒重道"国策的制定，为一代封建王朝的发展兴盛奠定了深厚的思想文化基础。作为满族贵族建立的清王朝，从入主中原至清中晚期，经历了一个从生活方式、语言文字、社会制度、价值观念等全方位吸收汉文化的过程。而雍正帝为摆脱帝位合法性危机的阴影，也从中国传统的思想武库中找出天人感应的武器，并利用佛教、道教，力图将政权和神权结合起来，借助上天亦神祇的意志，巩固地位，加强皇权，维护现存的等级制度和社会秩序，对儒、释、道三家采取了并行不悖，各取所需的政策。雍正帝认为，儒、释、道三教"理同出于一原，道并行而不悖"。乾隆时期，疆域一统，海宇又安，经济发展，清王朝处于全盛时期，乾隆帝更要想方设法地维持这种全盛"盈满"的局面，以为后世子孙留下一份永久的基业。乾隆帝大力提倡文治，"帝王敷治，文教是先"，有言："而礼乐之兴，必藉崇儒重道，以会其条贯。儒与道，匪文莫阐。"①雍正重视藏传佛教，并提倡儒佛道合流异用。此时期始刻《龙藏》，乾隆时期完成，并组织人力将大藏经译成满文，同时编辑《汉满蒙藏四体合璧大藏全咒》，此时僧尼达340000人。葫芦作为儒、释、道三教合流的产物，在清代达到极致。

（二）清代宫廷对"无量寿佛"的尊崇

无量寿佛，又称阿弥陀佛，是西方极乐世界的教主，弥陀净土是作为一种终极归宿的信仰而存在的。它有两大特点，一是永超三界性，二是充满了享乐性。若归阿弥陀佛净土，即死后见往生其国，见佛得道，增长寿命无穷。供奉无量寿佛，崇信弥陀净土，为古代社会各阶层所津津乐道，帝王崇信弥陀净土，始于南北朝的刘宋孝武帝、梁武帝、梁简文帝、东魏孝

---

① 《清高宗御制文二集》卷一三，《文渊阁记》，参见黄爱平：《18世纪的中国与世界·思想文化卷》，辽海出版社1999年版。

静帝四帝①，从唐太宗开始，之后的历代诸帝都与弥陀净土信仰有关系②，清代帝王非常崇信无量寿佛，康熙帝被认为是无量寿佛的转世轮王③，乾隆御撰《永佑寺碑文》："我皇祖圣祖仁皇帝，以无量寿佛示现转轮圣王，福慧威神，超轶无上④。"乾隆帝崇信无量寿佛远胜以往诸帝，当时宫中所建的无量寿佛佛堂遍布宫禁各处，有雨花阁里的无量殿"西方极乐世界阿弥陀佛安养道场"、慈宁宫大佛堂里的四臂观世音和无量寿佛供养、香云亭里挂供的"阿弥陀佛极乐世界"唐卡、咸若馆无量寿佛殿、养心殿西暖阁仙楼无量寿佛塔、重华宫西方极乐世界等，另外中正殿、宝华殿、慈荫楼等佛殿也供奉有大量的无量寿佛。宫外还建有供奉无量寿佛的寺庙，有乾隆十一年为圣母修建的阐福寺"极乐世界"⑤，乾隆三十五年在极乐世界北建楼以供奉进献的万尊无量寿佛，号称万佛楼⑥。乾隆三十五年至三十六年为乾隆祝六十万寿及孝圣宪皇太后祝八十万寿，在热河建普陀宗乘之庙，于庙内建"极乐世界"和千佛阁，供奉无量寿佛。在宫内外所建的众多极乐世界，表明了乾隆帝向往西方极乐世界，祈福祈寿的强烈欲望和执着追求。北京故宫博物院藏的帝后玺册中的印章就是最好的证明，见有铜镀金回纹钮"以集阙福"葫芦形章、铜镀金"上下情亲福禄长"葫芦形章、铜镀金瓦钮"福禄寿原修为己"葫芦形章、铜镀金回纹钮"福德无涯"葫芦形章、铜镀金回纹钮"丁申呵持能自寿"葫芦形章、铜镀金回纹钮"鹤其性人寿其似"葫芦形章、铜镀金瓦钮"益寿何须九转丹"葫芦形章。这里"福禄寿"与葫芦形紧紧联系在一起，而葫芦式龛也是清宫佛堂最常见的供龛样式，以葫芦及其变体形式为载体，内部所供佛像常以3、6、9或9的倍数为一组的释迦牟尼佛及无量寿佛群像出现，万寿节时制作量最大。见于北京故宫博物院藏掐丝珐琅万寿字葫芦式佛龛，承

① （南朝·梁）释慧皎撰《高僧传》，汤用彤校，中华书局1992年版。

② （清）董诰等编《全唐文》第二册，上海古籍出版社1990年版。

③ 张羽：《清政府与喇嘛教》，西藏人民出版社1988年版。

④ 张羽：《清政府与喇嘛教》，西藏人民出版社1988年版。

⑤ 《国朝宫史·宫殿六》卷16，北京古籍出版社1987年版。

⑥ 乾隆御撰《万佛楼诗碑》，张羽：《清政府与喇嘛教》，西藏人民出版社1988年版。

德供无量寿佛的普陀宗乘之庙五塔的宝瓶亦为葫芦式,可见葫芦与"无量寿"紧紧地联系在一起,秦汉以来象征长寿的葫芦在清代为佛教所用并在清宫中极为盛行。

(三)清代葫芦象征"福禄寿"

葫芦作为道教的标志物,在清代得到了很好的继承和发扬。清高宗御制诗第一册《方方壶神岳琼林图》:"嵣嵤岳麓仙人宅,琪树琼林□汉碧,金堂十二只茅蘆,笑指洪厓肩可拍,何年换骨遗方壶,偶写宿游悬圃迹,我今挂壁葫芦被当做"无量寿葫芦"。在升平署昆弋承应戏剧本《南山寿献》①中云:"清风长作伴,明月是我朋,我乃南极星君座下白鹤童是也,前随星主,往东华帝君处赴万仙胜会,宴上有一葫芦,乃是阴阳调化为形,乾坤交育成体,内藏太和元气,与天地同春,日月齐寿,爻分八卦,化忆万千无量寿意,因此帝君有命,今年万寿圣节,有寿如此宝者,就作群真领袖,去祝升亨,今日星主又驾鹿腾云,到元始天尊处,叩问朝天大事去了,着我在家看守此宝,使我不敢擅离山洞,不免去与师弟们戏耍一回有何不可,洞里乾坤别,干支日月长。"在《寰中拱瑞》中描述的无量寿葫芦这样写道:"大地山河水,壶中日月长,算称无量寿,亿万化无疆,众仙可将大吉无量寿,呈献御筵者,无量寿层层叠叠似潮波。无量寿璀璨,直透宫壶,无量寿绵绵长久。"②《文献丛编》第四十三辑中的《万年集福》:"小阳春群芳展,日暖风和丽景天。(白)我乃果老仙之妻,韦氏是也,仙郎为庆祝之事,向仙侣们打听去了,我到瓜圃灌溉仙瓜,以备朝贡之用,(仙童仙女白)夫人,你看今年仙瓜,比往岁越发茂盛了,(韦夫人白)总赖圣人德泽广被,万物滋生也。……仁风广布,宣德泽普周,山川草木也欣沾,显得瓜繁衍。(蝴蝶上舞科仙童仙女白)夫人,看许多大蝴蝶,在瓜园中飞来飞去,(韦夫人白)这就是瓜瓞绵长了,(老叟老妪白)夫人,我们扑蝶玩耍吧,……(韦夫人白)这些鲜瓜,还不够朝贡的吗。"上述可见,在清代葫芦的道教神话中,强调壶天宇宙中有绵绵长久的无量寿。葫芦象征无量寿,它是福禄寿的

① 《文献丛编》第三十一辑,中华民国二十四年十月主编。
② 《文献丛编》第三十一辑,中华民国二十四年十月主编。

化身，象征福寿绵长不绝。因此葫芦成为清宫很好的祝寿礼品，乾隆十六年十一月，遇皇太后六旬万寿，在所进寿礼中，有九件葫芦器，而在乾隆二十六年皇后七旬万寿时，所进葫芦器竟有近百种之多。

清代康熙、雍正和乾隆时期葫芦形瓷器的大量出现，是清朝尊儒崇道，重文治的历史背景下产生的，是满族贵族对汉文化的吸收和附会的结果。表达了满族贵族对葫芦所折射的"福"文化的理解和狂热追求。

（《南方文物》2009年第1期）

新疆葫芦艺术赏析

吴世宁

新疆传统的维吾尔族庭院中都喜欢种植葫芦，品种多为亚腰葫芦、吊葫芦等，体积很大，最大的直径可达40厘米以上，高度可达到50厘米以上。这为新疆的葫芦工艺提供了上好的原料。

新疆的葫芦艺术具有悠久的历史和广泛的群众基础，具有明显的地缘文化特色，造型、内容、技法等各方面都体现出多民族文化融合的特点，显示出带有新疆伊斯兰文化特征的汉、蒙、满族的文化印记，反映出新疆多元文化融合的地缘特色，从中原传统的汉族文化到新疆石窟艺术，以及受伊斯兰教文化影响的宗教题材和少数民族风俗文化等均在表现内容之列。经过不断创新，新疆葫芦艺术已经形成鲜明的文化特色和艺术风格，也凸显出新疆特有的多元文化的审美情趣和价值取向。新疆的葫芦艺术表现内容广泛、文化内涵寓意深远；造型独特、民族特点鲜明；艺术表现形式、技法多样；装饰性强、艺术特点鲜明。

新疆传统的葫芦艺术只是在长成的葫芦上进行各种技法的绘画。近年来在器型方面进行了大胆的突破和创新，并取得了很好的艺术效果，这也成为新疆葫芦艺术的一个重要特点，是有别于其他地区葫芦艺术的代表性特色。其在器型样式上的创新源于实际日常生活。在造型方面，民间土陶器皿与铜器工艺造型的样式为葫芦艺术造型提供了丰富的营养和艺术借鉴。新疆土陶器皿主要有壶、罐、盆等盛水器具与碗、盘、油灯、蜡台等生活用品。其中盛水洗手的陶壶造型最适合葫芦艺术的需求，因此民间艺术家就根据陶壶的造型特点来设计葫芦的器型，创造出了与土陶壶造型相似的葫芦造型样式。新疆的铜器工艺也有非常悠久的历史，主要是各种茶壶、茶碗、罐、盆等产品，与土陶的造型大致相同但细部造型、装饰变化更为丰富细腻。另外烧水的铜壶与铜锅是土陶器中没有的，最具特点的烧水壶叫做"萨玛瓦尔"，最有民族特点，"萨玛瓦尔"比一般的烧水壶体积要大得多。"萨玛瓦尔"是中亚一带许多国家都有的一种烧水煮茶器具，各国的"萨玛瓦尔"都有各自的特点，但大同小异。新疆的葫芦造型汲取了"萨玛瓦尔"的造型元素，使葫芦艺术的器型更加大型化，民族特色更加浓郁。还有巴基斯坦的铜器工艺也深受新疆人喜爱，这种带有鲜明伊斯兰文化特征的铜壶、铜盘已成为许多人家的珍藏品，巴基斯坦铜壶的造型与阿拉伯文字的装饰图案也为新疆葫芦艺术提供了文化元素的借鉴。传统文化特色与生活中的器具样式自然地融入葫芦艺术之中，极大地丰富了葫芦艺术造型的形式美感，使之更加符合新疆人的审美情趣和价值取向。

新疆克孜尔石窟中的佛教绘画艺术的内容、新疆伊斯兰教清真寺建筑艺术的形式都为新疆的葫芦艺术提供了不竭的文化元素，成为新疆葫芦艺术中多元文化内涵的显性特征。新疆的葫芦雕刻艺术是在传统葫芦绘画基础上，在现代知识、经济影响及旅游文化的带动下，发展成的一种新的葫芦艺术形式。如今在重视挖掘地缘文化资源时，新疆许多学校也把葫芦艺术作为校本课程加以开发，并且已经取得了可喜的成果。新疆葫芦艺术在内容上突出表现了人们日常生活中的各项活动，节日庆典中的吉祥祈福、道德规范的警句、歌舞情境、杂技体育表演、木卡姆演唱、图案装饰造型等，有些还采用了汉族传统文化中的吉祥物孔雀、蝙蝠与福禄寿文字等内容。"艾德莱斯绸"是新疆和田地区产的一种扎染绸，是最受维吾尔族女性喜爱的丝织品，图样、色彩搭配，对比极其强烈。巴旦木是南疆盛产的一种植物的果实，它的形状如勾状的弯月，一头圆，一头尖，被维吾尔族人进行了创造性的艺术处理，在花帽、头巾和日常生活用品中常常有用巴旦木装饰的造型，巴旦木图案也是最具维吾尔民族文化代表的装饰纹样。克孜尔石窟是新疆佛教文化的代表，其文化内涵和艺术价值都显示出当年这个坐落在丝绸之路上的石窟的灿烂文明程度，它是东西方文化融合的典型代表，并影响着中原佛教石窟文化的发展。克孜尔石窟艺术是中外文化交融的结果，也是新疆佛教文化的地缘特色。毡房、牛角、羊角、几何图案，是草原文化的特征。摔跤、姑娘追、猎鹰是哈萨克与柯尔克孜马背民族的游戏和文化活动。伊斯兰宗教建筑特色是新疆地缘文化的主要特点，清真寺建筑、陵墓建筑的造型与图案装饰影响着新疆文化的方方面面。以上这些多元文化的特征和印记都在新疆葫芦艺术创作中得到了充分的体现和传承，内容的选择和表现是一种强烈的民族文化潜意识的自然流露，也是民族文化自然延续和传承的方式。从新疆的葫芦艺术中可以看出不同民族文化的体现以及不同审美情趣的追求。

新疆葫芦艺术的内容中有几何形图案，植物图案，人物、动物、建筑图案，书法等样式。几何形图案、植物图案是少数民族传统文化和伊斯兰教装饰文化的主要表现内容。早期民间葫芦艺术的形式主要是葫芦绘画，内容也局限在花卉图案、几何形纹样与文字表现方面。因为受伊斯兰教理念的影响，在绘画中禁止表现人物、动物形象和眼睛图像的内容，因此传统伊斯兰绘画中是没有人物和动物内容的。随着多元文化的不断融合及与时俱进的审美追求，现代民间美术创作中，表现人们日常生活的内容早已成为艺术创作的主体，反映在葫芦艺术中也是同样。人物、建筑物内容的出现更加丰富了新疆葫芦艺术的文化内涵和艺术感染力。新疆的葫芦艺术特色是图案装饰多，每个葫芦艺术中都离不开图案装饰。图案最能体现伊斯兰文化的特点，由植物与几何形组成的图案有极强的装饰效果。植物一般多选择石榴花、藤蔓碎花与巴旦木果实等素材，用二方连续与单独纹样、适合纹样的方式加以排列组合。特别是在葫芦底部的图案装饰中，多采用维吾尔传统图案的样式。

在色彩表现方面体现了浓郁的地域特色，对比强烈的色彩关系与色调柔和的色彩关系都源于生活中的各种元素。对比强烈的色彩关系取自于艾德莱斯绸的创作灵感，色调柔和的色彩关系又取自于伊斯兰建筑中的砖雕

① ② (上方) ③ (下方)

④ ⑤

⑥ ⑦

①萨玛瓦尔造型　②陶器造型与葫芦　③铜壶造型葫芦　④汉族吉祥文化葫芦
⑤克孜尔壁画艺术葫芦　⑥艾德莱斯绸葫芦　⑦文字书法葫芦

艺术效果。蓝色、绿色、黄色、红色是新疆葫芦艺术中常用的几种色彩，更多的则是充分利用葫芦的本色作为基调，并用同类色加以辅助，这样更能显示葫芦的本质特点。不管是单色的表现还是色彩的表现，都能显示出新疆的地缘文化特色，都能表现出新疆浓郁的装饰美感与强烈的民族审美情趣。

新疆葫芦艺术的表现技法多样，采用雕塑、刀刻、彩绘、烫烙等不同技法完成作品创作。针刻技法不同于甘肃葫芦艺术中的针刻技法，甘肃"鸡蛋葫芦艺术"中的针刻是用针划出的效果，属于微雕技法，而新疆葫芦艺术因其器型大的缘故，所采用的针刻技法是用针扎眼或用钻打眼的方法完成的。以烙铁做笔的烫烙技法是新疆葫芦艺术中常用的一种传统技法，在现今的葫芦艺术中依然使用。雕刻采用阳雕法、阴雕法、透雕法、双勾勒线等刀法，也有采用木刻创作中的技法，借鉴了传统木刻技法中的一些刀法用在了阳刻技法的底色之中，有的作品能在葫芦上进行三层雕刻处理。技法的创新提升了新疆传统葫芦艺术的艺术品位和审美情趣，并为之注入了新的文化内涵，同时也提高了葫芦艺术的市场价值，成为一种雅俗共赏的民间艺术品。

新疆的葫芦艺术在表现方式与技法方面，有的采用细腻刻画的表现技法，有的采用粗犷的写意表现手法，有的采用图案装饰为主的手法。从审美的角度来审视新疆的葫芦艺术，从中可以看出有的作品体现出了农民画中特有的质朴，有的作品能显示出造型功力的学院派风格，也有的作品强调文学内涵的要素与对宗教文化的追求，有的作品则在造型创新方面显示独特审美个性。但均体现出浓厚的多元文化内涵及独特的民族审美理想与价值取向。中华文明博大精深，是融入了全国56个民族文化精髓形成的中华文化的代表。我们在多重语境的文化氛围中，通过多民族间相互的文化交流、融合、借鉴、吸收，从而使新疆多元文化的优势更加弘扬光大，葫芦艺术便是为这一理想做出的小小贡献。

（原载《装饰》2010年第1期）

葫芦文化产业现状及发展对策 ①

一 葫芦文化产业发展现状

以往研究多涉及葫芦栽培、种植和社会功能等,主要针对新中国成立之前所保留的情形而言。事实上,令人不无担忧的是:近年来,我国葫芦种植越来越少,出现明显的衰落之势,前人的葫芦种植、培育技术多半失传,如今葫芦工艺的制作难与以往相提并论。其背后的原因,值得探讨和深究。

如所周知,一种事物的出现与存在大都与人类的需求密切相关。在传统社会,科技相当落后,人类对客观世界认识水平有限,对自然万物的了解与利用水平较低,对于葫芦等容易得到且使用方便的植物自然会产生依赖,格外青睐,甚至出现膜拜信仰、图腾崇拜;而在当今社会,随着科学技术的不断进步,人类对世界的了解日益加深,利用自然的水平也得到提升,人们在日常生活中制造和获取了大量更实用和优质的材料,其中很多取代了葫芦的相关功用,对葫芦的实用性需求极速下降,这一点与古代的情形大不相同。葫芦实用功能的衰退,是导致葫芦产业萎缩的直接原因,令葫芦文化的发展前景受到很大的限制,令人堪忧。具体言之,有以下几方面

---

① 此文为山东省社科规划项目《葫芦民俗及葫芦文化产业发展研究》,2008 年立项,编号 08CWYJ12,2010 年结题。

表现。

首先，在先民生活的时代，人们对食物的要求很低，只要果腹即可。而随着人类社会漫长历程的发展，人们发现并培育出众多果蔬植物，相比之下，葫芦已不再是一种可以满足人类口腹之欲的优先选择之物。面对着琳琅满目的食材，人们所要求的不再仅仅是果腹，而是色香味和营养价值俱全的食品，在这方面其他食材渐渐分流和取代了葫芦某些功用，从而使葫芦食品只可见于一些特色菜肴中。

其次，金属农具的普及以及机械化生产，将葫芦排除在农业生产之外。在追求高效机械化生产的今天，播种机取代了"瓠种"；而纺织业等手工产业的发展，使农村的家庭纺织、磨坊等难以维持，葫芦在手工业工具方面发挥的功能也随之被弱化，最终导致消亡。现在仅存的葫芦工具也只能成为稀有的民俗文物、非物质文化遗产而成为历史的见证。总之，葫芦已经被排挤出生产工具的行列。

再次，作为生活器皿，葫芦是古代应用领域最为广泛的植物，但随着陶瓷、金属、塑料制品的出现与普及，人们对生活用具的追求日益朝着新颖、美观、耐用方向发展，葫芦制作的生活器皿也逐渐地被边缘化，仅存于一些偏僻山乡村的农家中，如为数不多的面瓢、米瓢等。葫芦作为先人们不可或缺的生活用品的时代已然成为过去式。

另外，葫芦作为浮具的时代也随着现代桥梁、水上用具的发展而一去不复返。现代人更喜欢选择以救生圈作为浮水的工具，腰舟只能以历史记忆的形式存在于民间文学的典籍中，供后人瞻仰。又如曾经一度活跃在市场上的葫芦招幌也鲜为人见，因为人们对广告的要求已不再局限于实用层面，更注重的是醒目、生动、逼真、富于吸引力。因此新的广告宣传器材诸如霓虹灯、电子视频等大量涌现，层出不穷，取代了原有的物品，使葫芦幌子失去曾经的辉煌，逐渐退出了市场。再如在冷兵器时代葫芦火器因其突出的军事价值，曾荣耀一时，但随着时代的进步，武器更新换代的速度也日益加快，它最终只能作为供人观瞻的文物，静静地躺在某一角落。类似的情况还出现在葫芦乐器上，因传统工艺造价过高，对制作的要求更苛刻，如今它只能在一些少数民族地区流行，且有的乐器只保留了葫芦的形状，原料已被金属、木质等其他器材所取代。

以上种种事实证明：随着社会需要的变化，葫芦的实用功能日趋微弱，它在人们生活中的重要性不断递减、面临消亡。那么，葫芦真的就这样退出历史舞台了吗？如果没有，那它的出路何在？我们应该如何存亡继绝，发扬中华葫芦优秀传统文化，从不同方面振兴葫芦产业？这是广大葫芦文化研究者和爱好者非常关心的问题，也是众多民俗文化研究者们应该共同思考与探究的重要课题。

二 葫芦文化产业的发展对策

如上节所示，葫芦已被众多替代品挤到了边缘地带，沦为历史遗产、博物馆展品。而事实上，葫芦文化并没有完全消失，而是以新的方式、朝着新的方向、继续发展，生生不息。特别是在文化大发展、大繁荣劲吹的当代，葫芦在产业经济、旅游文化、非遗保护、文化交流、传统文化教育等各个方面，依然发挥着独特而重要的作用，以下四个地区的典型个案就是最好的证明。对此进行介绍与分析，对于如何更好地引导与发展葫芦文化特别是葫芦文化产业，都具有很大的借鉴与启示意义。

（一）临朐葫芦：引进来，发展葫芦旅游项目

临朐的葫芦文化展览展示葫芦文化"生"的机遇。该展览讲的虽然是葫芦文化，但其内容决不仅限于展览本身。从内容上看，有三方面焕发了葫芦文化的生机：

一是葫芦的种植。近年来，临朐县旅游局请有关农艺师实地指导，在当地开辟了数亩葫芦种植田，作为葫芦的生产基地和种植与培育的试验基地。他们从国内外搜集了大量的葫芦种子，进行试种，并且利用传统的栽培方法，培育出各种葫芦，为葫芦展览和葫芦开发提供了必要的条件。

二是产业的开发。他们对于葫芦的应用，一方面保留了原有的一些用

途,如葫芦雕刻、蝈蝈葫芦等;另一方面注重新领域的开拓,如请乐器师在原有乐器的基础上设计制作了各种葫芦乐器,绘制类似"吞口"的葫芦壁挂装饰品,制作葫芦风筝等等。这些项目的开发既刺激了市场的需求,也带动了葫芦种植业的发展。

三是葫芦文化展览。临朐葫芦文化展览通过几百件展品的展示,从葫芦的起源、分布、种类到功能和开发等都作了全面而系统的介绍,特别是将葫芦文化与旅游业的发展结合起来,使葫芦产业与旅游业相互促进、共同发展,对葫芦文化产业的发展与出路做了有益探索:既以葫芦文化为旗帜打造临朐的文化品牌和知名度,带动当地经济发展;又以旅游为契机,为葫芦产业开拓更广阔的天地。

从临朐的葫芦文化展览中可见:葫芦产业并没有退出历史舞台,而是另有新路。通过总结和反思葫芦发展历程,可得出这样的共识:即重复历史是行不通的,我们无法再回到刀耕火种的原始时代,不能以瓠代替金属。在新形势下,我们只能凭借人类的聪明才智,进行新的开拓。对待葫芦文化本着批判继承的原则,"取其精华,弃其糟粕",对仍有价值的予以保留并发扬光大,否则就应摒弃。如葫芦作为生产工具、生活用具、武器,我们应整理出这些历史材料,供后人了解;而作为食物、饲料、生活器皿,则应该适当保留,并进行创新研究,以适应生活的节奏;作为乐器、工艺品、旅游纪念品、观赏盆栽、吉祥的寓意等,则应该大力支持,努力创新,以刺激葫芦种植业和加工业及艺术产品的新发展。

(二)东昌葫芦:走出去,创造葫芦大舞台

在山东省聊城市东昌府区,葫芦文化也得到了很好的发展。与临朐的发展方向有所不同,东昌府葫芦的发展既注重引进来,更加注重走出去,开拓了一条走向世界的"葫芦出行之路"。

东昌府区作为"中国雕刻葫芦文化艺术之乡"和山东省葫芦种植、加工、销售文化产业示范基地,早在2007年即入选国家级非物质文化遗产名录,2010年7月,东昌葫芦走进上海世博会,李玉成等雕刻葫芦名家当场献艺,成为世博会山东周的一大亮点,此后他代表东昌葫芦艺术家们远赴法国巴黎在教科文组织总部、韩国首尔展演葫芦雕刻技艺,让东昌葫芦文化走出去,创造葫芦大舞台,是东昌葫芦发展的显明特色。

在产业化方面,东昌府区的葫芦种植总面积近万亩,年产葫芦数量在5000万以上,占全国份额的50%左右,种植基地在聊城本地主要集中在堂邑、梁水镇、闫寺等乡镇、办事处及新疆等外地。东昌府区的葫芦加工企业有60余家,代表性的有堂邑聊城第一村工艺葫芦制品厂、东昌府区福禄缘有限公司、东昌府区避疫葫芦厂等,加工量占全国的60%以上,年销售额近3亿元。东昌葫芦的品种多样,其中姜堤乐园里的百亩葫芦园里就有100多个品种,是国内单种面积最大、品种最全的葫芦种植基地。在产销方面,堂邑镇作为聊城东昌府区葫芦主要生产基地,葫芦种植户达600多户,种植面积3000多亩,拥有异形葫芦、雕刻葫芦和烙花葫芦三大类近千个品种的葫芦加工产品。该镇生产的工艺葫芦远销欧美、东南亚等地,年产值超过3亿元,已成为带动当地经济发展的一大主导产业。如著名的葫芦雕刻家、企业家于风刚创办的福禄缘葫芦工艺制品有限公司,实行公司+农户的经营模式,带动堂邑镇、梁水镇、张炉集镇、道口铺办事处等30余个村的420家农户搞起了葫芦的种植及加工,葫芦销售以国内市场为主,销往各地。仅种植葫芦一项,每年可为农户增收500余万元。

"走出去"战略是东昌葫芦产业发展壮大的一个重要原因。东昌葫芦不但销往全国各地,而且出口到英国、美国、加拿大等10多个国家,产品供不应求。2006年、2007年,东昌葫芦先后参加了第二届深圳国际文化产业博览交易会、山东首届文化产业博览会以及在辽宁葫芦岛举办的国际葫芦文化艺术节。东昌府区先后与辽宁葫芦岛葫芦协会以及美国、日本葫芦协会等国内外团体建立联系,加强了葫芦产业的交流与合作,并且积极拓展国内外新的市场。他们还积极与山东省民俗学会以及一些高校进行交流与合作,不断提升东昌府区葫芦的艺术品位,为东昌府区葫芦产业的发展壮大提供坚实的艺术支持。在信息时代,网络是不可缺少的传递信息的便捷工具,东昌府区就充分利用了信息网络,将葫芦产业与高科技接轨通过互联网将产品信息发布到全球各地,极大地拓宽了葫芦产业的发展平台。目前，东昌府区的"火烙葫芦"已销往全国各地，并打进韩国、美国市场。在东昌府区通过网络来销售葫芦产品。在这方面，最有代表性的就是"葫芦淘宝村"、"中国最大的葫芦产品集散地"——堂邑镇路庄村，全村730多户多从事葫芦网络销售生意，所开网店达240多家，产品销往国内和欧美、日本、韩国等国，现在人均已超过3万多元。如今全村有10家葫芦加工企业，年加工销售葫芦2500万个，葫芦产销量占全国的50%以上，年销售额达两亿元，是名副其实的中国葫芦第一村。

（三）延庆葫芦：借助葫芦文化，营造特色校园

与临朐和东昌府葫芦产业化的路径不同，延庆县的葫芦发展更注重文化的陶冶，模式独特。如大柏老小学就是借助葫芦文化，营造具有鲜明特色的校园文化。

延庆县大柏老小学是一所山区小学，为了让农村孩子从小就亲近自然，了解农业科技知识，为建设社会主义新农村打下良好的基础，学校从2006年开始在学校开展葫芦文化教育，近年他们又研发了校本课程《葫芦的种植与艺术》，确定了德育课题《葫芦种植美化校园》、《葫芦艺术伴孩子快乐成长》等。通过校本课程让学生学会葫芦种植的科学方法，并能在葫芦上进行初步的艺术创作，学会欣赏美、创造美，提升人文素养，并在劳动中接受教育，融于自然、热爱自然，拓展视野，锻炼能力。其中，《葫芦种植与艺术》校本教材共四册，分年级按层次实施：一二年级学习书法、绘画，打好基础；三年级学习葫芦的科学种植；四年级开始在葫芦上进行简单的艺术创作，以彩绘、切割造型为主；五年级学习用烙枪在葫芦上进行艺术烙烫；六年级则学习雕刻、镂空等创作技法。

在学校教学大厅顶部悬吊着许多葫芦工艺品，这些工艺品都经过了彩绘、烙烫、镂空等技术手段，在葫芦上形成书法、人物、花鸟等装饰，使一个个圆圆的葫芦焕发出艺术的光彩。楼道两侧的墙壁上，也悬挂着以葫芦为主题的镜框、展板、壁挂等，介绍葫芦的神话传说、葫芦的秘密、葫芦作为宝贝的故事渊源等知识，让人觉得仿佛进入了一个关于葫芦的神话世界。

大柏老小学在东龙湾实训基地还拥有一幢"葫芦种植日光大棚",作为学校的社会实践基地,使校本课程的实施有了依托的土壤,也为社会实践大课堂的推进奠定了坚实的基础。

(四)葫芦岛葫芦:产业引领,打造葫芦文化品牌

葫芦岛市是在全国行政区划县级以上行政单位中,唯一以"葫芦"命名的城市。葫芦岛因地形似葫芦而得名,又因地名之故而成为中国葫芦文化传承与发展的中心之一。2009年8月,中国民间文艺家协会授予葫芦岛"中国葫芦文化之乡"称号。"地与名传,名与地传",葫芦文化与这年轻的海滨城市天缘巧配,并已成为葫芦岛市独特的形象符号和亮丽的城市名片。葫芦岛市创新性的将葫芦文化产业作为当地葫芦文化传承、发展与创新的综合性媒介和载体,成功探索了产业引领模式的葫芦文化品牌化之路。

作为国家文化产业示范基地的葫芦山庄,是葫芦岛市葫芦文化产业发展的引领者。葫芦山庄襟渤海之辽阔,仰天角之雄奇,挖掘古老葫芦文化,传承厚重关东民俗,是中国葫芦文化传承发展的重要代表地。葫芦山庄景区拥有50余处景点和40余项娱乐体验项目,建有"中国葫芦文化博物馆"、"中国关东民俗博物馆"。

中国关东民俗博物馆全馆占地面积三千四百余平方米,分为11大展区,18个主题:瓷器、幌子、东北老民居、证照、老物件(鞋拔子、鱼刀子、萨满教器物、古钱币、算盘、称、烙铁、肚兜、枕头、荷包、焗匠工具等)、私塾、礼盒、服饰、家居装饰、古家居陈设、老照片、老马灯、老座钟、地契、镜画、渔猎耕、石器及化石、古车店。馆内陈列的5000余件藏品,全部都保持着原始的形态,在这里系统地展示出辽西地区及至关东境内人民群众的生产工具、生活用品、交通工具、民间工艺以及婚丧嫁娶、家居装饰、节日庆典、情趣爱好等情景再现。

中国葫芦文化博物馆始建于2006年,2009年葫芦文化博物馆被中国民间文艺家协会命名为"中国葫芦文化博物馆"。博物馆是目前国内首座大型葫芦文化主题博物馆,总建筑面积2000多平方米。博物馆根据葫芦功

能、葫芦藏品年代以及葫芦中外差异分为国外葫芦文化、葫芦与生活、葫芦与艺术、葫芦与军事等功能区，集中展示了2000多件展藏品，这些展藏品以葫芦的原材料为主，涵盖青铜、陶瓷、琉璃、玉石、金、银、铜、铁、锡、木、竹、绣品等多种材质。博物馆不仅收藏了国内知名书画家王少默、霍然、魏哲、扈鲁、问墨等的葫芦文化作品，而且还收集了多部葫芦文化论文集、国内外葫芦画册以及葫芦种植、加工方面的书籍。目前，博物馆已经发展成为涵盖葫芦文化、科学与艺术的综合性葫芦文化传承、发展与创新载体。

关东民俗街以情景再现、参与体验集中展示了内涵丰厚、形式样的关东民俗文化，关东古镇真实再现了闯关东的艰辛历程，葫芦坊全面展示了葫芦文化在关东大地的传承与发展，匠人街集中展现了推碾子、磨豆腐、酿老酒等关东古工艺，古文化街则可让人们参与体验抛绣球、坐花轿等关东民俗。同时，葫芦山庄还每天在葫芦大舞台、葫芦大戏院以及景区内部举行集体迎宾、跳喜神、民俗鞭子、抛绣球招婿、关东状元考、满族八旗风情秧歌舞、萨满舞、大型篝火晚会等民俗演出，以丰富多彩的形式来展现关东大地的风土人情。

近年来，葫芦岛市以"小葫芦、大文化、大产业"为宗旨，传播葫芦文化，促进葫芦产业与文化产业相结合，打造葫芦文化品牌。国际葫芦文化节是葫芦岛市一直坚持和不断强化的葫芦文化品牌塑造与传播媒介。自2005年首届国际葫芦文化节举办以来，已经成功举办了7届。前4届国际葫芦文化节是由中共葫芦岛市委、市政府主办，由市委宣传部牵头，市发改委、市文化局、市旅游局和龙港区人民政府等协办、葫芦岛山庄承办；每两年举办一届；2014年第五届葫芦岛国际葫芦文化节由中共葫芦岛市委宣传部、葫芦岛市龙港区政府、葫芦岛市文化广播影视局、葫芦岛市旅游局为指导单位、葫芦岛葫芦协会主办、葫芦山庄承办；从2014年开始，由当初的每两年举办一届改为每年举办一次，增加了文化节举办的频次。文化节在每年8月举办，主要活动包括开幕式、闭幕式、文艺演出、葫芦展览、葫芦工艺品评比与颁奖活动、专家论坛、学术研讨会等，同时每届文化节都会设计特色活动。目前，葫芦山庄正在牵头负责中国葫芦文化协会的筹建工作，并于2016年第七届国际葫芦文化节期间召开中国葫芦文化协会筹委会会议。

目前，葫芦岛市葫芦文化品牌已经得到社会各界的广泛认可。葫芦岛市以葫芦命名的企业和机构已经涉及葫芦工艺、文化产业、太阳能、食品、图书等多个领域，以葫芦为标识者则涵盖影视、银行、零售业、房地产等更广泛的领域。

除了以上所讲的比较重要而富有特色的葫芦基地，在我国的许多地方还有许多大大小小的葫芦生产地，如辽宁省的双羊镇的葫芦村、新疆的巴楚县的庭院葫芦等。辽宁省凌海市双羊镇长山了村盛产葫芦等，为了使初级农产品就地加工增值，该村村民采用了传统景泰蓝工艺生产金丝釉画瓢葫芦，推出造型天然、做工精美的葫芦工艺品，在市场上受到消费者的认可和欢迎，一个金丝釉画葫芦精品，较贵的可达上万元，成为村民的致富绝活。而巴楚县阿瓦提镇库勒博依村的葫芦产业以庭院为依托，亦颇具特色。据当地村民介绍，前来观赏和订购葫芦游客、客商非常多，每年光庭院收入都在3万以上，是当地村民重要的致富路。

从上可见，随着经济的发展，人们生活水平的不断提高，在物质需要得到了满足之后，人们对精神需要的追求也变得日益迫切。在这种情况下，各地政府和其他部门将葫芦文化与旅游业等相关产业的发展结合起来，探索出一条切实可行的葫芦文化产业发展之路。临朐、东昌府、延庆等地的葫芦文化发展模式就是一个很好的例证，具有很大的启示意义，值得学习和借鉴，并以此为基，探索出更好的模式。

总之，葫芦文化经数千年的历史积淀，以其独特的历史渊源，深厚的文化内涵以及广泛的群众基础，在现代文化产业发展中仍占有重要的地位。葫芦具有极其广泛的使用价值，随着不断的创新和开拓，葫芦文化富含巨大的经济潜力，拥有广阔的发展前景。在市场经济迅速发展和文化大繁荣的今天，葫芦产业的开发重点应集中在如何使葫芦的实用价值更加广泛、多元、精致而富有特色，更能令消费者满意等方面上来。而葫芦文化想要更好的传承下去，就必须聚集一批致力于此的专家、学者等力量，汇集包括政府、学者和民间人士等各方的智慧精华，群策群力，开创更加广阔而美好的葫芦文化产业发展新天地。

"路漫漫其修远兮，吾将上下而求索。"葫芦文化特别是葫芦文化产业的传承与发展之路，任重道远，漫漫无涯，它需要我们代代传承，不懈努力，将之拓宽延长，发扬光大。

盘古即盘瓠说质疑

彭官章

一

有关盘古与盘（又作槃①）瓠（又作护）的神话传说，源远流长，播及面广，对中华民族的古代文化曾产生过深远的影响。关于盘古、盘瓠的关系，古今学者普遍认为二者名写歧呈，实系一人，盘古即盘瓠。我们认为，辨此是非，很有必要。因为，弄清二者的关系，对于正确认识有关二者的神话传说，澄清历史上和现实中的有关问题，不无裨益。

关于盘古与盘瓠的关系问题，古今学者，论述颇多。《康熙字典》相关条目云：

> 任昉《述异记》：盘古氏，夫妇阴阳之始也，天地万物之祖也。今南海中盘古国人，皆以盘古为姓。又犬名。干宝《搜神记》：高辛帝有犬，其文五色，名盘瓠。

范文澜先生认为：

> 远古时代就居住在中国南方的苗、黎、瑶等族，都有传说和神话，可是很少见于记载。一般说来，南方各族中最流行的神话是"盘瓠"。三国时徐整作《三五历记》，吸收"盘瓠"入汉族神话。"盘瓠"成为开天辟

---

① 后文均作盘。

地的盘古氏。[①]

游修龄在《葫芦的家世》中指出：

> 盘瓠神话在三国徐整的《三五历记》中稍有变化。盘瓠变成了开天辟地的盘古氏，从一个部落的始祖升格为全人类（至少是整个汉族）的祖宗。[②]

《辞海·盘瓠》条说：

> 盘瓠：神话人物，始见于汉代"武陵蛮"的传说：远古高辛氏的女儿自愿和盘瓠（神犬名）结合，入谷而生六男六女，自相婚配（见《后汉书·南蛮传》和《搜神记》）。东汉以后，在汉族中推演为盘古的神话。解放前，有些民族尚有类似的传说，一说与他们过去的图腾崇拜有关。

文成佳在《盘瓠——盘古》一文中指出：

> 在我国的神话中，有一位最为宏伟的神，那就是盘古（盘瓠）。盘瓠即盘古，二者声音相同或相近，乃传写之异，正如有时写作盘护一样"。"盘古就是盘瓠"，"盘瓠——盘古诞生了人类，复再生或再造了人类，真不愧是人类最崇高的始祖形象"。"在开创天地万物中，流行的名字主要是盘古；而在诞生人类神话中，流行的名字主要是盘瓠。这大概是由于两类神话不太一样，后世的一些传述者遂用上两个名字了。[③]

另外，闻一多的《神话与诗》、夏曾佑的《中国古代史》、茅盾的《神话研究》、袁珂的《中国古代神话》和《古神话选释》、常任侠的《沙坪坝出土之石棺画像研究》等，关于盘古与盘瓠的关系，所论皆类于上述，认为二者名异实一。对此，我们觉得有进一步讨论的必要。

---

① 《中国通史》，第1册，人民出版社1978年版。

② 游修龄：《葫芦的家世》，《文物》1977年8期。

③ 文成佳：《盘瓠——盘古》，《郴州师专学报》1985年2期。

二

为方便讨论起见，兹将盘古盘瓠神话抄录出来，然后再将两者作比较研究。

盘古神话的最早记载见于三国时徐整之《三五历纪》：

> 天地混沌如鸡子，盘古生其中，万八千岁，天地开辟，阳清为天，阴浊为地。盘古在其中，一日九变，神于天，圣于地。天日高一丈，地日厚一丈，盘古日长一丈，如此万八千岁；天数极高，地数极深，盘古极长，后乃有三皇。数起一，立于三，成于五，盛于地，处于九，故天地去九万里。①

盘瓠神话记之于书的，首先是东汉应劭的《风俗通义》：

> 昔高辛氏有犬戎之寇，帝患其侵暴，而征伐不克，乃访募天下有能得犬戎之将吴将军头者，锡黄金千镒，邑万家，又妻以少女。时帝有畜狗，其毛五采，名曰盘瓠。下令之后，盘瓠遂衔人头，造厥下。群臣怪而诊之，乃吴将军首也。帝大喜，而计盘瓠不可妻之以女，又无封爵之道，议欲有报，而未知所宜。女闻之，以为帝皇下令，不可违言，因请行。帝不得已，乃以女配盘瓠。盘瓠得女，急而走入南山，止石室中。所处险绝，人迹不至。于是女解去衣裳，为仆鉴之结，着独力之衣。帝悲思之，遣使寻求，辄遇风雨震晦，使者不得进。经三年，生子一十二人，六男六女。盘瓠死后，因自相夫妻；织绩木皮，染以草实，好五色衣服，制裁皆有尾形。其母后归，以状白帝。于是，使迎诸子。衣裳斑斓，语言侏僮，好入山壑，不乐平旷。帝顺其意，赐以名山广泽。其后滋蔓，号曰蛮夷。外痴内黠，安土重旧。以先父有功，母帝之女，田作贾贩，无关梁符传租税之赋；有邑君长，皆赐印绶，冠用獭皮。名渠帅曰精夫，相呼为姎徒。②

二书撰时，一为东汉，一为三国，相距不远，所记盘古与盘瓠事迹未见

---

① 《三五历纪》，已佚，引自《艺文类聚》卷1。
② 《风俗通义》，已佚，转引自《后汉书·南蛮传》。该书此文之后，李贤注云："此以上并见《风俗通义》也。"

有交叉涵盖,于中怎能见得二者之间存在遭递关系? 盘古与盘瓠是两个不同的传说人物,二者之间差异很大,试略加比较,即可知两者并非同为一人。

1. 图腾信仰不同

拉法格说:"神话既不是骗人的谎话,也不是无谓的想象的产物,它们不如说是人类思想的朴素的和自发的形式之一。只有当我们猜中了这些神话对于原始人和它们在许多世纪以来丧失掉了的那种意义的时候,我们才能理解人类的童年"。"神话是保存过去的回忆的宝库,若非如此,这些回忆便会永远付之遗忘"①。我们分析盘古盘瓠神话故事也应基于这样的认识。

在盘古神话中,盘古是人不是物,是人神、人的化身,是人类的始祖,而不是物神和动物图腾。盘古氏"是为人也"②,"盘古氏夫妻,阴阳(指男女)之始也"③。盘古诞生了人类,真不愧为人类最崇高的始祖形象。人类始祖神在上古人民的心目中是异常崇高伟大的,因而人们往往把自己的许多发明乃至天地万物的创造,全归功于始祖神。盘古"垂死化身"而为"天地万物之祖"即是如此。盘古这个人神,人类的始祖神,是个名副其实的大自然的主人,他主宰着自然世界。从盘古形象中反映了人们征服自然、创造和改造自然及人定胜天的思想萌芽。

盘瓠神话中的盘瓠,俗称"犬"或"龙犬"。其形态是犬图腾,而不是人神。撩开神话历史的面纱,就会使盘瓠神话暴出其原始的形态。实际上,远古时代,人们往往以图腾的名称为氏族的名号。犬就是盘瓠,盘瓠是一个部落的名称,犬是部落的图腾。盘瓠是以犬为图腾的部落名称。犬是最早为人类驯服成家畜的动物,是原始渔猎社会人们捕获禽兽、防御凶猛动物侵害的最得力的助手和工具,故瑶畬等族以犬为氏族的图腾是可以理解的。"故点缀于瑶人野蛮生活者愈多,则愈望其繁殖而愈尊敬之;尊之至

① 拉法格:《宗教和资本》,三联书店 1963 年。
② 徐整:《五运历年纪》,已佚,引自清马骕撰《绎史》卷 1。
③ 《述异记》见《龙威秘书》1 集。

极，则以为图腾矣"①。盘瓠神话中的龙犬形象是瑶畲等族远古社会先民抗敌卫国、征服自然的英雄形象。必须指出的是，盘瓠神话传说本身纯属荒诞无稽，但作为神话传说以反映一个民族的原始图腾信仰则是科学的，符合社会历史发展规律。

2. 人物形象不同

盘古神话主要讲盘古开天辟地、化身万物及与大自然作斗争的故事。盘古是一位开天辟地、创造万物、造福于人类而又牺牲自己、无私奉献的人物。盘古开天辟地后，"一日九变，神于天，圣于地"，"日长一丈，如此万八千岁"，并繁衍人类"后乃有三皇"。盘古不但如此，还"垂死化身，气成风云，声为雷霆，左眼为日，右眼为月，四肢五体为四极五岳，血液为江河，筋脉为地理，肌肉为细土，发髭为星辰，皮毛为草木，齿骨为金玉，精髓为珠玉，汗流为雨泽，身之诸虫，因风所感，化为黎氓"②。又据《述异记》载："昔盘古之死也，头为四岳，目为日月，脂膏为江海，毛发为草木。秦汉间俗说：盘古头为东岳，肠为中岳，左臂为南岳，右臂为北岳，足为西岳。先儒说：盘古泣为江河，气为风，声为雷，瞳为电。古说：盘古氏喜为晴，怒为阴。"盘古将自己的一切都献给了人类和自然，真是鞠躬尽瘁，死而不已，其形象是崇高伟大的，是全体上古人民的化身。盘古神话反映的是与大自然斗争的故事。盘古最初是自然神。这与人民仅仅依靠大自然是有极大关系的。盘古化身万物的神话表露了朴素的唯物辩证的意识，把世界看成是物质的，看成是变化着的东西，自然世界是由人类主宰的等观点是难能可贵的。

盘瓠神话主要讲的是盘瓠为高辛氏消灭敌人及繁衍后代的故事，反映的是社会斗争的故事。盘瓠故事中刻划了有胆有才、有智有勇、为国除害、功勋卓著的盘瓠和明大义、识大体、顾大局、甘吃苦、愿意牺牲自己幸福的公主两个栩栩如生的人物。

高辛氏时，犬戎侵暴不已。帝喾多次征伐而不克，乃悬奖擒杀犬戎之

---

① 马长寿：《苗族之起源神话》，《南方民族史论文选集》。
② 《五运历年记》。

将吴将军，"赐黄金千镒，邑万家，又妻以少女"①。据《评王券碟》记载：
"左右俱无承认，唯龙犬盘护（瓠）于左殿踊跃起拜舞朝皇，惊中外，忽然
语话，应答君臣，独言报王之恩，自有兴邦之志，'只有（用）口牙之计，何
必用万马以行藏？'。""盘护（瓠）顶饮（领）敕言，受食百味，拜辞而去，
群臣遂（送）出朝门。盘弧（瓠）疾走如飞，浮游大海，七日七夜，经（径）
达伊国。时遇高王坐朝，亦且认得盘护（瓠），是忌（意）异之物也，喜而笑
曰：'大国平王有此龙犬不能畜之，今来我国，必定败也。吾常闻俗语云：猪
来贫，狗来富。异物进朝，我国必战（盛）。朕能畜之，是兴国之祯祥也。'
左右臣僚皆举欢悦。是（退）朝，引盘护（瓠）入宫内，取美味待之，爱惜如
玉。每坐朝，常令侍女侍之，不觉数日，忽感高王，大忘国事，游尝百花，
行宫乐酒，大醉不省人事。盘护（瓠）存思报主之恩，发动伤人之口，咬杀
高王，截取首级，复游大海，飞去回朝，伏卧殿前，污血堕地。"②《评王券
碟》的产生基本脱胎于《风俗通义》和《搜神记》的叙述，所不同只是把高
辛氏同犬戎吴将军的争斗改成"评皇"、"平王"同"高皇"、"高王"的争
斗而已，其他情节基本上是相同的。盘瓠取得胜利后，"帝大喜，而盘瓠不
可妻之以女，又无封爵之道，议欲有报，而未知所宜"③。"群臣皆曰：'盘
瓠是畜，不可官秩，又不可妻，虽有功无施也。'少女闻之，启王曰'大王既
以我评天下矣，盘瓠衔首而来，为国除害，此天命使然，岂狗之智力哉！王
者重言，伯者重信，不可以女子微躯而负明约于天下，国之祸也！'王惧而
从之，令少女从盘瓠。"帝女随盘瓠到南山后，"解去衣裳为仆鉴之结，着
独力之衣，随盘瓠升山入谷"，过着"织绩木皮"生儿育女的艰苦生活④。
可见盘瓠特别是公主的形象是高大的。但故事中对盘瓠的描写不尽善美。
人们不难看出，盘瓠之所以助高辛氏消灭敌人的一个重要目的是为了得到
"插带梳装，如花似玉"的公主，说明盘瓠的报国行动是有条件的，要奖

---

① 《风俗通义》。

② 《评皇券碟》，见《瑶族〈过山榜〉选编》，湖南人民出版社 1984 年版。

③ 《风俗通义》。

④ 干宝：《搜神记》，中华书局 1985 年版。

赏的，最终是为了自己；如果高辛氏不出重金悬赏招贤，不以女相配，他是不会自荐的。当取回吴将军头后，他一心只想着实现与公主婚配的愿望：遇"宫女出朝，盘护（瓠）进前开口咬定宫女群（裙）脚，把（咬）住不放，要宫女嫁我"。在盘瓠的强烈要求下，"王见护（瓠）有些灵性，成（有）龙虎之威，就将宫女嫁之为妻，（引）入宫内，排宴成亲"①。当盘瓠达到目的后，"盘瓠得女，急而走入南山"。可见其求得公主心切。他的讨价还价又使其形象略显逊色，此与无私贡献一切、形象高大的盘古是不可媲美的。

3. 所处的时代不同

盘古是创造天地人类的人，应属于从猿到人的阶段。盘古神话显然反映了古代人们对自然界的幼稚认识。"盘古氏夫妻，阴阳之始也"。盘古出生"万八千岁"后，"乃有三皇"②。三皇有多种说法，按《帝王世纪》说为伏羲、神农、黄帝。就是说，盘古远在黄帝之前，比黄帝要早"万八千岁"。

盘瓠是高辛氏时代的人物，盘瓠故事托言于高辛氏即帝喾。

帝喾属东南部的氏族组成的部落，加入华夏联盟，并继颛顼而为华夏联盟议事会的首领。帝喾为五帝之一。《帝王世纪》称少昊、颛顼、高辛、唐尧、虞舜为五帝。高辛氏与尧舜同时代，在黄帝之后。《世本》云："喾，黄帝之曾孙。"③喾为黄帝曾孙，盘瓠与帝喾同时代。那么，盘瓠比盘古晚若干万年。

4. 后裔及故事流传方式不同

盘古是天地万物之祖，是天地万物的创世主，是整个中华民族乃至世界人类的祖先，因而盘古不是某个、某几个民族的祖先，而是抽象的人类共同的祖先。所以，盘古的后裔也是抽象不具体的。盘古神话首先起于北方汉族，盘古垂死化身为五岳。五岳大多在北方，其中心区域在黄河流域。《尔雅·释山》云："泰山为东岳，华山为西岳，霍山为南岳，恒山为北岳，嵩山为中岳。"泰山在今山东省泰安县北，华山在今陕西省华阴县境。霍山即

① 《评皇券碟》见《瑶族〈过山榜〉选编》，湖南人民出版社1984年版。
② 《三五历记》。
③ 转引自《路史·后记》第9卷上。

衡山，在湖南省衡山县境。烜山即恒山，在山西省曲阳县西北。嵩山在河南省登封县北。盘古化身为五岳是北方主要是黄河流域的汉族人民的想象所致。随着汉族的不断迁徙和汉族文化的辐射影响，盘古神话在中华大地各民族中广为流传。盘古神话流传地区有河南、河北、山东、山西、陕西、吉林、辽宁、黑龙江、浙江、福建、江西、湖北、湖南、广东、广西等广大地区，具有全国性质。盘古神话流传于我国许多民族，如汉、白、毛难、苗、土家、畲、布朗、瑶、朝鲜等族之中。

盘瓠神话是南方人民特别是瑶、畲、苗族先民所塑造的，它流行于我国南方，主要流传于苗、瑶、畲等民族中。盘瓠不象盘古那样为抽象的人类祖先，而是具体民族的始祖。我们可以透过盘瓠神话看到民族实体的客观存在，又从民族实体来看盘瓠神话传说对于这些民族共同体的反作用。盘瓠虽然是一个神话，但信仰盘瓠实有民族共同体存在，它就是今日之苗、瑶、畲等族。盘瓠与帝女生活三年后，生子十二人，六男六女，盘瓠死后，因自相夫妻。帝女与神犬合而生子，与"天命玄鸟，降而生商"一样，是原始人中流行的一种"图腾授孕"的传说。六男六女结为夫妻的故事，是血缘婚时期兄妹为夫妻的某种证明。"其后滋蔓，号曰蛮夷"。在晋代，盘瓠后裔为"梁、汉、巴、蜀、武陵、长沙、庐江郡夷"[①]南北朝时，盘瓠后裔为"长沙武陵蛮"、"荆雍州蛮"、"五溪蛮"。"在江淮之间，种落滋蔓，布于数州，东连寿春，西通巴蜀，北接汝颍，往往有焉"[②]唐宋时代，盘瓠后裔称为"莫瑶"。据《隋书·地理志》记载："长沙郡又杂夷蜒，名曰莫瑶。自云其祖先有功，常免徭役，故以为名。""莫瑶者，自荆南五溪而居岭海间号曰山民，盖盘瓠遗种"。"今长沙、黔中、武陵蛮皆是也"[③]唐宋以后发展成为今天的瑶、畲、苗等族。

"瑶，本盘瓠种，产于湖广溪峒间"[④]。"瑶，本盘瓠之后"。"瑶，本

---

① 干宝：《搜神记》，中华书局 1985 年版。
② 《北史·蛮僚传》卷 95，中华书局 1983 年版。
③ 《天下郡国利病书》卷 104 及《太平寰宇记》卷 178。
④ 明嘉靖《广东通志初稿》卷 35，《天下郡国利病书》卷 100。

五溪盘瓠之后"①。瑶人"自言其先盘瓠之苗裔也"②。据《东安县志·外纪》载:"世传盘瓠氏为狗种。妻高辛氏之女,生六男六女,转相配偶,实繁育瑶种。"瑶族群众保存的各种《过山榜》上,皆称盘瓠为其始祖,皆言盘瓠与公主所生之六男六女为"王瑶子孙"。这六男六女为瑶族十二姓:盘、沈、包、黄、李、邓、周、赵、胡、唐、雷、冯;或盘、沈、郑、黄、李、邓、周、赵、胡、冯、危(包)、蒲;或盘、沈、包、黄、李、邓、周、赵、张、雷、蒋、胡;或盘、沈、包、黄、李、邓、赵、冯、祝(胡)、郑、雷、蒋;或盘、沈、包、黄、李、邓、周、赵、湖(胡)、潘、郑、凭(冯);或盘、沈、包、黄、李、邓、周、赵、胡、唐、翟、冯。瑶族的服饰和瑶锦与盘瓠有关。"瑶人服饰,女人帽之尖角,像狗之两耳,其腰间所束之白布巾,必将两端作三角形,悬挂于两股上侧,系狗尾之形。又男之裹头巾,将两端悬于两耳之后,长约五六寸,亦像狗之两耳。男人腰带结纽于腹下,如上述之垂以若干铜钱者,像狗之生殖器。瑶人相传,彼之祖先乃一狗头王,故男女之装饰均取狗像之意"③。瑶锦:"女初嫁,垂一绣袋,以祖妣高辛氏女初配盘瓠,着独力衣,以囊盛盘瓠之足与合,故至今仍其制云。"④瑶族信奉犬图腾盘瓠。据《浮山志》卷二记:"瑶本盘瓠种。自言为狗王后,家有画像,犬首人眼,岁时祝祭甚谨。"《蓝山县图志》云:"瑶祭盘瓠,其祖堂在西厅左,祈福禳病则赛之,所谓盘瓠也。"广西"兴安平地瑶……每岁首祀盘瓠,杂置鱼肉酒饭于木槽,即槽群号为礼"⑤。瑶族"每值正朔,家人负狗环行炉灶三匝,然后举家男女向狗膜拜。是日就餐,必扣槽蹲地而食,以为尽礼"⑥。瑶族至今保留着原始的盘瓠图腾信仰,保存着有关盘瓠图腾的多种禁忌。据廖我氏《广西瑶民生活缩影》记载:"瑶人不食狗肉,不打狗,并于狗死时举行隆重之丧仪。"

---

① 《桂海虞衡志·志蛮》。
② 光绪《德庆州志》卷15。
③ 庞新民:《广东北江瑶山杂记》,《中央研究院历史语言研究所集刊》第2本第4分册。
④ 《广东新语》卷7。
⑤ 《皇清职贡图》。
⑥ 《岭表纪蛮》81页。

闽、浙、粤一带的畲族,据清雍正《福建通志》卷55及58、《罗源县志》卷30、《景宁县志》卷12、《后村先生大全集》卷93等均明载相传为五溪盘瓠之后,自称盘护之孙,流传有盘瓠的传说及妇孺都能口诵的《狗王歌》;每个宗族刻有一根狗头杖悬挂盘瓠故事画。据德人史图博和李化民的《浙江景宁敕木山畲民调查记》,浙江景宁县畲族蓝氏是以盘瓠为始祖的,其神主牌位上写有"龙凤高辛氏祖敕赐附马护骑国盘瓠妣萧氏蓝克辉妣夏氏之位"。

"苗人,盘瓠之种也。帝喾高辛氏以盘瓠为歼溪蛮之功,封其地,妻以女,生六男六女而为诸苗祖"。他们"以十月朔为大节,岁首祭盘瓠,揉鱼肉于木槽,扣槽群号以为礼"①。苗族有《神母狗父》的传说②。湘西古丈、吉首、泸溪、麻阳等地的苗族信奉盘瓠。麻阳县"是苗族聚居区,保留着十分浓郁的苗族习俗,对盘瓠的崇拜尤为突出,不仅口碑广为流传,而且有众多的盘瓠庙和盘瓠祭祀活动。据不完全统计,全县共有盘瓠庙21座。……当地苗族群众认为,盘瓠是其始祖,是至高无上的神"③。

瑶、畲、苗三族笃信始祖盘瓠,对图腾动物有种种禁忌,说明他们与盘瓠有密不可分的联系。

5. 有汉"蛮"界定不同

盘古神话起源于北方汉族,从故事情节及记载情况看,只有褒没有贬。盘古开天辟地,繁衍人类,成为天地万物之祖,成为全人类崇拜的对象。盘古鞠躬尽瘁,死而不已,"垂死化身",把自己的一切全部贡献给了人类和自然,是一位完美无缺形象高大的人神。从书写形式看,盘古与"犬"旁无缘,同盘瓠截然不同。从所有记载上看,没有一书将盘古视为"蛮夷",历代汉族封建文人也从没将犬盘瓠列入盘古系统。人们中流行的是"盘古开天辟地"故事,并无"盘瓠开天辟地"之说。

在盘瓠的记载中,历代封建文人出自非我族类的陈腐观点,对盘瓠及

---

① (清)陆次云:《洞溪纤志》。
② 《苗族民间故事集》,上海文艺出版社1981年版。
③ 郭长生:《试论盘瓠图腾的龙的因素》,《贵州民族研究》1987年3期。

其后裔尽其诬蔑歧视之能事。首先是将盘瓠族的犬图腾故意加以渲染，并随着时间的推移加以歧视，把盘瓠写成"犬"，称之为"狗王"。当盘瓠取得吴将军头后，君臣皆以盘瓠是"犬"不可妻之以女为由，企图自食其言。盘瓠子孙被称为"犬种"、"狗种"，在族称书写上皆加"犬"旁。宋朱辅的《溪蛮丛笑》可谓首开谬种者。诚如民国《桂平县志》指出："诸族名字双犬，多属文人妄作。"其次是称盘瓠子孙为"蛮夷"，与华夏衣差饰异，文陈词敷，极力夸大其风俗居处的落后面，视之如同禽兽。

可见，盘古传说与盘瓠传说是大相径庭的。

6. 名称由来及出生方式不同

据《五运历年纪》，盘古的诞生是这样的："元气鸿蒙，萌芽滋始，遂分天地，肇立乾坤，启阴成阳，分布元气，乃孕中利，是为人也，首出盘古。"《三五历记》也说"天地混沌如鸡子，盘古生其中"。而盘瓠与此不同。据三国鱼豢《魏略》："高辛氏有老妇，居王室，得耳疾，挑之，乃得物，大于茧。妇人盛瓠中，复之以盘，俄顷化为犬，其文五色，因名盘瓠"[①]。《搜神记》云："高辛氏有老妇人，居于王宫，得耳疾历时，医为挑治，出顶虫，大如茧。妇人去后，置以瓠篱，覆之以盘。俄尔顶虫乃化为犬，其文五色，因名盘瓠。"《三才图会》云："盘瓠者，帝喾高辛氏宫中老妇，有耳疾，挑之有物如茧，以瓠离盛之，以盘覆之，俄顷化为犬，五色，因名盘瓠。"王通明《广异记》亦云："高辛时人家生一犬，初如小特，主怪之，弃之道下，七日不死。禽兽乳之，其形继日而大，主人复收之。当初弃道下之时，以盘盛叶复之，因以为瑞，遂献于帝，以盘瓠为名也。"

从上述可以看出，盘古和盘瓠是两个完全不同的神话传说人物。两则神话自产生之日起，就各自随着自身的思维进化而不断流传和发展。无论从哪些方面讲，盘古与盘瓠都没有相似之处，两者是扯不到一起的。因此，盘古就是盘古，盘瓠就是盘瓠。两者是不容混淆和无法化一的。

---

① 该书已佚，转引自《太平御览》卷785。

三

　　盘古和盘瓠既然是两个完全不同的传说人物，为何又被不少人说成是同一人物呢？常任侠先生的观点颇有代表性。他在《沙坪坝出土之石棺画像研究》中认为："伏羲与盘瓠为双音。伏羲、庖牺、盘古、盘瓠声训可通，殆属一词。"①盘古盘瓠在语音上有相同之处。"古"、"瓠"只是韵母相同罢了。即使两者声训完全相同，亦仅此名称而已，而两个传说的本质内核是绝对相异的。盘古盘瓠"声训可通"，既是同一说的唯一根据，又是简单推论之错误所在。

　　为了说明盘古盘瓠合而为一的发展过程，我们不妨用瑶族及《过山榜》作为例子加以论证。

　　隋唐以前，关于盘瓠的记载中，没有盘古的名字和情节可寻；关于盘古的记载中，更无盘瓠的半点影子。两则神话泾渭分明，互不相涉，并非象有些人所说的"徐整作《三五历纪》吸收盘瓠入汉族神话。盘瓠成为开天辟地的盘古氏"那样。《三五历纪》前面已抄录，并非如此，足见此说不攻自破。大约到了隋唐或更早一些时间，汉族的盘古神话开始在瑶族民间首先是在瑶族首领与一些文人中传播，开天辟地的盘古被吸收入《过山榜》中。盘古名字最早或出现于唐贞观二年（628年）《南京平王敕下古榜文》："眼见王法，如不遵者，母死不孝丧服，杀牛不吉利，养猪不杀留长调踏（踏）盘古大皇（王）。"其后又叙述"盘王"即龙犬盘瓠咬死"紫王"，平王赐二宫女与盘王为妻，生下六男六女等②。情节与《风俗通义》中的盘瓠神话完全相同，只不过是把高辛氏换成了"平王"、吴将军换成了"紫王"，盘瓠称为"盘王"。此时的《过山榜》中，盘古盘瓠是完全不同的两个概念，两者以迥异形态出现，根本没有混同的痕迹。它只说明此时的瑶族人民中已流传盘古神话，并将盘古作为一个了不起的创世主和外来神加以推崇，于是在瑶族中开始有了以盘瓠信仰为主的盘瓠盘古双重信仰。但瑶族在唐代只

① 《说文月刊》第 1 卷 10、11 期合刊。
② 《瑶族（过山榜）选编》，湖南人民出版社 1989 年版。

祭盘瓠而不祭盘古。据明邝露《赤雅》卷上记，瑶族"皆高辛狗王之后，以犬戎奇功尚帝少女，封于南山，种落繁衍，时节祀之。刘禹锡诗'时节祀盘瓠'，是也。"宋代后，盘古纳入了瑶族祖先的行列，宋太祖开宝八年（975年）的《过山榜》中，虽将盘瓠盘古故事作了分开叙述，将两者视为不同的传说人物，但将盘古拉到了"祖公"位置，称盘古为"祖公盘古"，称瑶族为"盘古子孙"，并将"盘古大王"作为神祇祭祀于七贤洞①。盘古盘瓠成了瑶族的两个祖先，虽然此时盘古还未取代盘瓠的始祖位置，但说明盘古信仰在双重信仰中的位置逐步提高。不过，这种现象只是在极小部分瑶族中出现。依众议认为比较准确可靠的宋理宗景定年间颁发的多则《评王券牒》中，从未出现盘古名字，而是专门叙述盘瓠故事，说明盘古并未在广大瑶族中受到普遍的信奉，可见盘古信仰是从部分瑶族中开始的。或明洪武以后，盘古在瑶族中的地位急遽上升，盘古名字不仅充斥于绝大部分《过山榜》中，而且将盘瓠神话移植于盘古名下，盘瓠改成了盘古，盘古取代了盘瓠。"昔日上古天地不分，（世界）混沌，乾坤不政（振），无日月阴阳，不分黑白昼夜，是时勿生，我盘古圣皇首先出身置世，凿开天辟地……昔日开天辟地，首君有我盘古圣皇，凿天立地，先有吾身，后有天，功高万古。首置造天星是为平王，号称皇祖。历（书）下后代，长房瑶丁子孙分十二姓，系我瑶人。给与榜文券牒，世代为凭。盘古龙王生有六男六女，姊妹十二人，分为十二姓"。称盘瓠为"盘古圣皇"，称盘瓠子孙为"盘古子孙"，"盘古良瑶子孙"②。自此后，"以盘古为始祖，盘瓠为大宗"③，盘古正式取代盘瓠而成为瑶族的始祖。

从《过山榜》等古籍中可以看出，盘古取代盘瓠为瑶族始祖经历了三个阶段：第一阶段是唐以前盘古盘瓠两相分明互不混同阶段。瑶族信仰中只有盘瓠而没有盘古。第二阶段是唐宋时期盘古盘瓠信仰并存阶段。唐初，盘古名字纳入《过山榜》，为盘古盘瓠混同投下了隐影。宋初，盘古成

---

① 《瑶族〈过山榜〉选编》。
② 《瑶族〈过山榜〉选编》。
③ 《广东新语》卷7，中华书局1985年版。

为瑶族崇拜对象之一，并被纳入瑶族祖先行列，造成后人以讹传讹的根据。第三阶段即盘古取代盘瓠阶段。明初后，盘瓠被盘古替代，盘古当上了瑶族"名正言顺"的始祖。

盘古取代盘瓠事件之所以发生，是有根由的。首先是盘古盘瓠音相近，易讹误，特别是盘古为盘王、盘皇，盘瓠也为盘王、盘皇，两者皆可为盘王盘皇，容易使人误解。"今广西以南所在陬麓多盘古庙，其庙塑像有盘瓠形类者，殆即瑶人祖祠。瓠、古声相近，遂指盘瓠而盘古之"[①]。"信奉盘古王，多姓盘氏（盘瑶多姓此）。盖多盘槃字通，盘古殆亦盘瓠之递转，而盘古较为雅驯易记故也"[②]。"盘古庙：在永和里，祀盘古。盘古，瑶族名盘瓠，盘槃同声，古瓠叠韵也"。"省志：粤西郡县往有盘古庙。盘古庙之称，盖苗民为盘瓠之后，故群祀之，音讹转为盘古耳"。"《新义录》云：盘古庙乡落间多祀之，或以为盘瓠之讹"。"盘瓠，转音盘古，证以今瑶语无可疑"[③]。"盘瓠"即狗、狗头王。土瑶用瑶语称狗为"古"，故盘瓠便称为"盘古（狗）"，于是盘瓠变成了盘古。其次是盘古姓与盘姓引起混淆。盘古后裔以盘古为姓。《述异记》云："桂林有盘古祠，今人祝祀。南海中有盘古国，今人皆以盘古为姓。"盘姓为盘瓠子孙一大姓。"瑶出盘瓠，盘为瑶姓"[④]。"粤有瑶种，古长沙、黔中、五溪之蛮，生齿繁衍，播于东西，多盘姓，自云盘瓠之后"[⑤]。"粤之瑶种多盘姓，自云盘瓠之后"[⑥]。盘古姓与盘姓皆有盘字，以为盘古复姓与盘姓同一，致使不少学者以为盘古就是盘瓠了。再次是汉族盘古神话随着汉族人民的向南迁徙而带到南方，影响到南方各少数民族，瑶族也不能例外。经相当长的历史过程，瑶族人民逐渐接受了盘古神话。"本县瑶人亦祀其先，而仿汉人之习，惟并祭盘古，殆自谓盘古之裔，亦足见其近化之端"。三江瑶民原祭盘瓠，民国时才"改祭盘古

① 民国何天瑞：《西宁县志》卷33。
② 民国《三国县志》卷2。
③ 《桂平县志》卷15。
④ 《夏通志》引文见嘉靖间《记事》上编。
⑤ 《欧江杂志》卷23。
⑥ 杨澜：《临汀汇考》卷3。

耳"①。最后是盘瓠传说本来并不含有任何侮辱的意思,只是后来历代封
建统治者把这种传说大肆渲染,进行歧视性的歪曲和诬蔑,人为地扩大为
民族间的隔阂。在阶级压迫和民族压迫的时代,大族迫使少数民族接受盘
古(黄帝子孙)的说法,借以避免民族反抗或减少民族敌对。同时,在某种
虚荣心理的驱使下,瑶族某些文人将本民族原来的盘瓠神话附托于盘古神
话,以便迎合封建统治阶级提出的"华夷同源"的需要,将此作为光祖耀宗
的资本。

不管盘古取代盘瓠的情形如何,我们不难发现,盘古是瑶族人民附会
接受的,是徒有虚名的瑶族祖先,并不受到瑶族人民的衷心敬奉。盘古只
是瑶族信仰的外壳,而盘瓠才是瑶族信仰的核质。早在清代就有人指出
盘古庙实质上是盘瓠庙,盘古为盘瓠之误:"盘古庙,盘瓠之误,盘瓠子孙
滋蔓荆楚,号为蛮夷,湖广莫瑶是其流裔"②。"瑶,系土著……本盘瓠之
后,遇喜事供奉必由亲族在堂呼盘瓠始祖伯公回来收领猪酒,然后取食,
故祀盘古(瓠之转也)"③。"瑶人,黔省原无……所祀之神曰盘瓠"④。据
灵氏《蒙山县瑶人生活概况》记载:"祖先图牌上描狗形,画狗像,为祭祖
时用,像后并附有盘瓠王出身图。"朱详在《江华乡土调查笔记》中写到:
"江华瑶族其祭祀所谓盘王者,每年于阴历十月十六日举行祀典,最为隆
重。""盘王"就是盘瓠,"跳盘王"就是"跳盘瓠"。盘王节是祭祀盘瓠的
重大节日。"明邝湛若述瑶人祀典称,祭毕合乐。例具大木槽,扣槽群号,
先献人头一枚,名吴将军首领。予观祭时,以桃榔面为之"。"其祀盘瓠为
祖先说,当非子虚"⑤。"七日望日祀其先祖狗头王,以小男女穿花衫歌舞
为侑"⑥。"六月初二相传为盘古生辰"⑦。而"盘古诞"之日瑶族不但没有

---

① 民国《三江县志》卷 2。
② 光绪《宁远县志》卷 2。
③ 民国《灵川县志》第 369 页。
④ 民国《贵州通志·土民志》。
⑤ 民国《三江县志》。
⑥ 《广东新语》卷 7。
⑦ 《南国丛稿》八《粤西琐谈》。

举行祀典，而且为大部分瑶民所不知。可见盘古为瑶族始祖不得不引起人们的怀疑。"两广洞蛮多相传为盘瓠之后，或伪为盘古云"①。瑶为盘瓠后裔，"瑶人多姓盘，嫌犬名不雅改为盘。且冒称盘古之裔，其实非也"②。

综上所述，盘古与盘瓠是两个完全不相同的神话传说人物。盘古起源于北方汉族而成为中华各民族共同崇拜的神祇，是开天辟地创造万物的灵神。中华各民族共同崇拜盘古反映了原始社会部落时期的图腾崇拜。盘瓠是盘瓠部落人们的信仰图腾，也是南方瑶、畲、苗族人民最早的图腾信仰。瑶畲等族民间的盘瓠传说反映出了动物崇拜、祖先崇拜和图腾崇拜的复杂内容，在诸族人民的社会生活中打下了深深的烙印，在其文化史上产生了重大的影响。盘瓠精神作为瑶畲等族人民的精神财富流传下来，成为瑶畲等族人民最牢固最坚韧的纽带。盘瓠形象成为瑶畲等族人民的精神支柱。

（《广西民族研究》1988年第2期）

---

① 民国《桂平县志》卷32。
② 《古今图书集成》卷1410。

华夏民族与葫芦文化

——兼与刘尧汉、萧兵同志商榷

武　文　周绚隆

　　当人类开始走出蛮荒，迈向文明的初期，他们对自然和自身的认识还相当的幼稚和单纯，生存环境的变幻不定和生命运动的复杂性都使他们感到神秘莫测。然而，生活的需要又不得不迫使他们去探索和把握这些使自己困惑不解的现象。于是，他们便以自身为依据，把所获的简单的生产知识与天真的幻想结合在一起，来解释宇宙之奥秘。葫芦神话和传说即为典型的特例。

　　我国五十多个民族，大都有人出自葫芦的神话传说。葫芦崇拜在地域、民族的分布上都极为广泛，其崇拜目的与方式也十分复杂多样。葫芦崇拜作为极其典型的文化事象涵溶着中华民族对生殖、祖先和自然神祇等一系列生命神秘性的认识。近年来，考古学、民族学和人类学工作者已经发掘出大量有关这方面的资料。然而，由于一些研究者所获资料的单一和片面等问题，造成了葫芦文化研究中的一些偏差，以致把这种在中华大地具有普遍性的崇拜仪式只归结为"西南少数民族的风俗"。

　　刘尧汉先生在他的《中国文明源头新探》中说："只有彝族把葫芦挂在胸前并说'葫芦是彝族的祖公'。"[1]且认为，"彝族的葫芦崇拜是原始母系

---

① 刘尧汉：《中国文明源头新探——道家与彝族虎宇宙观》，云南人民出版社，1993年版。

制虎图腾崇拜之前的自然崇拜"①。萧兵在其《楚辞与神话》一书中也指出:"女娲、伏羲、盘古最初的形象都是瓜,是草木繁茂的南方葫芦图腾的产物。"②至于葫芦崇拜是否图腾,我们觉得还是刘尧汉说得对:"这并不是图腾崇拜,而是自然崇拜的遗迹。"③因为葫芦崇拜本身是一个非常复杂的现象,它并不是单纯意义上的祖先崇拜,而与图腾制的特点又不相吻合④。但是,刘、萧二位先生有一种共同倾向,那就是他们都把葫芦崇拜只归属于西南或南方少数民族所独有的文化范畴。

其实,华夏民族最早也普遍有过葫芦崇拜的时期。《诗经·大雅·绵》:"绵绵瓜瓞,民之初生。"这就是最早记录的华夏民族关于人出葫芦的传说,是一种较典型的葫芦崇拜意识。另外《诗经·邶·匏有苦叶》:"匏有苦叶,济有深涉。"匏,即葫芦瓜。从广义上讲,这也是写葫芦在华夏民族生活中的故事。闻一多曾引《开元占经·石氏中官占篇》引《黄帝占》为证:"匏瓜星主后宫。""匏瓜星明,则……后宫多子孙,星不明,后失势。"也即是生殖崇拜的一例。但是,由于华夏民族历史悠久,并多次受外来文化的冲击和民族融合的影响,以致那些原始的崇拜物除一些还仍然作为一种吉祥的化身保留在民间外,大多有关葫芦崇拜的古老仪式早已荡然无存。然而这种古老文化形式的遗迹和文献记载,却为我们提供了还原这种历史的凭据。

古代秦州(今甘肃天水)一带,素有"羲里娲乡"的美称。《帝王世纪》曰:"庖牺氏生于成纪。"唐司马贞《古史记》之《三皇本纪》曰:"太皞庖牺氏,风姓,代燧人氏继天而王。母曰华胥,履大人迹于雷泽,而生庖牺于成纪",并记录了伏羲于古成纪的许多伟大的创造。古成纪,即今天水市秦安县,三皇时为雍梁之域,西汉称成纪。今天水市秦城区还有伏羲庙建筑群(此庙始建于何年不详,明代曾复修过。伏羲庙据说大陆只有这一处,另

① 刘尧汉:《中国文明源头新探——道家与彝族虎宇宙观》,云南人民出版社,1993 年版。
② 萧兵:《楚辞与神话》,江苏古籍出版社 1987 年版。
③ 刘尧汉:《中国文明源头新探——道家与彝族虎宇宙观》,云南人民出版社,1993 年版。
④ 岑家梧:《图腾艺术史》,学林出版社 1986 年版。

外台湾有一处），院内有按八卦方位排列种植的古柏（相传共六十四棵，现仅存三十多棵）。在秦安县东北的陇城乡一带，相传是女娲的故乡。据说女娲生于风台，长在风谷，葬在风茔。风谷、风台现均属陇城乡风尾村。风谷南北走向，东侧沟崖上有一洞，名曰"娲皇洞"。陇城还建有娲皇庙，曾毁于"文革"中，现已修复。

另外，在天水一带至今还流传着关于伏羲是葫芦娃的神话传说：伏羲是一民女和龙王所生。民女和龙王结婚后回到天上居住，后来人间发大洪水，民女便将初生的伏羲装入葫芦放回人间，保留了人种。现在伏羲庙大门过亭上的脊顶就是一葫芦形（见图一），上面呈刺状的所代表的是太阳及其光辉，下边的波纹代表的是水。四川汉代画像中就有画着伏羲手捧太阳，女娲手捧月亮的形象[①]。这两者基本上是吻合的。

（图一）

在与陇城紧临，同靠清水河和葫芦河的五营乡邵店村，前些年又发掘出了一处大地湾原始文化遗址，据考证距今约七千多年。其中出土的大批陶器文物中以葫芦瓶和人首瓶最为典型。人首瓶的瓶口是一个人头，瓶身呈一长葫芦形。人首葫芦瓶在当地民间说法有二。一是说人出自葫芦，一是说人出自葫芦河。但这二说都联系着伏羲和女娲造人的事情。说洪水中，他姊妹二人坐在葫芦里逃生，后来又在葫芦河畔抟土造人，创造了人

（图二）

类。这些古老的传说和出土文物为华夏民族关于人出葫芦的崇拜习俗都提供了有力的证据。只是中原地区由于开化较早，文明的发展较快，又较多地吸收了外来先进的文化，把这种古老的习俗和心理逐渐冲淡和湮灭了，使得它以别的形式流传于民间。

今考察，在秦安一带，古代建筑的砖墙上现在仍刻有"金钱吊葫芦"的图样（见图二）。流行于这一带的童谣说："一千一万，葫芦吊线。"这都出于葫芦多籽的

---

① 见袁珂：《中国神话传说》，中国民间文艺出版社 1984 年版。

缘故。《史记·天官书·索隐》引《荆州占》说:"匏瓜,一名天鸡,在河鼓东,匏瓜明,则岁大熟也。"也与此相关。而庄子所谓"注焉而不满,酌焉而不竭者",也是说葫芦是件神物。现在西北民间,仍有将葫芦用红线系于上房中堂的遗习。当然,这里面的含义已经发生了很大变化,它已经是一个包容着多种内涵的吉祥的化身,表现了人们对那些古老神话的一种眷恋。然而,文明毕竟已迈出了很大一步,人们永远也不可能保留所谓的"祖灵葫芦"了。

地质学的研究表明,上古时代,现在的青藏高原本是一片海洋,而陕、甘地区则覆盖着大片的热带森林。珠穆朗玛峰上发现的海螺化石,就是一个有力的佐证。现在的甘肃、陕西一带都有大量的地下存煤和石油。目前已开发的煤矿有安口、靖远、定远、窑街等,长庆一带还有大量的储煤。而石油的分布也集中在这一带。如长庆油田、陕西的安塞油田等,都是当时自然条件的很好说明。现在秦安县博物馆里还藏有在当地发现的、距今约三万至五万年的铲齿象骨和象牙,甘肃庆阳地区合水县发掘的一具完整的黄河象骨骼化石,这一切说明了葫芦河和渭水流经的天水地区在上古时代自然条件非常好。

这良好的自然环境为早期人类的生存和繁衍提供了丰厚的条件。羌戎民族最早开始在陇东、陇南和陇西进行活动。陈奂补胡承珙《毛诗后笺》说:"《汉书·地理志》:金城有临羌,陇西有羌道、氐道。又《汉书·西南夷传》:夜郎、筰都、冉駹、白马,皆羌类也。盖自秦陇之西北,北连匈奴,若今巩昌、兰州、临洮、河州、岷州,皆古西羌所居,青海之羌其一也。而秦陇之西南,南近巴蜀,若今阶州以西,至松潘厅古西氏所居。羌在古雍州西北,氏在古雍州西南。"可见,古雍州是羌氏居住中心。古雍州即今天水地区,据《史记·秦本纪》载,秦汉前西戎有十二国,其中有五国就在天水地区内。《正义》引《括地志》:"绵诸城,秦州秦岭县北五十六里,汉绵诸道,属天水郡。"绵诸,西戎国,今天水县。西周称西犬丘,春秋战国称绵诸。《魏略·西戎传》说,羌氏"盖乃昔所谓西戎在于街、冀、獂、邽者也。"街,《汉书·地理志》称街泉,属天水郡。今天水市秦安县,西汉为戎邑。冀,

《汉书·地理志》称冀县，属天水郡，今天水市甘谷县，为故襄戎邑地。獂，《汉书·地理志》称獂道，属天水郡，今天水市武山县，春秋战时国为獂戎之域。邽，《汉书·地理志》称上邽，西周属秦亭西犬丘，春秋战国时称邽县，今天水县。[①]以上可以看出，羌氏等民族的政治经济活动中心是在秦陇交界的天水一带。正是他们共同孕育了华夏民族的远祖——黄帝族和炎帝族[②]。《史记汉书诸表订补十种》：黄帝，"姬姓，少典之子。少典取有蟜氏，……感大电绕枢，孕二十五月，以戊己日生黄帝于天水。"《国语·晋说》、《史记·补三皇本纪》均载："炎帝，姜姓，长于姜水。"姜即羌，姜水即羌水，羌水即天水渭河水。依此而论，炎帝亦生于天水。后来，随着自然条件的一步步恶化，他们中的大部分便逐渐地向东向南迁徙，并与当地的其他民族融合，成为最早的汉民族。所以，葫芦河流域和渭河流域是华夏民族古文化的主要发源地之一。而葫芦的种植与应用在这里就有着很悠久的历史。最早的记载见于《诗经》中《匏叶》、《硕人》、《匏有苦叶》、《七月》等各篇。萧兵同志说："《诗经》曾用瓜果繁茂为比兴。……似乎只是族裔繁茂的一种象征，很难说北国人民也拜葫芦做祖先。而葫芦的种植与应用在南方却有绵长的历史，尽管中原也早有栽种和记载。"[③]他的主要依据就是河姆渡出土的陶器葫芦和西南民族的葫芦神话。然而，大地湾原始遗址的发现为我们揭开了黄土高原葫芦文化之谜。那些人面葫芦瓶和民间广为流传的葫芦娃神话足以证明葫芦崇拜不只是南方盛行，在祖国的北方，特别是陕甘这块宏厚的黄土地上也曾普遍盛行了很长的历史。

葫芦作为原始崇拜物在汉民族中衰亡的原因是非常复杂的，前面已经提到了民族融合与外来文化的冲击两个主要的方面。而另外一种不容忽视的原因就是它在历史的发展中逐渐地进入了实际的生活——它的实用性与美学性取代了其作为崇拜物的严肃性与神秘性。关于这一点我们想作一些必要的论述。

① 以上引文转引自《中国文明源头新探》。
② 刘尧汉：《中国文明源头新探——道家与彝族虎宇宙观》，云南人民出版社1993年版。
③ 萧兵：《楚辞与神话》，江苏古籍出版社1987年版。

葫芦的实用性主要表现在三个方面：它挖空可以盛物；剖开可以做瓢；系于腰间可以渡水。现今西北的一些山区和农村仍然有使用葫芦瓢的习惯。甘肃庆阳地区的农村称此为"爪篱"。黄河上游两岸解放前使用的羊皮筏子，据说最初的创造者得自于葫芦可以浮水载重的启示，至于用它做腰舟，在历史上那就更为普遍。《诗经·匏有苦叶》"匏有苦叶，济有深涉"。《庄子·逍遥游》"今子有五石之匏，何不虑以为大樽，而浮于江湖"。《国语·鲁语》"夫苦匏不材，于人共济而已"。这里所讲，都是用葫芦渡水的事。《三国演义》中也有用兵时将葫芦系于腰间渡河的记述。以上，皆是对其实用性的一些片断记述。

然而，葫芦造型的美学性则是它得以在民间长久流传的根本原因。它的外形特征有三：首先是平衡对称；其次始上小下大，比较稳定，能给人以端庄朴厚的感觉；最后是其线条弯曲缓急有度，象水波一样，富于流动、自然而有节奏感。葫芦的美学价值在建筑和其他工艺中被广泛吸收。我国古代北方的庙宇殿阁建筑上，屋脊的宝顶就有很多是葫芦图像，有的则在屋脊上雕有葫芦。天水伏羲庙的大门过亭的脊顶就是一例。另外，天水玉泉观有的庙殿四个檐角上悬挂的铃铛上也系一葫芦形铁片（见图三—①），

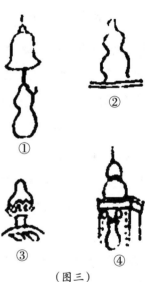

（图三）

直到现在的一些木制家具中，也常有葫芦造型，有的是三脚衣架的顶上装一木制葫芦，有的独脚桌的腿是一葫芦形。

以上可见，葫芦崇拜不只限于西南的少数民族，华夏民族也曾有这样的习俗，只是它随着文明的发展而被别的东西所取代罢了。葫芦文化是我国文化传统的一个重要组成部分，深入研究这一文化事象，对于我们认识早期人类的宗教、道德、哲学、美学等都有不可忽视的意义。

（原载《民俗研究》1991年第1期）

盘瓠出世：一段图腾生育神话解读

蒋明智

一

弄清盘瓠的来历，是我们进入盘瓠神话迷宫的入口处。

但是，最早把盘瓠神话载入册籍的东汉应劭的《风俗通义》，并无盘瓠的来历。据宋人罗泌在《路史》中称："应劭书遂以高辛氏犬曰盘瓠，妻帝之女，乃生六男六女，自相夫妻，是为南蛮。"至三国魏时鱼豢《魏略》，才开始有较清楚的记载：

> 高辛氏有老妇人居于王宫，得耳疾历时，医为挑治，出顶虫，大如茧。妇人去后，置以瓠蓠，覆之以盘。俄尔顶虫乃化为犬。其文五色，因名"盘瓠"。

以后的史籍记载大多沿用这一说法。在民间口头传说、地方志里，虽有所变异，但两个情节单元却基本保持了下来。概括如下：

1. 妇人或大耳婆耳疾历，出一顶虫，形似茧或蚕。

2. 置顶虫于瓠蓠，覆之以盘，化为犬或龙犬，因名盘瓠。

这两个情节单元似应为盘瓠图腾生育神话的原型。

对这个原型，有研究者不以为然，认为"这情节十分怪诞，明显是编造的，不可为信"[1]。有的想加以合理解释。如罗泌《伯益经》云："弄明生白

---

[1] 吴晓东：《盘古：老爷，盘瓠：王爷》，《民族文学研究》，1996年4期。

犬，是为白人始祖。白犬者，乃其子之名，盖后世之鸟彪、犬子、豹奴、虎狍云者，非狗犬也。"后世持此说者，为数不少。也有运用图腾学说，予以深入阐析者，如林河认为，盘瓠神话中的图腾本是葫芦，并非狗，只是"后人因'葫芦图腾'意识消失，不理解神犬为什么要称'盘瓠'，便依汉字音义，制造了老妇女耳中出虫置以瓠蓠，以盘覆之，虫化为犬的解释性神话"，虫化为神犬这一情节，"很可能就是巫师进行图腾转变仪式的情节被神话化了"①。其依据是《风俗通义》并无虫覆盘中化犬的记载。

这些看法，让我们在获益之余，尚有几处疑问：

1. 若盘瓠本是氏族中一成员的名字，那他一定不是图腾神；神话也就不"神"了。

2. 若葫芦图腾意识容易消失，那盘瓠图腾到现在早就荡然无存了。因为从植物崇拜到动物崇拜绝对比从动物崇拜到现代文明的时间跨度短。为何到现在，苗、瑶、畲等少数民族仍然普遍存在关于盘瓠图腾的神话传说、文物遗迹、祭祀仪式、风俗禁忌，而关于葫芦的却并不多见呢？

3. 史籍未记载，并不等于民间口头不流传。神话作为一种口头文学，不像书面文学那样，具有稳定的形态，而是有一个由简而繁，由单一到复合的发展过程；并且会因流传地域、民族、讲述者的不同有所变异。自然，不能因书面记载的有无，来断定作品情节的增补。

基于这些疑问，我们觉得对盘瓠生育神话有必要进行新的思考。

二

正如大多数学者所认为的那样，盘瓠神话是图腾神话，盘瓠则是苗、瑶、畲等少数民族的图腾神。这已为史籍记载、地方志、口传文学、文物考古等材料所证实。

那么，盘瓠又是从哪里来的？

---

① 林河：《"盘瓠神话"访古记》，马昌仪编《中国神话学文论选萃》（下），中国广播电视出版社1992年版。

杨堃先生曾指出："图腾主义的起源，是和母性崇拜分不开的"，"没有母性崇拜，便不会产生图腾主义"①。显然，图腾崇拜来源于母性崇拜，即女性崇拜。图腾崇拜产生并盛行于母性氏族阶段，它是基于对大自然及动植物信仰发展而来的一种原始氏族标志的信仰形式。其表象是将动物作为氏族的祖先；其实质在很大程度上是对妇女生育这一伟大创造的一种探究。面对妇女怀孕、生产的整个过程，处于蒙昧时期的原始人类必定感到神奇、惊叹，又迷惑、不解。这为物我同一、万物有灵的原始心态提供了无限的创造空间。可以说，原始人正是按照自己对生命孕育的理解创造了图腾。换言之，先有人的孕育，才有图腾崇拜。

正因如此，在盘瓠神话中，尽管盘瓠成了氏族始祖神，但他也是有来历的。如前所述，盘瓠为妇人耳内顶虫所化。这按常人的思维，实在难以理解！好在人类学家谢·亚·托卡列夫为我们提供了探寻的线索。他说：

　　人即是其自身图腾之物的化身。据信，显化于人体者，并非图腾动物本身，而是与图腾祖先有着不解之缘的某种超自然体。……传说这种超自然体称为"拉塔帕"，是一种幼儿胚胎。"拉塔帕"似乎是被神幻祖先置于一定住所，如岩石间、山崖上、树木中。如已婚青年妇女或有意或无心途经该处，"拉塔帕"即"入怀"，该妇女遂被视为"妊娠"；所生婴儿则同该地的图腾相联系。②

这段话对我们理解盘瓠为妇人耳内顶虫所化，富有启发。

首先，既然图腾神是以胚胎的形式出现，那么，妇人耳内顶虫便是盘瓠尚处孕育阶段的一种胚胎状态。是什么将"顶虫"与"胚胎"联系在一起的呢？自然，我们按普遍的"卵生人"母题（A1222）来理解，似也可行。但它为什么不像其它神话传说那样，说是从妇人耳内挖出一卵，或一鸡子呢？这里似乎有其特殊处。我们尝试从原型入手，予以解析。

顶虫的原型可追溯到《山海经》所载之"祀神骄虫"神话：

① 杨堃：《女娲考》，《杨民族研究文集》，民族出版社1991年版。
② 谢·亚·托卡列夫（魏庆征译）：《世界各民族历史上的宗教》，中国社会科学出版社1985年版。

《中次六经》：缟羝山之首，曰平逢之山，南望伊洛，东望穀城之山，无草木，无水，多沙石。有神焉，其状如人而二首，名曰骄虫，是为螫虫，实惟蜂蜜之庐。其祠之：用一雄鸡，禳而勿杀。

这里的骄虫就是蜜蜂；但又不完全是，而是像人样的、有两个头的神蜂。因而它是一种"超自然体"，有条件充当图腾的胚胎。非常巧合的是，骄虫的神像与1984年在湖南怀化市高坎垄新石器时代遗址发掘出土的一尊"双头犬形陶塑"①，形状相似。这似乎暗示着蜜蜂与盘瓠图腾有着某种"不解之缘"。

有关资料表明，这种推想并非没有道理。

第一，蜜蜂的幼体即蜂蛹居于蜂巢之中，形似虫，亦如蚕，与盘瓠神话所叙顶虫形体极为相像；蜜蜂的发育生长由蜂蛹而蜜蜂的蜕变，与顶虫化为犬的变形，都经历两个形体殊异的发展阶段。

第二，在不少民族中，流传着蜂能变人的传说。如在怒江一带的傈僳族中，有一传说讲，从前有一群蜜蜂，从天上飞来，到了当地就变成了人，一共有16人都成了蜂氏族的祖先。②在瑶族神话故事《密洛陀》里，也有类似的说法：密洛陀见蜜蜂在树洞里做窝，就把蜜蜂扛回，白天炼三次，夜晚炼三次，然后装在箱子里。过了九个月，她打开箱子一看，见个个都成了人。③

之所以产生这样的传说，是因为在原始人心目中，蜜蜂是灵魂和生命的象征。弗雷泽在《金枝》里对此有过生动的描述。他说，马来人想弄死某人，先取来某人身上的部分物，如指甲屑、头发、唾液等，然后用蜂巢中的蜂蜡将其粘成蜡像，在灯焰上连续烤七个晚上，据信就能将某人致死。蜂蜡是蜜蜂的分泌物，将其粘在某物上面，那物便有了灵魂和生命，于是就能达到巫术目的。这是蜜蜂具有人的生命的反面例证。

第三，蜜蜂的形体与女性的相仿，且多产、成群，而又勤劳；其蜂王都

---

① 参见石宗仁：《湖南五溪地区盘瓠文化遗存之研究》，《中南民族学院学报》，1991年5期。
② 参见乌丙安：《中国民俗学》，辽宁大学出版社，1985年版。
③ 参见《密洛陀》，马昌仪编《中国神话故事》，中国广播电视出版社1996年版。

系母蜂。这与母系氏族女性的社会状况是相似的。

第四，蜜蜂多产于南方的亚热带地区，尤其是深山石林中。这与盘瓠神话产生的自然环境也是一致的。

据此，我们大致可以推测出，盘瓠图腾的胚胎状态——顶虫，实为"超自然体"蜂蛹。

其次，图腾的胚胎状态要经由感生才能孕育而成。所谓感生，就是母体感应氏族成员所崇拜的自然物之灵魂，从而孕育新的生命。这是氏族图腾诞生的共同特征。如华胥履大人迹而生庖牺；女登感神龙而生炎帝；姜嫄见巨人迹而生弃；简狄吞玄鸟卵而生契等，就是这样的感生神话。

这种与图腾相关的感生神话，据李刚刚的《始祖的诞生与图腾》研究，可分为三类：一是母体即图腾，始祖直接从竹、龙、卵中产出。二是假借一女性与图腾结合而始祖诞生。三是不仅有感应灵物的女性，而且还要拉上一父性完成此故事。

盘瓠的感生神话与第二、第三类无缘，似可归入第一类，但又不尽然。因为母体不是图腾。母体只是新生命的孕载和生产者；而图腾作为神，只有被感应的功能，不具有生育的功能。

具体到盘瓠神话的分析中，宫中妇人便不是图腾，她只是感应了图腾灵魂后，得"耳疾历"（似可看作是一种怀孕症状），才会产生如蚕、如茧的耳虫，最后化生为盘瓠图腾。妇人只是盘瓠图腾产生的必要条件，并非图腾本身；如果不能感应图腾的灵魂，也就不能孕育图腾。

这里也许有人要问："女性与图腾互为条件，图腾岂不成了男性的代名词了？"事实上，持此论者，不在少数。但我们认为图腾与女性之间是动物和普通人的关系。在这种关系中，图腾被虚拟为氏族的保护神，是氏族和氏族相区别的标志，民族精神的一种象征；而男性与女性之间是人与人的关系，男性只是氏族成员的普通一员。这个界线应划清楚，否则图腾便失去了自身的意义。换言之，氏族的图腾只有一个或几个，而氏族的男性成千上万，如果图腾是男性的化名，岂不泛滥成灾了？

正因如此，在盘瓠神话中，盘瓠的诞生没有男性的踪影，单有宫中妇人。这并不是对氏族女子与其他氏族男子结合的一种避讳（原始民族远没有现代人这样文明），而是根本就没有意识到男性在两性关系中的地位。这正是母系氏族母体崇拜的一个显著特征。

母体崇拜，按杨堃先生的理解，一方面是指对妇女性器的崇拜，另一方面是对妇女生育结果的崇拜①。我们赞同这种观点。的确，在神话传说中，有许多原始意象，如山洞、葫芦、嘴巴等，常常就是女阴的象征物。这已为许多学者所论及。我们援用这种观点，将盘瓠神话中妇人的耳朵（有的异文特别提及是大耳），也看作是此类象征物。我们联系到世界各地广为流传的孩子是从一只壶里生下来的，或是由伤口上的碎片变来的，或是由鼻孔里的鼻涕变成的等等英雄出生神话母题（T500-T599）②便可以想见。

宋兆麟先生说："按照原始思维的方法，局部可以代表全局，个别可以代表一般，女阴当然可以象征妇女。"③因而对女阴的崇拜并非是崇拜女阴本身，而是对"生育之神"——妇女的一种膜拜。因为，只有母体，才是新生命的孕育和诞生者；只有母体，才是种族绵延不绝的维系者。对母体的崇拜，其实质是对生命的膜拜。因之，母体孕育的结果，不在乎是哪一类具体的孩子（人、动植物或非生物），而在乎是一个新的生命。如此，我们可以部分地理解，为什么妇人耳疾历时得顶虫，可以化为犬了。

三

人类的孕育过程较为复杂，光有胚胎的孕育是不够的，要想胚胎顺利产出，还得作出许多努力。其中，求子、催生的习俗活动，便是重要的一环。

据研究，求子习俗是与原始人的性崇拜联系在一起的。它一般经历了两个发展阶段：一是母系氏族阶段，原始人从表象直观、万物有灵和神灵

---

① 参见杨堃：《女娲考》，《民族研究文集》，民族出版社1991年版。
② 参见斯蒂·汤普森（郑海等译）：《世界民间故事分类学》，上海文艺出版社1991年版。
③ 宋兆麟：《生育神与性巫术研究》，文物出版社1990年版。

观出发，将母体阴性作为生育神崇拜，出现了以具有空间容纳物体而象征阴性的求子习俗。二是父系氏族阶段，原始人开始认识到男性的生殖作用而开始崇拜阳性，出现了以锥尖状物象征阳性的求子习俗，并且出现了模仿男子交合的巫术求子习俗[1]。而催生习俗则只与女性有关，它通过对具有空间容纳物的象征阴性的模拟，来实现使胎儿快生快长的目的。

基于这些认识，我们认为，盘瓠神话中所记"妇人去后，置以瓠篱，覆之以盘。俄尔顶虫乃化为犬"的情节，正是母系氏族阶段原始人求子、催生习俗在神话中的形象反映。

"瓠篱"即葫芦。有论者根据盘瓠在瓠篱中所化生，便认为葫芦也是苗、瑶、畲等族的早期图腾物。[2]我们对此有不同看法。瓠篱只是图腾的寄所或是生命的载体。换言之，瓠篱只是图腾得以出世的一个工具或一种手段，它本身并不是图腾。而瓠篱之所以有这个功能，是与古老的求子、催生习俗仪式相关的。

据宋吴自牧《梦粱录·育子》篇载：

> 杭城人家育子，如孕妇入月期将届，外舅姑家以银盆或彩盆，盛粟杆一束，上以锦或纸盖之，上簇花朵、通草、贴套……送至婿家，名"催生礼"。

这里的以银盆或彩盆，盛粟杆一束，盖之以锦或纸，与盘瓠神话中以瓠篱，置顶虫其间，覆之以盘，何其相似！由此可初步推测，它们的功能都是用于催生。

与盘瓠神话最接近、也是最常见的，是用瓜充当求子、催生的媒介物。如湖南衡城，每至中秋节，有窃瓜送瓜的习俗：

> 凡席丰履厚之家，娶妇数年不育者，则亲友举行送瓜。先数日，于菜园中窃东瓜一个，须令园主不知，以彩色绘成面目，衣服裹于其上若人形。举年长命好者抱之，鸣金放爆，送至其家。年长者置东瓜于床，口

---

① 参见张劲松等：《古今育儿习俗》，辽宁大学出版社1988年版。

② 参见林河：《"盘瓠神话"访古记》，马昌仪编《中国神话学文论选萃》（下），中国广播电视出版社1992年版。

中念曰，种瓜得瓜，种豆得豆。受瓜者设筵席款之，若喜事然。妇得瓜后，即剖食之。俗传此事最验云。①

送瓜的目的是为了给妇人求子、催生，显而易见。

瓜成了求子、催生的神物，因而对它也形成了一些禁忌习俗。如盘村瑶族，过去有禁吃冬瓜的习俗。传说，远古的时候，伏羲的父亲大圣跟雷公斗法，大圣使计捉住雷公，关在笼里。雷公因伏羲兄妹给了一碗水喝，得以逃脱，便给兄妹俩一颗瓜籽。雷公降下洪水，兄妹靠瓜籽长成的瓜活了下来，并结为夫妇。不久生下一个冬瓜。夫妻俩一生气，把冬瓜砍碎，丢出去，扔到屋后，就成了盘瑶。②自然，这里所说的瓜已不是自然物，而是与母体中的图腾生命相联系的神物，因而是吃不得的。这大概是一种与求子、催生习俗相关的禁忌。

以瓜作为求子、催生的媒介物，在各民族的神话传说中十分普遍。其原因，有论者认为主要有两个方面：

一、瓜的外形与女人怀孕的肚皮相似。

二、瓜内多籽，与女人多生育多生子的心理相吻合。③

我们认为，除此外，似可再补充三点：

一、"瓜熟蒂落"的自然成长过程，与妇女怀孕分娩，婴儿与母体分开的成长过程是一致的。

二、瓜是中国南方各少数民族中普遍种植的一种草本植物，与人们的生存关系密切。如沅湘上游山区，就是一葫芦世界。④这种常见常用物，必然会被象征地反映到神话之中来。

三、用瓜来求子、催生与原始人的基于"同类相生"或"果必同因"心理的"顺势巫术"或"模拟巫术"有关。这种巫术，简言之，就是通过模仿来实现人们心中的任何愿望。弗雷泽说得好，顺势或模拟巫术"也曾被用

---

① 胡朴安：《中华全国风俗志》第4册，大达图书供应社1936年版。
② 《盘村瑶族》，民族出版社1983年版。
③ 徐华龙：《论瓜神话》，《神话新论》，上海文艺出版社1987年版。
④ 参见林河：《"盘瓠神话"访古记》，马昌仪编《中国神话学文论选萃》（下），中国广播电视出版社1992年版。

于善良的愿望，帮助另外一些人来到这个世界"，"换言之，它也曾被用以催生或使不孕妇女怀胎生子。"①我们十分赞同这一看法。

这里还有一个问题需要回答：为什么瓠蓠催生下来的，既不是人，也不是蜜蜂，而是狗呢？②

首先，这种化生结果与原始的"万物有灵论"有关。在原始思维观念支配下，物能变人，人也能变物，物我是同一的，可以互相转化。在这神话传说中，是一种普遍的变形母题（D0-699）。

其次，这种化生结果不在于结果本身，而在于结果能否成为氏族祖灵和守护神的一种象征。

第三，这种化生结果以狗的形式来显现，与狗在人们生活中的地位和人们对它的信仰有关。

据说，在所有国家里，最早驯化的都是野狗。③因而在所有的动物中，与人相处时间最长、关系最密切的便是狗。狗灵敏、矫健、勇敢、凶猛。在家中，可以看守家门，防止野兽的袭击和生人的侵犯；在野外，是人们猎取食物、自卫还击的得力助手。它浑身是宝，既能滋阴壮阳，又能祛病强身，对人健康十分有益。它称得上是人类忠诚而无私的朋友。

在人们的信仰中，狗具有驱鬼辟邪、禳灾祈福的神力。每逢新屋落成，架桥铺路，人们常常要杀一条狗，取狗血涂于施工物上，据信，如此便不会有鬼邪来打扰了。

狗还是人的灵魂的向导。对此，荣格的弟子芭芭拉·汉娜深有研究，她指出："神话中广为人知的一个方面，是狗充当灵魂的向导者，它通常是人到彼岸世界的引路者，但有时也是此岸的领路人。"④

如此看来，将氏族的守护神、祖灵与狗联系在一起，便是很自然的了。

---

① 弗雷泽（徐育新等译）：《金枝》（上），中国民间文艺出版社，1987年版。
② 有异文说：皇帝把公主许配给了盘瓠，很后悔。盘瓠便作人言："我在金钟内七天可变成人。"可公主六天就打开了钟，使盘瓠变成了人身狗头。笔者认为盘瓠的这一形象不能算是人，而只能算作半人半兽的神。
③ 参见芭芭拉·汉娜：《猫·狗·马》，东方出版社，1998年版。
④ 参见芭芭拉·汉娜：《猫·狗·马》，东方出版社1998年版。

特别值得一提的是，盘瓠的原始意象只存在于神话传说里，并以氏族祖灵和保护神的信仰，复活在氏族后世的意识形态之中，成为民族精神的一种象征。它不是客观存在的实体。因而，以狗为图腾，并非耻辱和卑贱，而是荣光和尊贵。

四

至此，我们将盘瓠诞生的神话历程连成了一个有机的整体。概而言之，盘瓠诞生神话的表层结构由两个情节单元构成，即妇人耳疾得虫和置虫于瓠篱，覆之以盘，化为犬；其深层结构是氏族图腾由感生孕育，到经求子、催生习俗仪式而诞生的过程。这一图腾生育神话既是苗、瑶、畲族先祖所处的社会历史文化状况的反映，又是他们的欲求、意志、理想、愿望等的一种象征性自由表达。

以此为出发点，我们对盘瓠神话研究中有分歧的一些问题，谈几点粗略的看法：

（一）"盘瓠"是谁？

以往大致有两种不同的看法。一种认为盘瓠是氏族中某个现实的人；或为游牧部族头领的守护官[1]；或为苗、瑶、畲族中的一个"王爷"[2]；或为一个绰号或名字[3]。总之，他绝对与狗无关。另一种认为盘瓠是一种植物或非生物。较有代表性的，是闻一多在《伏羲考》中认为，"瓠"就是"葫芦"。较后的刘尧汉先生也认为盘瓠是葫芦的别称[4]；也有人认为"盘瓠"是古时候黄河中上游一带的羊皮筏子或江南的一种独木舟、戽桶船，又可以是"方与圆的象征"[5]，如此等等。

我们认为盘瓠有三个特征：1. 盘瓠之名，是因为他在化生前被置之于

[1] 马卉欣、朱阁林：《盘古盘瓠关系辨》，《民间文学论坛》1992 年 4 期。
[2] 吴晓东：《盘古：老爷，盘瓠：王爷》，《民族文学研究》1996 年 4 期。
[3] 徐松石：《粤江流域人民史》。
[4] 刘尧汉：《论中国葫芦文化》，《民间文学论坛》1987 年 3 期。
[5] 张永安：《盘瓠是天、地、人（祖）崇拜的象征》，《盘瓠研究》（内部版）。

瓠，又覆之以盘而得名，这在神话传说中已讲得很清楚。2. 盘瓠是狗，这在神话传说中也讲得很清楚，也有盘瓠文化遗迹和考古发掘所证实，无庸赘言。3. 盘瓠又不是狗，他是氏族虚拟的图腾神，是一种原始意象，只存在于神话传说和精神观念中，起着民族自识、民族认同和民族凝聚的作用。三者缺一不可，它们作为三个层面从外到里共同构成了盘瓠的原始意象系统。如果把三者断裂开来，也就不是神话传说和人们所信仰的盘瓠了。

（二）盘瓠神话就是盘古神话？

持此说的代表是夏曾佑先生。他在《古代史》一书中，根据盘古、盘瓠音近，便认为汉族盘古神话是将南方少数民族的盘瓠神话误袭为己有。后世不少学者在论述盘瓠神话时，也将其混为一谈。

我们认为盘瓠神话不是盘古神话。也许神话在口头流传中，将"盘瓠"说成"盘古"的情形是有的；而盘古神话也在南方少数民族中流传不衰，不同内容的神话，并行流传，相互吸收，也是可能的。但是，盘瓠神话如前所述是图腾生育神话；而盘古神话是创世神话。它们的核心内容还是不同的。就好比两个外貌相近的人，有时也互换衣服穿，看起来很像，实际上还是两个人。至于苗、瑶、畬族也曾尊奉盘古大神，盘古的地位甚至比盘瓠还高，疑是道教将盘古奉为元始天尊，纳入道教神系后，渗透到苗、瑶、畬族的宗教信仰中引起的。这是一种道教信仰，与盘瓠的图腾信仰迥然而异。随着时代的发展，道教信仰盛行，而图腾信仰式微，导致盘古大神独得尊位，盘瓠神退居次位，也是可以理解的。

（三）"狗变"说，是耶？非耶？

有人认为："'狗变'说，是历史上统治者的阶级民族偏见意识的产物，'犬'字是古代某些统治阶级或为统治阶级服务的宗教学者为丑化盘瓠而强加的。丑化盘瓠就是对'盘瓠之后'的各少数民族的丑化。"[①]

引起这种误解，主要是民族内部因素与外部因素对盘瓠神话中人犬婚

---

① 赵廷光：《盘古、盘瓠考》，郭大烈等编《瑶文化研究》，云南人民出版社 1994 年版。

的不同看法造成的。在苗、瑶、畲族看来，盘瓠是民族信仰中的图腾神，是民族的祖先和保护神的化身，因而他不是狗，自己民族也不是狗的子孙，这是完全正确的。但也不能把自己民族代代相传的盘瓠神话中狗的原始意象说成民族外部因素强加的。盘瓠神话中的狗是一个图腾崇拜，如同龙、虎、蛇等是其他民族的图腾崇拜一样，没有贵贱之分，尊卑之别，因此，不用讳言；恰恰相反，应引以为荣。其他民族，或因缺乏了解，或因历代统治阶级的大民族主义政策，或因民族间的矛盾冲突，把苗、瑶、畲族精神信仰中的盘瓠，当作现实客体存在的狗，自然是一种误解，或是别有用心。这是民俗在流变过程中出现的一种民族内部因素与外部因素的矛盾。如何才能避免这种矛盾，促进民族间的了解和团结，增强民族文化自信力，这是现实留给我们的重要课题。

（原载《民族文学研究》2000年第3期）

傣族葫芦神话溯源

李子贤

各民族古老的神话，是人类文化史上光辉的一页。其中不少神话，以其鲜明的个性特征而成为某一民族特定的文化发展标志。广泛流传于我国傣族、汉族，以及南方大多数少数民族中的葫芦神话，就是这样的典型例证。因此，我国各民族的原始葫芦崇拜及与此密切关联的葫芦神话，被有的学者称为"中华民族的原始葫芦文化"[①]。各民族葫芦神话的形成，有其特定的社会历史渊源。目前要完全弄清这一点是困难的，但是，我们根据一些少数民族保留的原始形态的葫芦神话，并借助民族学、宗教学、考古学等学科的研究成果加以探讨，是可以大体清理出其眉目来的。解放后被陆续发掘出来的傣族葫芦神话的各种异文，不仅较多地保留了原始形态，而且较清楚地显示出其发展演变的轮廓，为我们探讨我国各民族葫芦神话产生的社会历史渊源提供了历史线索。

一

当我们接触到傣族的创世神话时，就会发现葫芦这一被神化了的灵物，在傣族先民的心目中有极其特殊的功用，占有极其重要的位置。直接

---

① 见刘尧汉著：《中华民族的原始葫芦文化》，《彝族社会历史调查研究文集》，民族出版社 1980 年版。

表现葫芦的神话，至少有以下三种说法：

（一）人是从葫芦中出来的。在荒远的古代，地上什么也没有。天神见了，就让一头母牛和一只鹞子到地上来。这头母牛本来已在天上活了十几万年，可是到地上后，只活了三年，生下了三个蛋就死了。鹞子就来孵这三个蛋，结果，其中的一个蛋孵出了一个葫芦，人就是从这个葫芦中生出来的[①]。这种说法，分明是把葫芦当作人类始祖看待的，其故事旨在说明人从葫芦出，只不过为了解释葫芦的由来，才附会上天上的母牛到地上来生蛋的情节。

（二）葫芦既是人类始祖，又是洪水泛滥时人类的避水工具。洪水滔天时，洪水从远方冲来了一个大葫芦。后来，从这个大葫芦里走出了八个男人。一个仙女又让其中的四人变成了女子，与另外的四个男人结为了夫妻[②]。这则神话虽然反映了由母系制向父系制的过渡，故事内容也同洪水泛滥有所联系，模糊地表现出葫芦作为人类避水工具的功用，但故事意在说明人自葫芦出这个核心，仍清晰可见。

（三）各种有生命的动、植物出自葫芦。叭英开创天地以后，地上除了从远方飞来的一只诺列领（滴水鸟）外，什么也没有。叭英见了，就用身上的污垢捏成布桑戛西男神和雅桑戛赛女神让他俩到地上去创造万物。临走时，叭英给他俩带走一个仙葫芦，并说"一切活的生命全都在葫芦里面"。布桑戛西和雅桑戛赛来到大地之后，破开仙葫芦一看，只见里边有数不清的活的东西在跳动。他俩便把葫芦里的东西撒向大地，刹时，大地上出现了花草树木、飞禽走兽，以及各种昆虫鱼虾，分别生活在陆地和水里，高山和平坝。从此，大地上就有了动、植物[③]。在这里，葫芦又是造物主，即万物始创于葫芦。

在这三种不同的说法中，哪一种是葫芦神话最原始的面貌呢？过去，傣族民间曾流传着这样的历史分期法：傣族的上古时代分为五个时期。第

---

① 见朱宜初：《傣族古老神话漫步》，《民族文化》1980 年第 1 期。
② 见朱宜初：《傣族古老神话漫步》，《民族文化》1980 年第 1 期。
③ 祜巴勐著：《论傣族诗歌》，岩温扁译，中国民间文艺出版社 1981 年版。

一，葫芦时期，即人类从葫芦里诞生的时期。第二，火的时期，即大火烧到16层天的时期。第三，水的时期，即洪水泛滥的时期。第四，风的时期，即叭英用风将洪水吹干露出陆地的时期。第五，荷花时期，即佛教传入后开始信仰佛祖的时期。这种分期法当然是非科学的，但它却透露出了傣族先民对创世神话内容的原始理解，即把葫芦生人当作创世之始。这就证明了上述三种关于葫芦的神话虽然说法不同，但其核心及最原始的面貌当是葫芦创造人类，即以第一种说法为其代表。第二、第三种说法，实际上都是由第一种说法演变而来的。值得注意的是，傣族的葫芦神话一直保持了它的独立性，而不像有的民族那样已把人从葫芦出的人类起源神话与其他神话（如洪水神话）融合在一起而失去其原始面貌。

如果我们将傣族的葫芦神话与汉族及南方少数民族的葫芦神话进行一番比较研究，就会发现它们在其基本含意上，即葫芦生人这一核心，有惊人的相似之点，只不过有些民族的葫芦神话被抹上了一层历史的尘雾罢了。汉族关于"女娲作笙簧"的神话，据袁珂先生的解释，"笙之所以叫'笙'，据说是为了人类的繁衍滋生，其义同'生'。而古代笙用葫芦（匏）制作，其事又和伏羲女娲入葫芦避洪水，后来结为夫妻，繁衍滋生人类的古神话传说有关"①。这显然含有人从葫芦出的意思。据闻一多先生考证，"'女娲'，果然就是葫芦"②。因此，"女娲搏黄土作人"的原始面貌，亦即人从葫芦出之意。《说文》也说，女娲"化万物者也"。人乃万物之灵，当为葫芦所化生。汉族葫芦神话之原始形态，在民间流传的神话中还可窥见。在云南省昭通一带的汉族中，一直流传着"人从瓜出"的人类起源神话。瓜与葫芦均属葫芦科，"人从瓜出"是人从葫芦出的另一种说法。可见，汉族的葫芦神话，其原始面貌及核心，仍然是葫芦生人。

流传于我国南方的壮、彝、苗、白、瑶、哈尼、纳西、怒、拉祜、高山、佤、傈僳、布朗、布依、侗、水、黎、畲、仡佬、崩龙、基诺等少数民族及苦聪

---

① 袁珂：《古神话选释》，人民文学出版社1979年版。
② 《神话与诗》，《闻一多全集》，三联书店1982年版。

人中的葫芦神话，有的尚保留其独立性及原始面貌，但大多已同洪水神话融为一体并产生某种变异，因此葫芦或成为洪水后再造人类的材料，或成为洪水泛滥时人类得以幸存的避水工具。上述各少数民族的葫芦神话，大致分为三种类型：

（一）比较直接地讲述人是葫芦所生。佤族神话讲洪水滔天时，从遥远的天边漂来一只大葫芦。后来，黄牛把葫芦舔开了，葫芦籽落入海里，变成了最高的山峰西岗（意即葫芦）。不久，西岗山上结了一个金光闪闪的大葫芦。一只小米雀飞来啄穿了葫芦孔，原来人类生在里边。崩龙族的神话说，人是从葫芦里出来的，但都是一个样子，没有性别和模样的区分。后来，一个仙人把男人和女人的性别和面貌区分开了。在布朗族中，也流传着人最先是由葫芦所生的人类起源神话。上述情况，与傣族葫芦神话的第一种说法大体一致，基本上保留了葫芦神话的原始面貌。

（二）人从葫芦出与洪水滔天后兄妹结婚重新繁衍人类的故事融为一体。这种类型在南方少数民族葫芦（洪水）神话中居多。彝族、傈僳族、基诺族洪水神话中关于葫芦的叙述，就是典型的例子。云南楚雄彝族的洪水神话讲道：洪水泛滥后幸存的两兄妹结婚后，妹妹一连几个月在河尾捧水吃，便怀了孕，最终生下了一个葫芦。当天神用金锥把葫芦戳开后，从中便走出了各族先民。傈僳族的洪水神话也有类似的情节：洪水滔天时幸存的两兄妹结为夫妻后，种下了一塘南瓜。不久，结出了一个瓜，越长越大。一天，他俩突然听到瓜内有孩子吵闹的声音，便把瓜摘来切开，只见里边有许多男孩女孩。基诺族的洪水神话说，洪水泛滥时，只剩下一对孪生兄妹。他俩结为夫妻后，种植了神仙所给的葫芦籽，其中一棵的藤蔓延过了七座山、七条河，结出了一个大葫芦。他俩打破了大葫芦，里边走出了基诺、汉、傣等各族先民。其他类似的说法，闻一多先生在《神话与诗》一书的《伏羲考》中已有详细介绍，这里就不再赘述。这一类被闻一多先生称为"兄妹配偶型的洪水遗民再造人类的故事"，实际上是葫芦生人这一人类起源神话与洪水神话的融合体。由于富于戏剧性的洪水神话往往湮没了人类起源这一基本主题，因而使人类起源于葫芦这一最原始的观念变得模糊了。所以，这一类神话往往只讲到葫芦在洪水后再生人类，而未提及最初的人类究竟是怎样来的。但只要我们将这一类洪水神话中的葫芦故事与傣、佤、崩龙、布朗等少数民族的葫芦神话加以比较，就会发现其核心仍在说明葫芦生人。

（三）葫芦只是洪水泛滥时两兄妹的避水工具。在苗、壮、拉祜等少数民族的洪水神话中，情况就是如此。如湖南苗族洪水神话讲雷公与哑剖苟配争斗，发洪水淹没大地，傩公傩母兄妹二人避入瓜中浮于水面而得以幸存、再传人类。壮族的洪水神话说中界的头人布伯与上界的头人雷公争斗，雷公发洪水时布伯的子女避入葫芦得救，以传人类。拉祜族的洪水神话也说：洪水泛滥时，大水漫过山川，人类处于灭绝的境地。天神厄霞见了，急忙搭救，把一对兄妹放入一个葫芦浮于水面，人种才被保存下来。在这里，葫芦生人的原始面貌已被湮没在历史的荒漠里，葫芦仅在洪水泛滥时作为避水工具起到了"传人种"的特殊功用。在傣族的葫芦神话中，我们可以窥视到与此相类似的发展变异趋势，只是傣族的葫芦（洪水）神话没有套入兄妹成亲的情节内容罢了。

现在，我们可以得出这样的结论：各民族葫芦神话的核心或原始面貌，在于用葫芦来解释人类起源，即人从葫芦出。闻一多先生早就指出过这一点。他在分析兄妹配偶型的洪水遗民再造人类的故事时说："正如造人是整个故事的核心，葫芦又是造人故事的核心。""我们疑心造人故事应产生在前，洪水部分是后来粘合上去的。洪水故事本无葫芦，葫芦是造人故事的有机部分，是在造人故事兼并洪水故事的过程中，葫芦才以它的渡船作用，巧妙地做了缀合两个故事的连锁。"①解放后被陆续发掘出来的傣族、佤族、崩龙族、布朗族等少数民族的葫芦神话，证实了闻一多先生的论述是正确的。汉、傣等20余个民族葫芦神话在其内容上表现出来的种种差异，说明各民族的葫芦神话确乎经历了一个发展变异过程。其顺序当是：人从葫芦出→人从葫芦出兼并洪水故事→人从葫芦出这一内容消失而

---

① 《神话与诗》，《闻一多全集》，三联书店 1982 年版。

完全变异为其他内容。傣族葫芦神话的各种异文，正好勾画出了这一发展变异的线索。

二

我国汉族及南方大多数少数民族的先民，都把葫芦看作人类始祖，并通过原始宗教、神话、绘画等形式表现这种观念，共同创造了中华民族独具特色的原始葫芦文化。那么，对于各族先民来说，葫芦是一种什么神秘力量的象征呢？它何以成为神话所反映的对象呢？

原始人宗教和神话的幻想，纵然带有极大的主观臆想性，却不能离开现实生活所能提供的线索。马克思和恩格斯在《德意志意识形态》中指出，"意识在任何时候都只能是被意识到了的存在"。所以，我们须从葫芦本身开始讨论。葫芦是一种茎蔓生的草本植物，其果实是浆果，外形有如两个垒起的圆球，表面光滑，既可供食用，也可供玩赏或作器皿。由于葫芦在较热的气候带极易生长繁殖，因此从野生到人工栽培的葫芦，自古以来就盛产于中国广大区域。1973年和1977年，我国考古工作者两次在浙江余姚县河姆渡村发掘距今7000年的原始母系氏族社会遗址，其植物遗存里已有葫芦[1]。距今六七千年的西安半坡原始母系氏族公社遗留下来的陶器中，已出现了葫芦形容器，它完全仿照自然物葫芦作成，大概为猎人远行时盛水之用。半坡人已能仿照葫芦的形状制成陶制容器，说明当时渭水流域盛产葫芦[2]。据有关文献记载，在周代，黄河、长江流域所产的葫芦可作船用[3]。云南历来是盛产野生葫芦、瓜类植物的地方，栽培葫芦及瓜类作物的历史也很悠久。《蛮书》卷二记载，唐代滇西尚产"瓠长丈余，皆三尺围"的大葫芦。一般来说，古代的葫芦是不易在地下保存下来的，但属于公

---

[1] 见《光明日报》1978年5月19日第三版。

[2] 石兴邦：《半坡氏族公社》，陕西人民出版社1979年版。

[3] 如《诗·匏有苦叶》云："匏有苦叶，济有深涉。"《国语·鲁语》说："夫苦匏不材，于人共济而已。"

元前7世纪至公元前1世纪的云南青铜文化时期，在遍及楚雄、祥云、大理、昆明、曲靖等地的墓葬中，发掘出许多铸在青铜器上与葫芦崇拜有密切联系的葫芦笙图像①。从云南、广西西部、四川南部、贵州西部发掘出的铜鼓中，其图像已有葫芦笙。这说明上述广大地区不仅自古以来就盛产葫芦，而且葫芦早已成为了某种象征物。直到今天，澜沧江两岸尚产比一般水桶大一、两倍的大葫芦。在壮、苗、白、彝、傣、拉祜、哈尼、纳西、傈僳等少数民族中，葫芦不仅用来供食用，还普遍用来作天然容器或制作葫芦笙。由于葫芦易繁殖，果实累累，可供食用，因此它从人类自采集时期起直到进入初期农业社会，就与人们的关系极为密切。由于它的特殊形状与可供食用，可作天然器皿及初期制陶业的天然模型等多种功用，又很容易被各族先民视为某种神秘力量的寓体及原始艺术的反映对象。这些，都是各族先民将解释自身的起源这一观念，通过幻想外化于葫芦的客观现实基础。

在今天看来，这种认为人自葫芦出的观念当然是十分荒唐的。但对各族先民来说，当他们在试图解答人类如何起源时，确乎在尽其所能和按照他们的知识所允许的限度解答了这个问题，"原始人的这些解答许多次都不得不是错误的，却变成了无可争辩的真理，作了思想结构的基础。"②关于由动、植物图腾崇拜演化为人类起源的神话，在我国及世界各民族中都极为普遍。如北美洲易洛魁人的神话认为人是熊与狼变化而来的后裔。印第安人的人类起源神话说野狼是人类的祖先。大洋洲的维多利亚人的神话，则说人是橡皮树的枝与瘤节所变的。我国蒙古族有狼与鹿交配生人类的神话。独龙族关于人类起源的神话中，则有人是由一棵树变成的说法。那么，我国的汉、傣等20余个民族的先民为什么定要把葫芦看作人类的始祖呢？闻一多先生在考证了伏羲、女娲是葫芦之后，曾作过这样的论述："至于为什么以始祖为葫芦的化身，我想是因为瓜类子多，是子孙繁殖

① 汪宁生：《云南考古》，云南人民出版社1980年版。
② 拉法格：《思想起源论》，三联书店1963年版。

的最妙的象征，故取以相比拟。"①这种解释是合理的。过去的民间习俗，"梦见瓜主生贵子"，"梦见葫芦主大吉大利"，以及民间的年画亦多画蝙蝠、葫芦等物，即取"福"（蝠）、"禄"（芦）的谐音等，就是例证。但是，仅以瓜类子多，是子孙繁殖最妙的象征来解释各族原始初民以始祖为葫芦的化身，还嫌过于笼统了些。近年来，由于与民族民间文学关系极为密切的民族学、民俗学、民族史等学科领域的研究广泛开展并取得了新成果，就为我们深入探索上述问题创造了条件。

人从葫芦出的观念，比在"民知其母，不知其父"的情况下产生的"天命玄鸟，降而生商"或姜嫄"履帝武敏歆，攸介攸止"的观念要古老得多，虽然它们都是原始母系氏族社会的观念。民族学家刘尧汉在《中华民族的原始葫芦文化》一文中指出，《诗经·大雅·绵》中的"绵绵瓜瓞，民之初生"这一诗句的含意，与伏羲、女娲、槃瓠、合㲄、沙壶、沙壹等的原意，如果"借助于民族学的现实资料与之作比较研究，便可明白，这些记载，说的都是一脉相承的有关葫芦的事"。他认为，"葫芦就象征母体，葫芦崇拜也就是母体崇拜"。"我国的母体崇拜的象征物则以葫芦崇拜最为广泛"。刘尧汉在该文中还引证了中华民族原始先民崇拜葫芦的活标本——云南哀牢山彝族的"祖灵葫芦"，说明各族先民葫芦崇拜的特定意义及其原始宗教形式：直到解放前，在哀牢山南华县属地区名叫哈苴的彝村，仍把葫芦当作祖灵供奉。"凡供奉祖灵葫芦的家庭，其正壁（土墙或竹笆墙）的壁龛或供板（或供桌）上，通常供置着一两个葫芦。一个葫芦代表一代祖先（父母、祖父母），到第三代（曾祖父母）祖灵葫芦，就请巫师来举行送祖灵大典，把它烧毁。当举行送祖灵大典时，巫师手敲羊皮鼓，口唱有韵咒词，旁有吹葫芦笙乐曲伴奏。彝巫认为，从葫芦笙里发出的乐曲，是各族共祖伏羲、女娲的声音。"这种崇拜葫芦的活标本，也保留在高山族中。台湾高山族支系之一的派宛人，也供奉着与彝族祖灵葫芦相似的陶壶（陶质葫芦）②。刘尧汉同志根据确凿、珍贵的民族学现实资

① 《神话与诗》，《闻一多全集》，三联书店1982年版。
② 刘尧汉著：《彝族社会历史调查研究文集》，民族出版社1980年版。

料，有力地论证了葫芦确乎是各族先民母体崇拜、祖灵崇拜的象征物，从而突破了过去在这个问题的研究中从书本到书本，仅靠文字资料推测判断作结论的局限。

葫芦既是母体崇拜、祖灵崇拜的象征物，因此，它无疑反映了原始母系氏族社会中妇女的崇高地位。在漫长的母系氏族社会，由于妇女不仅在社会生产和家庭生活中占有主导地位，而且世系是按母系计算，在繁殖后代方面，妇女也有特殊的地位。因此，在世界各民族中普遍产生过对妇女的崇拜。这正如恩格斯所指出的那样："神话中的女神的地位，表明早期女子还享有比较自由与受尊敬的地位。"[①]母体崇拜正是在这种特定的社会条件下将妇女神化的产物。人从葫芦出这一原始观念的特定寓意，显然是把妇女的生殖能力视作一种神秘的力量，葫芦就充当了这一神秘的生殖能力的寓体。从我国许多民族中残留的对女性生殖器崇拜的实例中，可以清楚地看到这一点。我国古代的灵石崇拜，实际上是对女性生殖器的崇拜，如古代的乞子石就是一例。"湘西辰溪县，城畔有风流岩，如女性下部，下有男根石。""陕蜀交界之广元县，城东门如女阴"等[②]，亦是这一崇拜的遗迹。现今保存于云南剑川石宝山上的一块怪石，过去被当地白族视为女神的生殖器，许多多年不育的妇女往往前往祭祖，以求生子。值得注意的是，一直保留母系制的永宁摩梭人，认为主宰生育的女神是"那帝"，并有祭祖"那帝"的习俗。祭"那帝"时，由达巴（巫师）用树枝搭一间模拟的小房子，再用粘粑塑成女人状，腹部放一个鸡蛋，于是大腹便便，以象征生育和多产。塑成的"那帝"女神的外貌特征是乳房大、肚子鼓，阴部也划出女性的特征。在整个祭祖过程中，对表示女性特征的乳房、腹部和生殖器始终有突出的反映[③]。这种生殖崇拜，是原始先民最普遍的一种信仰。郭沫若同志认为，汉字的"母字即生殖崇拜的象征"。他援引《广韵》引《仓颉篇》说，母字"象征乳形"，"象乳子也"。在甲骨文及金文中，母字"象人乳"之

---

① 《马克思恩格斯选集》第4卷，人民出版社1972年版。
② 方纪生编著：《民俗学概论》，北京师范大学史学研究所1980年翻印本。
③ 见严汝娴、宋兆麟著：《纳西族母权制研究》上（油印本）。

意明白如画①。我国民俗学家方纪生在其编著的《民俗学概论》一书中早就指出："性器官与性行为，在未有科学知识的野蛮人看来，为极神秘不可思议的现象，故有种种迷信行为之发生。不能以现代眼光，下肤浅的论断。"上述民俗资料正好说明，当人类第一次在探索人类自身的起源时，由于在当时不可能对这个问题作出科学的回答，势必只能将妇女的生育功能及其外貌特征加以神化，并由此产生出生殖崇拜及母体崇拜。在西方，母体崇拜的象征物是妇女雕像。已发掘出来的旧石器时代后期欧洲的妇女雕像，都有一个鲜明的外貌特征：巨腹豪乳。如发现于法国南部都拉塞尔洞中的妇女浮雕，以及发现于奥地利温林多府洞中的石灰石女神雕像，都特别突出了妇女的乳房和腹部，暗示着生育和多产。西方这类妇女雕像的外貌特征，与我国摩梭人象征生育和多产的模拟女神"那帝"的塑像完全一致。于是，我们在这里看到了被历史迷雾笼罩着的这些历史现象之间的联系：在西方，妊娠期的妇女被尊为巨腹豪乳的女神；在我国的汉、傣等二十几个民族中，巨腹豪乳的妊娠期妇女，被外化为葫芦。巨腹豪乳的女神雕像，与葫芦的形状正好吻合！在弥漫着原始宗教气氛的原始母系氏族社会里，葫芦供人食用、可作天然器皿及初期制陶业的模具等多种功用，以及易繁殖、多子及其外部特征，有可能早在采集时期就是原始先民植物崇拜的对象。到了各族先民在探索人类起源这个深奥的问题时，葫芦所具有的神秘力量又被人们搬进了生殖崇拜、母体崇拜的领域，作了生育和多产这一神秘力量的寓体，成了各族先民共同母体的象征。

原始宗教与神话并非一回事，但在原始社会里，宗教、哲学、历史、科学、道德、文学等各种社会意识之间的联系却十分紧密，因而原始宗教观念与原始文学思想之间也尚无明显的分野。事实上，作为原始社会里最强有力的社会意识的原始宗教，曾对神话的产生和发展产生过强烈影响，许多解释天地形成、人类起源的神话，都与自然崇拜、图腾崇拜、祖先崇拜等原始宗教观念密切相关。我国各民族的葫芦神话，正是在人从葫芦出、

---

① 郭沫若：《甲骨文研究·释祖妣》，《郭沫若全集（考古编）》第一卷，科学出版社1982年版。

葫芦是各族先民共同的母体这一生殖崇拜、母体崇拜、祖先崇拜的基本观念的基础上,逐步演化、发展起来的。

三

我国的汉族以及南方的大多数少数民族,为什么都共同产生了独具特点的葫芦崇拜和葫芦神话呢?总的说来,是由于上述各族的先民都是"北京猿人"、"元谋猿人"的后裔,他们有共同的物质生活环境,都经历过大同小异的进化阶段,都参与了中华民族的融合过程,都有源远流长的经济文化联系与交流。具体说来,大致有以下几方面的原因。

在民族起源上,上述各民族确有同源共祖的历史渊源。我国是人类的发祥地之一,很早就有人类生息繁衍。在漫长的历史发展中,各民族都经历了同化、异化过程。从历史上原始民族、古代民族的堆积层次来看,原有的民族消失,新的民族不断融合而成,势必出现了"你中有我,我中有你"的血缘关系。中华民族是经过华夏、苗蛮、东夷三个集团的融合繁衍逐渐发展而成的,汉族"也是长时期内许多民族混血形成的"[1]。云南现今的22个少数民族中的大多数,是古代氐羌、百越、濮等三个原始族群分化、融合而逐渐形成的。至于傣族,仅就现今的聚居地而言确乎距中原最远,但是,它的先民也无不参与中华民族融合过程中的"民族混血"。从族属渊源上看,傣族与现今广西的壮族,贵州的布依、侗、水、仡佬族,广东海南岛的黎族等,是相同的,都来自古代的越人。从春秋至秦汉时期的百越部落各部,居住区实际上从会稽的越国直到云南极边的滇越,与中原华夏族的交往也极为密切。秦汉以后,从秦始皇南征,至汉武帝在百越各部居住地区建立九郡,就将百越大部地区置于汉中央政权管辖之下。这样,由于中原居民不断大量移居南方,就在促进内地与百越经济文化交往的同时,促成了新的民族融合的局面。尔后,经过魏晋的僚,直到隋唐之后,傣族作

---

[1] 《论十大关系》,《毛泽东选集》第五卷,人民出版社 1977 年版。

为一个单一民族才开始形成并成为我国各民族大家庭中的一个成员①。中华民族不断融合、发展的历史，必然要在包含着历史的影子的神话中有所反映。因此，汉、傣等各民族共同产生葫芦神话，也是中华民族历史发展之必然。

　　与中华民族的融合、形成和发展相联系，各民族之间源远流长的经济文化交流，也是形成各民族共同的葫芦神话的一个原因。据考古学者推论，距今六、七千年的位于现今西安的半坡氏族部落，在文化上（如葬俗）与我国南方及南亚就有一些联系。远在原始母系氏族公社时期，我国南部及南亚一些氏族部落与大陆原始居民已有接触，二者就有融合的可能②。广东海丰及香港附近彩陶文化遗址的发现，足以证明在新石器时代，黄河流域的居民与华南地区的人群已有密切的接触交往。考古学不仅从元谋猿人、丽江人、西畴人和旧石器、新石器时代文化遗址的发现证明云南从远古起就有人类居住，而且还证明云南新石器文化和内地以及邻近地区的新石器文化有其共同性。自公元前五、六世纪以后，云南境内各部落与中原的经济文化交往便开始频繁。如楚国在向西部发展势力的过程中，就与滇池地区部落发生了商业交往。庄蹻入滇，又进一步促进了中原地区与云南的经济文化交流。西汉以后，历代王朝都对云南地区设置郡县，沟通来往。傣族先民与中原地区进行经济文化交往的历史，是十分悠久的。公元97年"掸国"王雍由调曾几次派使臣"奉国珍宝"，千里迢迢到东汉王朝京城洛阳朝贡，并带着乐师、歌手及魔术师到洛阳，被汉王朝封为"汉大都尉"，受到东汉和帝赐予金印、紫绶、金银、钱帛等一事，即为一个生动的例证。各民族之间这种源远流长的经济文化交流，是形成共同的心理和信仰，共同的审美观念的一个不可忽视的因素。

　　以上所谈到的两点，是我国汉、傣等20余个民族产生共同的葫芦神话的重要因素，然而还不能视为产生共同的葫芦神话的直接因素。因为北方少数民族与汉族之间也存在着"民族混血"，也参与了中华民族的民族融

---

① 参阅江应梁编著：《傣族古代史》上，1962年云南大学历史系油印本。
② 见石兴邦：《半坡氏族公社》，陕西人民出版社1979年版。

合，在经济文化上与汉族的交流也是源远流长的，但北方民族由于长期处于畜牧社会，因而未产生和保留葫芦神话。那么，导致汉、傣等20余个民族产生共同的葫芦神话的直接因素是什么呢？

我国流传着葫芦神话的汉、傣等20余个民族，自古以来就分布于浙江、福建、台湾、广东、广西、云南、贵州、四川、湖南、湖北等地。这一半弧形地带中的云南、广西，正好是国内外学者肯定的"亚洲栽培稻起源地之一"；这一半弧形地带，则是国外学者提出的与"丝绸之路"相似的栽培稻传播到日本的路线——"稻米之路"①。这种偶合，给我们揭示了稻作文化与葫芦神话之间存在着密切的联系。汉、傣等20余个民族的先民较早地进入以栽培稻谷为主的农业社会，是上述各民族共同产生葫芦神话的物质生活环境。根据考古发掘，在云南的滇池附近，元谋县的大墩子，宾川县的白羊村，发现了属于新石器时代的古稻谷。在剑川县的海门口，发掘出铜石并用时代的古稻谷。最近在普洱县的凤阳公社民安二队，也出土了业已炭化了的古稻谷。这些考古发掘证明，云南种植稻谷至少已有三、四千年以上的历史。据有关学者考证，同时具有三种野生稻，而且在三、四千年前就已种植稻谷而又有野生稻分布者，只有云南。一般认为，广西壮族的先民及云南傣族的先民，是最先栽培稻谷的，后来才逐步传入内地②。浙江、江苏、广东、湖北、湖南等地，种稻的历史也很悠久。在距今7000多年的浙江余姚县河姆渡遗址，已发掘出目前世界上已知年代最早的栽培稻。这就为我们展示了古代汉、傣等20余个民族先民的生活环境：在采集时期，野生葫芦和野生稻谷成了人们天然的食品，当进入农业社会以后，葫芦和稻谷又成了人们种植的主要农作物。这种特定的物质生活环境，还为自然科学的研究所证实。我国著名的科学家竺可桢指出：在仰韶和殷墟时代（公元前3000—前1000年），西安、安阳等地有十分丰富的亚热带植物，因为那时的气候比现在温暖潮湿。到了东汉以后，我国中原地区的气候才有趋于寒

①② 见李昆声：《云南在亚洲栽培稻起源研究中的地位》，《云南社会科学》，1981年第1期。

冷的趋势。所以，战国时代齐鲁地区的农业种植可以一年两熟①。原始宗教观念和神话思想的产生和演变，与人们所处的物质生活环境的关系极为密切。某些被神化了的事物，必与原始人的生存和发展直接攸关。而在不同的社会发展阶段上，被神化的对象又各有特点。在采集、狩猎时期，被神化的对象既有植物，又有人类的四脚敌人——动物，并以动物占优势。进入农业社会以后，植物以及与农业生产有关的某些自然力又成了被人们神化的主要对象。郭沫若同志就指出过这一点："帝之用为天帝义者，亦生殖崇拜之一例也。帝之兴必在渔猎牧畜已进展于农业种植以后，盖其所崇祀之生殖已由人身或动物性之物转化为植物。"②因此，在尚未进入农业社会以前业已产生的葫芦崇拜，到进入以种植稻谷为主的农业社会以后，其地位就进一步得到了巩固和加强，葫芦就一直充当了神秘的生殖力量的寓体。人从葫芦出的古老观念，因此而长期保存着赖以存在的社会条件。不仅如此，葫芦的神秘力量还被不断扩大、演化出各种动、植物都始创于葫芦，葫芦"化万物"的许多神话来。与农业生产关系极为密切的洪水神话与葫芦神话融合这一现象，也无不与此有关。

最后，有两个因素也须提及。一、按照黑格尔的说法，上古艺术，或"艺术前的艺术"，是主要起源于东方的"象征性艺术"。这种象征性艺术有两个因素，"第一是意义，其次是这意义的表现。意义就是一种观念或对象，不管它的内容是什么，表现是一种感性存在或一种形象"③。中国原始艺术在取其象征特点方面又最见长。这种审美心理充分反映在汉族的甲骨文、纳西族的东巴文，以及各民族的绘画艺术上。因此，汉、傣等民族的先民以葫芦象征母体，象征生育和多产的神秘力量，就是顺理成章的事。二、我国自古就是一个多民族的国家，各民族长期在经济文化上的互相交流、各民族长期和睦相处，一直是我国民族关系的主流。傣族的傣，原意就包含着和平、和睦之意。因此，同一始祖，本是兄弟的观念，是伴随着中华

① 《中国近五千年来气候变迁的初步研究》，《竺可桢文集》，科学出版社 1979 年版。

② 郭沫若：《甲骨文研究·释祖妣》，《郭沫若全集（考古编）》第一卷，科学出版社 1982 年版。

③ 黑格尔：《美学》第 2 卷。

民族的形成而发展起来的。早在有"蛮夷华夏"之分时，即使是少数民族的上层或统治集团，就喜托自己是华夏部落的后裔，这也反映出各民族之间一直存在着的加强民族团结的良好愿望，是根深蒂固的。这两点，与各民族先民用葫芦来象征共同的母体，也是分不开的。

我们认为，今天来研究汉、傣等民族的葫芦神话，不仅有文化史的意义，而且有加强民族团结的现实意义。本文不过是为了抛砖引玉，我们期待着学术界对葫芦神话的研究，将进一步地深入展开。

（原载《民间文艺集刊》第3集，1982年）

葫芦文化与葫芦神话

（侗）林　河

一　葫芦神话的系统

中国的"葫芦神话"是"葫芦文化"的重要文化基因，它由"葫芦生人"与"葫芦救人"两大神话系统组成，"葫芦救人神话"又由"洪水毁灭人类"、"兄妹入葫芦躲过洪水"，"天教兄妹成婚繁衍新人类"等母题组成。各系统大致有以下一些类型。

1. 葫芦直接生人型

洪水泛滥时河上漂来一个葫芦，里面走出八个男子，有位仙女又让其中四位男子变成女人，互相结婚，生育后代。（傣族）

洪荒时代，海天相连，天边飘来一只小船，船上有个葫芦，黄牛饿了去舔，葫芦被舔开，葫芦籽落下大海，长出了地面和山岗，后来，山岗上结了个大葫芦，小鸟啄开葫芦，人从葫芦里走出来。（佤族神话）

葫芦里走出了玛黑、玛妞和各族人。（基诺族神话）

天神降下两个葫芦，第一个葫芦里出来了男人西萨，第二个葫芦里出来了女人诺萨，他们生了九男九女，九男九女自相夫妇，生出了汉、彝、傣、藏、缅、景颇、纳西各族人民。（傈僳族神话）

天神种的葫芦被老鼠咬破，出来一男一女，后来成婚传人种。（拉祜族神话）

天公地母相爱，怀胎九年，生下一颗葫芦籽，种下后结了个大葫芦，剖开一看，里面跳出九个小娃娃，这便是人类的祖先。(阿昌族神话)

欧萨在地上种了一个南瓜，瓜里变出一个人，传到后世，发了洪水，人类死亡，只剩下那瓜、绍瓜兄妹二人传人种，生下了独龙、怒、勒墨、汉人。(怒族神话)

江、召二家种葫芦，两根藤合成一根，结了一个大葫芦，剖开后，里面跳出一个可爱的胖小子，两家都争着要，只好共有，取名江召二郎，人称二郎神，又叫郎君神。二郎神三天就长大成人，他上天去与太上老君学法，被太上老君的女儿急急爱上了，要他与老君斗法，才能得到真法，并帮他破了太上老君的法术，逼得老君把女儿下嫁二郎。急急随二郎来到人间后，为人们作法治病驱鬼，灵验非凡。现在师公作符，都要写"太上老君急急如灵"，就是这个缘故。现在的人都是他两夫妇的后代。(湘黔边一带侗、苗、汉等族神话，《元曲·桃花女》一剧情节与此类似，但很模糊，且因文化传统的不同而删去了葫芦生人等具神话色彩的情节。)

日神带了一个宝葫芦在溪中洗澡，葫芦里出来一个姑娘，日神和月神争夺姑娘为妻，日神将姑娘送给月神，自己再向葫芦要了一个姑娘，于是，日、月二神同时繁衍人类。(南美克拉何人神话)

2. 葫芦间接生人型

高辛氏，有老妇人居于王宫，得耳疾历时，医为挑治，出顶虫，大如茧。妇人去后，置以瓠离，覆之以盘，俄而顶虫乃化为犬，其文五色，因名盘瓠，遂畜之。时戎吴强盛，数侵边境。遣将征讨，不能擒胜，乃募天下有能得戎吴将军首者，赐金千斤，封邑万户，又赐以少女。后盘瓠唧得一头，将造王阙，王诊视之，即是戎吴，为之奈何？群臣皆曰："盘瓠是畜，不可官秩，又不可妻。虽有功无施也。"少女闻之，启王曰："大王既以我许天下矣，盘瓠唧首而来，为国除害，此天命使然，岂狗之智力哉？王者重言，伯者重信，不可以女子微躯，而负明约于天下，国之祸也。"王惧而从之，令少女从盘瓠。盘瓠将女上南山，草木茂盛，无人行迹。于是女解去衣裳，为仆鉴之结，着独力之衣，随盘瓠升山入谷，止于石室之中。王悲思之，遣使视觅，天辄风雨,岭震云晦,往者莫至。盖经三年,产六男六女。盘瓠死后,自相配偶,因为夫妇。织绩木皮,染以草实,好五色衣服,裁制皆有尾形。后,母归以语王,王遣使迎诸男女,天不复雨。衣服褊裢,言语侏离,饮食蹲踞,好山恶都。王顺其意,赐以名山广泽,号曰蛮夷。蛮夷者,外痴内黠,安土重旧,以其受异气于天命,故待以不常之律。田作贾贩,无关乡需、符传、租税之赋,有邑君长,皆赐印绶,冠用獭皮,取其游食于水。今即梁、汉、巴、蜀、武陵、长沙、庐江郡夷是也。用糁杂鱼肉,叩槽而号,以祭盘瓠,其俗至今。故世称"赤髀横裙,盘瓠子孙"。(载东晋干宝《搜神记》,今苗、瑶、畲等民族仍有此神话。)

3. 葫芦救人型

祖母孵蛋生松桑松恩男女二神,二神生雷、龙、虎、蛇等十二人神,傩兄傩妹年纪最小。后来人神相争,人把雷赶上了天,龙赶下了海,虎赶上了山,蛇赶进了洞。雷生气报复,发洪水把人类淹尽,傩兄傩妹心好,雷拔牙送兄妹,种下后结葫芦,兄妹坐葫芦得救,经过滚磨、烧烟、绕山林等占卜手段,认为是天意,便成为夫妻,成婚三年,生下一个肉团,砍碎后,肉变侗,所以侗人皮肉白;肠变苗,所以苗人性子直;骨变瑶,所以瑶人耐劳苦;心变汉,所以汉人性乖巧。(侗、仫佬、土家等族神话)

亚娲(即傩神)创造了雷、龙、虎和人,人神相争,雷便发洪水报复人类,姐弟住进亚娲赐的葫芦得救,成婚生下肉团,砍碎后肝变水族,肺变布依,肠变苗,骨变汉……(水族神话)

枫树生蝴蝶妈妈,蝴蝶妈妈与泡沫结婚,生下十二个蛋,孵出了姜央兄妹(即傩兄傩妹)、雷、虎、龙等十二人神,下面的发洪水、葫芦救人等与侗族大同小异。(苗族神话)

天神阿妣告诉人们,地上要发洪水,教人搬到大葫芦里去住,只有阿公、阿婆两兄妹听了天神的话,因而得救,后来兄妹成亲,才传下了人类。(白族神话)

天神哥为人类射太阳,但人却忘了"还愿",只有盘兄古妹送了一条狗给天神种田,发洪水时,兄妹躲进哥种的葫芦里得脱,后来兄妹成亲传人

种。(毛难族神话)

天神要换人种,变熊考验人类,只有最小的兄妹的心好,得天神所赐的葫芦种,种出葫芦大如仓,住进去得以脱身,后来兄妹成亲传人种。(彝族神话)

天神发怒降洪水,阿雠陀兄妹在地神的帮助下得救。(蒙古族神话)

天发洪水,猎人与公主住进瓠瓜得救。(蒙古族神话)

4. 葫芦救人变异型

昔宇宙开初之时,只有女娲兄妹二人在昆仑山下,而天下未有人民,议以为夫妻,又自羞耻。兄即与其妹上昆仑山,咒曰:"天若遣我兄妹成夫妻,而烟悉合,若不,使烟散。"于是烟合,其妹即来就兄。乃结草为扇,发障其面,今时取妇执扇,象其事也。(女娲造人、洪水、葫芦救人等情节缺记,但后面的情节完全一致,应是同一神话)

洪水来时,有姐弟二人,躲在石狮身子里得脱,后兄妹成亲繁殖人类。(满族神话)

洪水来时,金甲老仙做了个榆木桶救了大母娲,后来,天神将三个仙女嫁给他,生下六个儿子,名叫六祖,便是人类的祖先。(彝族神话)

鸟蛋生神鸡,神鸡生神人,天神降洪水淹恶人时,教善人忍利恩坐牦牛皮囊避水,后派白鹤仙女与他成婚。(纳西族神话)

洪水后,兄妹坐木臼逃生,成婚传人种。(台湾高山族神话)

那兄那妹承天主旨意,在天浮桥上,用矛沾土魂造成海岛,天御柱和八寻殿,兄妹绕天柱转,碰到一起时便成了亲,一胎生下水蛭,二胎生下一男和日本诸岛、三胎生下四男一女。(日本倭族神话,虽无葫芦救人情节,但其他情节都类似。)

泡沫飘来一对男女,二人踢开泡囊,相爱成亲,繁殖人类。(科迪亚克岛神话)

鸟神激怒大海,竹男竹女入竹子得救,鸟破竹,竹男竹女相爱繁殖人类。(菲律宾神话)

诺亚驾方舟,在洪水中救出许多男女,重新繁殖人类。(南美基图人神

话）

世人行恶，上帝降洪水，诺亚乘方舟得救。（圣经神话）

5. 类似型

天地浑沌如鸡子，盘古生其中。（盘古神话）

聚会天精与地灵，结个胞胎水上存，长成盘古一个人。（湖北神农架《黑暗传》，汉族神话。）

雷公带一蛇蛋到渔南岛的峒上，蛋中跳出黎母，与大陆采药人成亲，生下黎族。（黎族神话）

一女子在水边洗衣，一竹节流到她胯下，拾回，中有哭声，剖开，跳出一个男孩，长大后成了夜郎国王。（古夜郎国神话）

太阳蛋孵化生人。（台湾高山族神话）

洪水后母子成婚传人种。（黎族神话）

洪水过后，父女成婚传人种。（东北鄂温克族神话）

大乌鸦在大洋上寻找人种，找到一个大蚌，破蚌得女，相爱成婚，（北美夸扣特克族神话）

一个奇人用石头造人，啐口水引起湖水上涨，石人因行动太笨都淹死了，奇人再用泥造人，形成了现在的人类。（美洲印加人神话）

在上述神话中，最受人关注的是"葫芦生人型神话"和"葫芦救人型神话"，学术界对"葫芦生人型神话"的观点，大都一致，但对"葫芦救人型神话"大都认为远古确曾有过一场淹没人类的大洪水，所以各地才不约而同地出现了"葫芦救人型"的神话。

如果不考虑"葫芦生人型神话"，只考虑"葫芦救人型神话"，而且只考虑洪水淹没人类这一点，葫芦神话的"巧合说"是可以成立的。但如果将二者联系起来考虑，事情就不那么简单了。

笔者过去也是相信这些学术观点的，但经过许多年的思考之后，笔者发现，这些学术观点，未免有失天真。原始人类的宇宙观极其有限，根本不知道天地有多大，对于他们来说，任何一次局部性的大洪水，都可能被他们认为是"洪水滔天"的，他们的族人被某一次洪水淹死，都可以被视为全人类都已毁灭的。因此，人类如果有过一次被洪水灭绝过的历史，考古学界就应该发现过被灭绝了的人类化石；但考古界只发现过灭绝动物恐龙的化石，却未发现过被洪水灭绝了的人类化石，可见所谓灭绝人类的大洪水，只是一个神话，而并非现实。神话毕竟是"神话"，我们研究"神话"，还得从《神话学》的角度去探讨。我们不能只考虑洪水滔天说，还要考虑到世界性的"葫芦神话"并非巧合，考虑到它有没有从原生地传播到世界各地去的可能性。为此，本文将从神话学的角度，对"葫芦神话"重新作一次探讨，葫芦神话是怎样产生的？

"葫芦生人型神话"应属于采集时代的神话。因为在采集时代，人们的生产力还没有进步到可以猎取飞禽走兽的程度，只有不动型的植物可供人类自由采集，而一身是宝的葫芦在人类生活中所占的地位，大大超过了其他的不动型植物，因而产生了对葫芦的崇拜，并因此产生了"葫芦生人型神话"，是不难理解的。这可以从中国少数民族中对葫芦的依赖和崇拜得到印证。

中国西南的少数民族中，至今还存有葫芦崇拜印迹：他们的衣饰、织锦、银饰等工艺品上，都爱装饰葫芦。他们的房子、门楼、风雨桥、凉亭、鼓楼等民族建筑上，都离不开葫芦。在我的家乡，至今还是个"葫芦世界"，甜葫芦（瓠）是我们的食物，苦葫芦（匏）是我们的用具，有鸡蛋那么小的葫芦，也有小饭桌那么大的葫芦。大的拿来装谷米种子，小的拿来装食物，最小的拿来做护身符。什么饭篮、饭箩、糠瓢、水瓢、酒葫芦、茶葫芦、草药葫芦、火药葫芦，几乎满目尽是葫芦。给妇女送葫芦，是祝愿她多子，给小儿挂葫芦，是希望他再生一个弟弟，门上挂个葫芦，可以驱邪，祭祖时在祭坛外挂葫芦，是严禁生人入内。可以遥想：在生产力极不发达的古代，葫芦与生活的关系是何等密切。

人类的文化都是与人类的生产力相适应的，因此，什么样的生产力就会产生什么样的神话。但是，生产力总是在不断地向前进，新的生产力需要新的神话来为它服务。这就出现了一个矛盾：在图腾时代，图腾神是至高无上的，要人们更换信仰，就像今日我们要一个上帝的信徒改信太上老君一样地困难。怎么办呢？看来，中国的原始人非常聪明，他们发明了"图腾转换巫术"的办法，成功地解决了这个矛盾。从葫芦生人神话到葫芦救人神话，便是"图腾转换巫术"的一次成功的范例。这种转换应当发生在人们从采集时代走向农耕时代时，神话宣告葫芦图腾时代的人类，已在一次世界性的大洪水中全部死亡，新的人类已不是葫芦图腾的直接子孙，而是由一对兄妹繁殖出来的新人类，所谓"天教兄妹成婚"则表示神已同意了新的农耕民族的合法地位。因此，"葫芦神话"的文化内涵，远比我们以前所想象的要深远得多。"天降洪水，葫芦救兄妹"，只不过是借洪水之名而实行的一次划时代的"图腾转换巫术"。可以说："葫芦神话"是在没有文字记录的时代，人们用神话形式记录人类世界如何从采集时代、"葫芦时代"步入农耕时代的伟大文献。

二 "葫芦神话"发生与衰变的规律

我过去看待这些不同的葫芦神话，总认为是各民族在形成当中所自然产生的，只是偶然的巧合，从没有想过它们互相之间有没有联系。但为什么如此巧合，"母题"都是那么相似呢？我想，能不能来一个"逆反思维"，干脆把它们当作一个有机的整体，从系统论上做些文章呢？

按照文化传播的一般规律，一切文化都应有一个发生、传播和衰变的过程。从纵向分析：在它的初期阶段（发生阶段），应该属于简单粗糙型，一般只出现于原产地；它的中期阶段（成熟阶段），应该属于完善精致型，分布范围一般都较大；它的晚期阶段（衰变阶段），应该属于疏漏变异型，一般都是传播地较多，原产地较少。从横向分析：它的原产地，应该属文化密集型，它的传播地，应该属疏漏变异型，而且，传播得越远，它的疏漏变异现象也就越厉害。但需要注意区分的是：它的初期阶段和晚期阶段往往有相似之处，例如青铜时代初期阶段，器形多粗糙而笨拙，中期阶段，器形多精美细致，晚期阶段，器形复归粗糙笨拙，这是因为：精美而轻巧的漆器已后来居上，人们的注意力已转向漆器，没有人再要那形体笨重、价格昂贵的青铜器了。后来漆器又被瓷器所取代，人们的注意力又转向瓷器去了。文化的产生和衰变同样是如此。

分析"葫芦神话"衰变的原因，从纵向来说：在"葫芦神话"时代，由于葫芦是人们的崇拜对象，所以有专职的巫师去保存它，去完善它，内容当然就会被加工得越来越精美细致，到了它的衰变期，人们已有其他新的崇拜对象，对葫芦的崇拜已日益衰退，因此对原有的神话，没人去丰富它，也没有专职的巫师去保存它，自然就容易为人们所淡忘。从横向来说：在它的原产地，由于人们对它非常熟悉，其变异性当然会少一些，在它的传播地，由于本来就是其他巫文化的地盘，当原产地的人把它带到那里，或那里的人把它接受过去时，在传播过程中就会有些疏忽遗漏，落户新家时，因与那里原有的巫文化和风土人情有冲突，为了使它本土化，也会发生变异。根据上述规律，我试作分析如下：

1. 葫芦直接生人型神话，内容多比较简单粗糙，分布地区也比较狭窄，多见于云贵的一些少数民族之中，而其他地区少见。应属于发生期的神话。

2. 葫芦间接生人型神话，我目前还只发现盘瓠神话"葫芦生犬，犬再生人"一例，比较完善精致，应该是属于成熟期的神话。但属于发生期的"神犬直接生人型"神话却非常普遍，从中国到环太平洋地区，从大西南到海南、东北、台湾、越南、东南亚、印度北部、爪哇、美洲印第安人地区都有。

3. 葫芦救人型神话内容多完善精致，分布地区很广，在中国广大地区和世界各地常能见到。其传播也合乎规律，中国西南部为密集型而变异性较小，四周为疏漏型而变异较大。"救人"型一般都不含"直接生人型"神话，"直接生人型"一般也不含"救人"型神话。

4. 葫芦救人变异型神话在发生地和传播地都有，但以传播地为多，变异性也较大。简单粗糙有如发生型神话。

5. 类似型有几种情况：一种极似葫芦神话，但没有"洪水"、"救人"的情节，好像是搜集者故意把它删除了似的？一种是其他的生人神话与葫芦神话共存的现象。如壮、侗等族，葫芦救人神话与花蕊生人神话共存；苗、瑶等族,葫芦救人神话与犬生人共存;布依、仡佬等族,葫芦救人神话与竹子生人神话共存。还有一些别的情况,因不具普遍意义,就不列举了。

三　葫芦神话系统是图腾转换巫术的历史记录

葫芦神话为什么会出现"葫芦直接生人型"、"葫芦间接生人型"和"葫芦救人型"这三个主要系统呢?这也要从生产力的发展着眼去研究,才不会误入歧途,先从干宝所记的"盘瓠神话"谈起。

"盘瓠神话"的主题是:"宫中老妇人有耳疾"、"医来诊视"、"挑出头里隐藏的小虫","把虫放进葫芦","虫在葫芦里变犬","犬取名为盘瓠"、"犬与人结合形成犬图腾氏族"。

先说我们乡里过继儿子的乡俗:按乡俗,要过继异姓或异族的小孩,必先请傩神降坛,由巫师主持,请示傩神同意后,抱小儿从他新母亲的胯下经过,表示这个小儿已由她重新分娩过了,于是,再为这继子,按宗族的姓氏和班辈重新定姓取名。这一风俗,与"盘瓠神话"颇有类似之处。

宫中老妇人实代表原来的葫芦氏族,她有耳疾,这个"耳疾"实际上就是生产关系与生产力的矛盾,因为生产力发展了,人们已不满意过去的葫芦图腾,想以新的图腾取代旧的图腾了。在古代,这可是天大的"大病",因为:"非其鬼而祀之",是要遭天谴的啊!怎么办呢?当然就只有请"医"来诊治了,所谓"医",实际上就是巫师,因为古代的巫就是医,并没有专门的医生的。"医"来了,他医治的办法就是使用巫术,要使人们崇拜的新图腾,得到旧图腾的承认,于是,便用"模拟巫术",假装在老妇人耳中挑出一条虫子,把它放进葫芦这母体中去,并在葫芦中暗藏一条小犬(也许有人要问,哪来一只可以装得下小犬的葫芦呢?就请大家看我今天带来的葫芦吧!这么大的葫芦,一个小儿也装得进,难道还装不下一条小犬吗?),再覆之以代表着这方土地的"盘",待念咒作法完毕,巫师将小犬从葫芦里取出,表示这条小犬已是从葫芦中分娩出来的,已取得葫芦氏族的合法身份了。于是,便给这小犬取一个葫芦氏族的名字,表示它已成了葫芦氏族的新成员。"盘瓠"的含义是"这方土地上的葫芦",本来是犬,却要用葫芦做名字,就是这么来的。当犬图腾取得了合法的"神权"后,人们当然就可以无所顾忌地信奉新的犬图腾,敢于带着猎犬打猎(原始人认为万事万物都有神灵管着,没有犬神的同意,是不能带着猎犬打猎的。)创造更新的生产力了,这不是人类文明进步过程中的一件历史大事吗?由于后人已远离图腾时代,对图腾时代的风俗习惯一无所知,在传承这一神话时,无法理解其中的文化内涵,所以,除了干宝把这一珍贵的史料记录下来了之外,别人都把它删掉了。如果没有干宝,我们就无法知道这一古代的"模拟巫术",这则神话就将永远地无法破译了。

"葫芦救人神话"同样是一个氏族"图腾转换祭"中的"模拟巫术"。不过这次是发生在农业时代的巫术活动罢了。上面已有了对"盘瓠神话"的分析,为了别把文章做尽,也给读者保留一些想象空间,我只将两则神话列表对照,对"葫芦救人神话"就不作详细分析了。

盘瓠神话	葫芦救人神话
老妇人有疾。	洪水为害。
"葫芦生人"的模拟巫术。	"葫芦救人"的模拟巫术。
转换成了葫芦的"子图腾"。	转换为不从属葫芦图腾的人祖崇拜。
人与图腾物结婚	抛开旧图腾,人祖傩兄傩妹自为婚姻。
生育出图腾的后代。	砍碎旧图腾,人祖傩兄傩妹播种新人类。
没有与天斗争的内容。	人类敢于戏雷、赶雷、捉雷、关雷、上天斗雷、上天射太阳,为创造一个适合生存的环境而与天抗争不息。

从列表比较中可以看出:产生在农业社会的"葫芦救人神话"所反映的人类精神风貌显然比渔猎社会的"盘瓠神话"要进步得多。

四 中国有没有"葫芦民族"?

中国的伏羲氏,据闻一多先生考证,就是以葫芦为图腾的民族,"葫芦"是"瓠"(甜葫芦)与"匏"(苦葫芦)的俗称,因此,伏羲氏族就是"葫芦的传人"。"伏羲氏"又名"匏羲氏",即以苦葫芦作器皿的人。又称"庖羲氏",即会烹任葫芦的人。"羲"的本字在汉字中除作名词外没有含义,这是不合道理的,造字时它不可能没有含义,只可能是它的本义被人遗忘了。根据文字是从语言发展而来的逻辑,我们不妨从《语言学》角度探讨一下:

"羲"音与《楚辞·离骚》中"女须"的"须"字音近,《楚辞》王逸注引贾侍中的话说:"楚人谓女曰须",又据笔者所知:今日南楚的卜人,至今仍称妇女为"须",故"伏羲"的含义,应是"葫芦女人"之意。"羲"字加"日"旁为"曦",加"牛"旁为"犠","曦"是太阳光,"犠"是供神的祭品,都与原始信仰有关。如此看来,"曦"应可作"女神"解,因此,"伏羲"也就是"葫芦女神"之意。伏羲氏时代,人们已懂得了捕鱼打猎画八卦,葫芦应是渔猎社会的图腾。

以葫芦为食物和器用是中国原始先民的一项重大发明,由于葫芦曾经是中国先民的"衣食父母",因而受到了先民们的崇敬,并因此而产生了"葫芦文化"。产生了"伏羲氏"女祖,这是与原始人的生产力和意识形态相适应的。但是,只从书本上去找葫芦民族,还是纸上谈兵。那么,在现实中是不是有葫芦民族呢?

我过去只到书中去找这"消失"了的葫芦民族,但找来找去,不着边际,后来回头一看,才发现它并没有消失,原来,我这个民族就是葫芦民族的后裔之一。

我的先民就是古代的"卜人",古书上有"卜在楚西南","卜人以丹砂",就是说的我们。我家乡产的丹砂闻名全国,称为"辰砂",是古代追求长生不老药的炼丹士梦寐以求的仙药。因卜人遍布大西南,古有"百卜"之称。

"卜"的本字作"仆",又有再加"氵"字旁的。字典上作"奴仆"解,其实,奴与卜都是中国的古老民族,因为"卜人"温顺而又能吃苦耐劳,古代的汉人喜欢抢掠或购买南方的"奴人"("奴人"即"骆越人")和"仆人"作劳役,所以,"奴"与"仆"便被汉人用作下人的代名词了。后经字典一定性,人们的思想就被字典框住,以为"仆"字真的就是"奴仆"了。

"仆"字在甲骨文中就有了,可见这个民族之古老,有位国学大师曾给

（古"仆"（僕）字）

"仆"字作过考证，也是按字典规定的思路定性的。他解释说："仆"字就是手里举着撮箕，身上穿着有尾服装，戴着刑具在打扫尘埃的人。大师是古文字权威，他这一解释，人们当然都很相信，"仆"字似乎也"盖棺论定"，很少有人再怀疑了。但是大师这一次却解释错了，他不知道，仆人所穿的有尾服，正是《盘瓠神话》中说的"裁制皆有尾形"，这种有尾的服装，在古代是只有大巫师（大酋长）才有资格穿的，今日巫师穿的飘带羽裙，就是它的遗制。大师还说，"仆"字头上的"辛"字，是奴隶戴着刑具，如果孤立地看问题，倒也不错。但若你到甲骨文中去多找一找，就将发现，"辛"字在甲骨文中，可不是随便就能加的，有资格加"辛"的字，若不是"鸾"、"龙"之类极少数的图腾神（把许多动植物都看成图腾也是错的），就是大巫之类（甲骨文中有好些加"辛"的人形字），其实，它源于对火与太阳崇拜，巫师把火焰的形状制成三尖形的符号，或做成三尖帽戴在头上祭神，给人的印象很深，所以，创造甲骨文的人就把它应用进去了。再经他们一简化，三尖帽就变成三叉形符号了。再说，那人手中高举的也不是撮箕，而是礼神的葫芦，那空中飞扬的也不是尘埃，而是祭品的香气。奴仆是决不敢将撮箕举得那么高，也不敢让尘埃满天飞溅的。大师的研究不从历史唯物主义出发，用"无神论"的观点去研究"有神论"的事物，终于差之毫厘，失之千里，把一个民族的名称，变成了"奴仆"的名称。可见得做学问之不易，即使是国学大师，也难免有失误的。

所以，甲骨文中"仆"字的象形，决不是什么"奴仆"的象形，而是仆族大巫正在捧葫芦祭天的象形，因此，"仆人"就是崇拜葫芦的"葫芦民族"。

有些学者对葫芦民族的研究总是悬而难决的另一个原因，就是这些学者不懂"仆族"语言。不知道在"仆族"语言中，"仆"就是葫芦。在仆语中，"仆"字读若：BU，BO，PU，PO，等音。因此"仆人"，就是"葫芦民族"。中华民族本是同宗共祖的民族，汉语中同样吸收了许多仆语的。如汉语的"婆"，"钵"，"胞"，"父"等都是葫芦，只不过汉族脱离葫芦时代要早一些，所以，忘记得也快一些罢了。而在仆语中，"仆"字的运用还要广泛得多：如"阿婆"叫"仆"，"阿公"也叫"仆"，父亲叫"甫"，祖先也叫"仆"（仆贯），山叫"仆"（山包），水叫"濮水"，城叫"仆"（如城步），村寨叫"仆"（如贯堡）……在历史长河中，仆人分出了许多支系，也大多要在族称前冠一个"仆"字。如贵州侗族叫"仆鉴"，湖南侗族叫"仆粳"，壮族叫"仆壮"，布依族叫"仆依"，土家族称祖神叫"巴仆"（现误称"八部"大王），有些苗族、瑶族中也有称"仆鉴"或"仆粳"的……无怪乎古人要称我们是"百仆"了。

后来，"仆人"的后代"越人"兴起于东南，灭吴伐楚，名声远扬，人们便只知有越，不复知有仆，不知什么时候，我们这些"百仆"，就被人改称为"百越"，外人更忘记了我们曾经是"仆人"，"仆人"便成了历史之谜，成为历史学家寻觅的对象了。

古书上说："仆在楚西南"，但是中原、山东等地都有伏羲氏的生里或墓地，这又是什么原因呢？楚西南的"仆"是北边去的呢？还是北边的伏羲氏是从楚西南来的呢？要解这些历史之谜，一切的"子曰诗云"都不能算数，就只有靠考古学的新发现去证实了。

考古学已证明：中国的农业文化已经有了两万年的历史，中国进入以农耕定居为特征的"安居乐业"时期，也已有九千年历史了。中国的"葫芦神话"既始于中国的农耕文化之前，则它的历史至少也应有一万年历史了，这样早的葫芦文化，世界上似还找不出第二处。因此，我们不妨推测：中国应该是"葫芦文化"的发源地，"葫芦神话"很可能是从中国传播到全世界去的。希望学者们能加强这一方面的研究，早日给"葫芦文化"的研究划个句号。

"葫芦文化"本来就是中国先民经济生活的产物，在今天中国改革开放的经济大浪潮中，研究"葫芦文化"，是研究中国文化的重要内涵之一，弘扬"葫芦文化"，也是弘扬中国的传统文化的重要内涵之一，希望我们弘扬"葫芦文化"能够对未来的"绿色世纪"作出更大的贡献！

（原载《中国民间文化》1996年第2集，又载游琪、刘锡诚主编《葫芦与象征》，商务印书馆2001年版）

葫芦与道教关系探源

孟昭连

一　葫芦与道家

　　道家与道教并不是一回事，但二者却有密切的关系。先秦的道家哲学，是道教的思想基础之一。要搞清葫芦与道教关系的源头，有必要先看一看葫芦与道家的关系。道教奉老庄为其始主，并把老庄的著作作为自己的经典。在老子的《道德经》里，我们并没发现葫芦的踪影。但在庄子的著作中，却多次出现了"壶"、"瓢"的字样。最著名的，当然是《庄子·逍遥游》中的一段论述了：

　　　　惠子谓庄子曰："魏王贻我大瓠之种，我树之成而实五石，以盛水浆，其坚不自举也。剖之以为瓢，则瓠落无所容，非不呺然大也，吾为其无用而掊之。"庄子曰："夫子固拙于用大矣。宋人有善为不龟手之药者，世世以洴澼絖为事。客闻之，请买其方百金。聚族而谋曰：'我世世为洴澼絖，不过数金。今一朝而鬻技百金，请与之。'客得之，以说吴王。越有难，吴王使之。将冬，与越人水战，大败越人，裂地而封之。能不龟手一也，或以封，或不免于洴澼絖，则所用之异也。今子有五石之瓠，何不虑以为大樽而浮乎江湖，而忧其瓠落无所容，则夫子犹有蓬之心也夫。"[①]

[①] 《庄子·逍遥游》，上海书店影印诸子集成本 1986 年版。

唐代成玄英解释云："刺庄子之言不救时要,有同此言,应须屏削也。"认为惠子以大瓠作比喻,意在讥讽庄子的思想大而无当,没有什么实际用途。在惠子看来,葫芦虽然很大,用来盛水,却不够坚固;剖开为瓢,又形平而浅,受水亦零落难容,只能算是无用之物。惠子注意的是葫芦的实用价值,并没有包含其他的含义。惠子是名家的代表人物,主张"合同异",认为事物的差别都是相对的。他在这里强调葫芦的实用价值并不是偶然的,表现了先民早已形成的葫芦观念。庄子对惠子加以驳斥,是说惠子"拙于用",并没否定葫芦的实用价值;恰恰相反,他以为可用大瓠做成小船而游于江湖之上,虽说意在表现他的人生理想,却同样是基于葫芦的实用价值。

有的学者认为在《庄子》《列子》中出现过一个名叫"壶丘子林"的人物,又称"壶子",是列子的老师,似乎可以与道家挂起钩来。在《庄子·应帝王》里,壶子是个"凝远神妙,难知本迹"得道极深的"至人"。但"壶丘"是复姓,而不是人名,有人把他说成是以葫芦作为别号,不过是臆测之词。

让我们再来看《韩非子·外储说》中的一段话:

> 齐有居士田仲者,宋人屈谷见之曰:"谷闻先生之义,不恃仰人而食。今谷有树瓠之道,坚如石,厚而无窍,献之。"仲曰:"夫瓠所贵者,谓其可以盛也。今厚而无窍,则不可剖以盛物;而任重如坚石,则不可剖而以斟,吾无以瓠为也。"曰:"然,谷将弃之。"今田仲不恃仰人而食,亦无益人之国,亦坚瓠之类也。[1]

这里反映出的观念与《庄子·逍遥游》几乎是相同的。韩非子虽然被司马迁在《史记》中与老、庄列入同传,但人们普遍认为他不是道家,而是法家。由此也可以看出,在先秦时朔,即使哲学观点不同的人,他们的葫芦观念却是完全相同的。这说明了什么呢?

在远古时代,葫芦在人们的生活中曾占有十分重要的位置。我们知道,

---

[1] 《韩非子·外储说左上》,上海书店影印诸子集成本1986年版。

《诗经》有多处提到葫芦,但都是说的葫芦的食用和器用价值,而没有其他。如《小雅·南有嘉鱼》说:"南有樛木,甘瓠累之。"朱熹注曰:"瓠有甘有苦,甘瓠则可食者也。"①另外《诗经·小雅·瓠叶》还说:"幡幡瓠叶,采之亨之。"幡幡,枝叶茂盛的样子。亨同烹,烹调的意思。这句意为将长得很茂盛的葫芦叶子摘下来,烹调成美味的食品。到后来,葫芦的吃法愈来愈多,元代的王祯《农书》说:"匏之为用甚广,大者可煮作素羹,可和肉煮作荤羹,可蜜饯作果,可削条作干……"②又说:"瓠之为物也,累然而生,食之无穷,烹饪咸宜,最为佳蔬。"③可见古人是把葫芦作为瓜果菜蔬食用的,而且吃法多种多样,既可以烧汤,又可以作菜,既能腌制,也能干晒。葫芦开口做成各种形状的器具使用,也是葫芦的最早用途之一。首先是用来盛酒。古代酒器繁多,葫芦便很自然地被加工成酒杯。《诗经》上说"酌之用匏",匏就是指的这种葫芦杯。古代有祭天之礼,也是使用葫芦酒杯,称为"匏爵"。《周礼》云:"其朝献用两著尊,其馈献用两壶尊。"后代封建王朝行郊祀礼,承古法仍用匏爵。古人为什么如此看重"壶尊"呢?《礼记》说:"器用陶、匏,贵其质也。"陶为土质,象征大地。匏,《说文》解释云:"从包从夸,声包,取其可包藏物也。"古人认为"匏"与"包"音,取其可包藏东西之意,象征上天容纳万物,博大精深。用陶、匏祭祀天地,寄托着祖先希冀上天赐福于他们的美好愿望。至于葫芦作为其他日常用具,更是人们所熟知的。总之,人们对葫芦的最初认识是与它的实用价值紧紧联系在一起的,葫芦似乎还没有产生抽象的其他方面的涵义。有的学者把先秦典籍中对葫芦的记载理解为一种崇拜,并且认为是一种生殖崇拜,鄙意以为大可商榷。对葫芦的崇拜确实是存在的,但并不是因为曾经存在着"葫芦生人"的观念,而是因为远古时代葫芦的实用价值给人们留下了难以磨灭的印象。

---

① (宋)朱熹:《诗集传》卷九,中华书局 2011 年版。
② 马宗申校注:《授时通考校注》第四册,中国农业出版社 1995 年版。
③ (元)王祯:《农书》卷八,中华书局 1956 年版。

二　葫芦与道教的最初联系

人们公认道教的真正创立是在东汉时期。也恰恰是在此后,我们发现葫芦与道教渐渐发生了联系。《后汉书·费长房传》有如下一段记载:

> 费长房者,汝南人也。曾为市掾。市中有老翁卖药,县一壶于肆头,及市罢,辄跳入壶中。市人莫之见,唯长房于楼上睹之,异焉。因往,再拜奉酒脯。翁知长房之意其神也,谓之曰:"子明日更来。"长房旦日复诣翁,翁乃与俱入壶中。唯见玉堂严丽,旨酒甘肴,盈衍其中,共饮毕而出。①

费长房是入了《神仙传》的,是著名的道教人物。他与葫芦的这段神奇关系,可能是葫芦与道教拉上关系的最早记载。《后汉书》最后成于南朝范晔之手,但自东汉未亡时就已经官修了记载本朝历史的《东观汉记》;三国之后,又陆续出现了多种记载东汉历史的著作,或曰《后汉书》,或曰《续汉书》,或曰《后汉记》。范晔的《后汉书》是以《东观汉记》为蓝本,杂取各家而成的。《后汉书》虽为正史之书,但它出自私人之手,取材又杂,所以其中掺入了神异的内容。这种情况当然不止《后汉书》,《史记》、《汉书》乃至前代的《左传》等,都是如此,所以并不奇怪。《费长房传》中出现的这段葫芦故事,很明显是小说家言,肯定不符合历史。问题是,是什么因素使葫芦在这里与道家开始发生关系? 范晔的这段资料来自何方?

我认为,《后汉书》上的这段葫芦的神奇故事来自佛教,是借鉴了佛经上的有关故事。佛经的汉译始自东汉,此后便对中国的文学艺术发生了重大的影响,志怪小说尤甚,这是人们熟知的事实。佛经中的《杂譬喻经》东汉时就已经翻译成汉文,其中有一篇题为《壶中人》的故事,尤其值得我们注意。这个故事说的是一个王子久居宫中,后来一个偶然的机会发现外面的世界十分热闹,便偷偷出了宫门,入山中游玩:

> 时道边有树,下有好泉水。太子上树,逢见梵志,独行来入水池浴。出

---

① (南朝·宋)范晔:《后汉书》卷八十二下,中华书局1965年版。

饭食，作术，吐出一壶，壶中有女人，与于屏处作家室。梵志遂得卧。女人则复作术，吐出一壶，壶中有少年男子，复与共卧。已便吞壶。须臾，梵志起，复纳妇著壶中吞之，已，作杖而去。①

这位王子回到宫中后，又准备了饭菜，把道人（即梵志）请到宫中表演了一番。王子的用意是要在国王面前说明情爱的不可避免，劝国王让宫中受到禁锢的宫女自由离去。

如果将此故事与上引《后汉书》中关于费长房的记载加以对照，就会发现二者有几个相同点：

1. 作术而进入葫芦的都是神异之人（卖药翁与梵志）。

2. 故事主人翁者都是旁观者（费长房与王子），而且都是在高处偷看的（一在楼上，一在树上）。

3. 故事中的人物都进入壶中，餐饮而返。

不同点是，梵志变化出了男女，王子始终只充当了旁观者；费长房则随卖药翁进入壶中，也成了壶中人。

东汉是道教的形成期，宗教研究者公认，佛教的传入对道教的形成曾产生过促进作用，道家借用某些佛教的东西不但是可能的，也是必然的。葫芦后来与道教结下不解之缘，我以为正是对《杂譬喻经》这段故事借鉴的结果。

《后汉书》的作者借鉴这段故事的初衷是什么呢？如果再进一步探究，我们会发现这种借鉴可能只不过是由两个巧合引起的。一个是佛经故事中的"壶"字，一个是原译文将梵志译为"道人"。在《壶中人》里，"壶"并没明确指为葫芦，陶壶、瓷壶都是壶，更可能是指后者。因为在佛经故事里，类似壶的盛具还有瓮、钵等，都与葫芦无关。如《杂譬喻经》中还有一个《瓮中影》的故事，谓一妇人打开酒瓮，发现瓮中亦有一妇人，便怀疑是丈夫"金屋藏娇"，实不过是自己的影子耳。另外在《百喻经》里还有一篇《骆驼与瓮》的故事，说一个骆驼把头伸进瓮偷吃谷子，结果头卡在

① 《大正新修大藏经》第4卷本缘部下《旧杂譬喻经》，佛陀教育基金会。

里面出不来。一个自作聪明的人想出一个办法，先把骆驼的头砍掉，然后砸破瓮。问题是解决了，可骆驼死了，瓮也破了。看来佛家颇喜欢在壶、瓮中演绎故事。根据故事内容，我们可以肯定佛经故事中的瓮或壶并不是葫芦。但在《后汉书》中，因为神人是卖药老翁，而且壶是随身携带的，显然只能被理解为葫芦（因为葫芦在古代的写法是"壶卢"或"壶"），而不会是其他壶。也即是说，这里出现了一个偷换概念的手法，佛经中的"壶"，在不知不觉中变成了葫芦。我们不知道这种变化是出于偶然的误会还是有意识的行为，但是自此之后，葫芦成了道家的一个重要法器。

其二，佛经中的"道人"是指有道之人，实际上指的是佛家；《后汉书》写的费长房是道家，称为"道人"正合适，所以佛家的"道人"又摇身一变而成了中国道家的"道人"。

妙的是，这两处改变因为借助了上述巧合，所以显得天衣无缝。道家一开始就相信炼丹能使人长生不老，在创教过程中，不少道士将医病作为传教的手段。《后汉书》记张角谓其"自称贤良大师，奉事黄老道，畜养弟子，跪拜首过，符水咒说以疗病，病者颇愈，百姓信向之"。而以葫芦作为盛药的器物，显然在人类的早期就已经出现了。因为葫芦干燥而体轻，密封性能又好，既防潮又保温，可以保证药物不会霉坏变质。所以葫芦在很早以前就成为医家的标志。费长房见到的既然是卖药翁，那么他身边挂个盛药的葫芦是顺理成章之事。因此，《后汉书》对佛经故事的借鉴并不是凭空而为，实际上还结合了医家的实际传统。正因为如此，这种借鉴愈显得巧妙。

模仿《壶中人》而创作成中国式的故事并不止《后汉书》，不过有的作者在借用时并没有完全抹去原来的痕迹，如东晋荀氏的《灵鬼志》中有一则也是据《壶中人》变化而成的，但却写明了主人公是外国道人，开篇就说："太元十二年，有道人外国来，能吞刀吐火，吐珠玉金银。"作者为什么要写明是外国道人呢？这是他的诚实之处，说明他也是引自佛经故事。后面的故事情节有所变化，原来故事中的壶不是改成葫芦而是改成了笼，外国道人钻进笼里，极尽变化之能事。吐出妇人并与之共食等情节则全同《壶中人》。南朝吴均的《续齐谐记》中也有一则，题为《阳羡书生》，把道人改成了一位年轻的书生，其他情节则与《灵鬼志》完全相同。《灵鬼志》中的故事直接来自佛经的可能性很大，而《阳羡书生》则可能是据《灵鬼志》又加以改写的。魏晋时期的志人小说受佛经影响很重，故事人物、情节的模仿触目皆是，《壶中人》故事不过是其中一个。当然，这几个故事（包括《费长房传》）谁先谁后，还难以肯定，因为《后汉书》虽然写的是东汉历史，而成书则是在南朝，使用的材料从东汉至南朝的都有，所以我们不能肯定地说《费长房传》的记载是最早的。但不管孰早孰晚，是直接还是间接，有关葫芦的情节是来自佛经，则是没有疑问的了。

三　"壶天"与"壶中日月"

从理论上讲，葫芦与道教的关系如果已经确定下来，那么将葫芦作为自己的身份的标志应该是道家比较普遍的做法。但我们注意到，《后汉书》中记载的道家人物甚多，与葫芦有关系的却只有费长房一人，那么原因何在呢？我以为，这正说明葫芦与道教的关系还刚刚处在萌芽状态，它还要经过一个发展过程。这个过程实际上也是一个由个别到一般，由偶然到必然的变化过程。如前所述，葫芦成为医家的标志应该是很早以前的事，但它仅作为盛药的器具而存在，并无宗教的含义。然而在《费长房传》中，葫芦除了可以盛药，还变成只有神人可以出入的洞天福地，它的作用被神化，它的宗教含义被突现出来，而且后来越来越显著。葛洪的《神仙传》写费长房事，干脆直接把卖药的老翁改成"壶公"，进一步突出了葫芦的作用，将葫芦与道教更紧密地拴到一起，二者的关系从偶然走向必然。所以类似的壶公后来出现了不止一个，《水经注》记有一个王姓的壶公，《三洞珠囊》记一个姓谢的壶公。唐代《云笈七签》中亦有一则记载："（施存）学大丹之道……后遇张申为云台治官。常悬一壶，如五升器大，变化为天地，中有日月，如世间，夜宿其内，自号'壶天'，人谓'壶公'。"这些"壶公"们其实都是"壶中人"的变种，都是来自佛经故事。

自从葫芦成为道家的法器和特殊标志后，它的作用变得越来越神秘，担负的功能也越来越重要。后来又逐渐变成神仙之境的代名词，成为道家终生追求的理想境界。秦汉时，无论正史还是野史，虽都称海中三山（即方丈、蓬莱、瀛洲）为神仙所居之地，并千方百计以求之，但与葫芦并无牵扯。但到了东晋，王嘉的《拾遗记》就开始改称三山为"三壶"："三壶，则海中三山也：一曰方壶，则方丈也；二曰蓬壶，则蓬莱也；三曰瀛壶，则瀛洲也。形如壶器。此三山上广、中狭、下方，皆如工制，犹华山之似削成。"①而且他还说"三壶"的说法出自西汉东方朔的《宝瓮铭》，不过后一点我们缺乏资料证明。既然葫芦已经有了"仙气"，将这三座山都说成是葫芦形，真正的寓意是把它们比作仙境。至唐宋，葫芦与道教的特殊关系进一步为人们认可，葫芦又被人称为"壶天"或"壶中日月"，成为诗人们常常吟咏的神仙之境。如张乔："洞水流花草，壶天闭雪春。"李白："何当脱屣谢时去，壶中自有日月天。""壶中日月存心近，岛外烟霞入梦清。"白居易："谁知市南地，转作壶中天。"宋陆游："葫芦虽小藏天地，伴我云山万里身。"从此之后，葫芦在道教中的地位便真正确立下来了。后世的画家画道家，总不忘画个葫芦，葫芦里装的是济世救人的灵丹妙药；寿星老也是葫芦不离身，因为在"壶天"里肯定是长寿的。与葫芦的宗教意义相联系，葫芦还是文人隐士们的精神寄托之所。那些仕途上不得志或科举失意的文人，不仅寄迹山林之间，而且总不忘身边带个葫芦以示清高，葫芦的含义便也愈来愈玄虚了。像明末浙江秀水的文人王应芳，因不满于现实，便弃官归里，以种梅匏自娱。另一位著名文人巢鸣盛，也是个明末遗民，对清朝的统治不满，便回到家里盖了几间草房，以种橘治匏聊度晚年了。他们都是以弄葫芦来显示自己不与人同流合污的清高孤芳之志。其中虽然也有颜回"一箪食，一瓢饮"，安贫乐道的意思，但更主要的还是道家的出世之想，欲在"壶天"里寻觅一种理想的或者说是虚无的境界，作为自己的精神寄托。

（原载游琪、刘锡诚主编《葫芦与象征》，商务印书馆2001年版）

---

① （东晋）王嘉：《拾遗记》卷一，中华书局1981年版。

祖灵崇拜、母体崇拜与葫芦

（彝）刘小幸

一　前言

葫芦在中国文化中占有重要的地位。它是食物、器物和神物。关于它的故事和传说历久不衰。中国许多民族的创世神话中提到葫芦。是它保护人类共同的祖先兄妹二人躲过毁灭性的洪水，繁衍了人类。因而，云南彝村中至今有人供奉着作为祖先灵位的葫芦。葫芦又被看作是道教神仙的洞天福地，里面可以容纳宇宙万物，同时也表达了阴阳相合，化生万物的思想。这些神圣、深奥的喻意实际上是从大腹便便的葫芦象征了怀孕的母体这一简单的事实发展演变而来。这一切又离不开葫芦在早期人类生活中的作用。因此，让我们从葫芦的实用性入手，探讨其象征性，进而剖析它丰富象征意义的实质和根源。

二　葫芦的实用性

葫芦与人类生活的紧密联系首先表现在它的实用性。它既是食物、容器，又是工具。我们今天的食品花样繁多，葫芦在其中虽不很显眼。但与葫芦有亲缘关系的瓜类，特别是西葫芦、南瓜等，在许多人的家庭食谱中仍占有一席之地。现代城市生活的家庭用具中，葫芦容器很难见到了，但提起葫芦瓢，大家并不感到陌生。许多木质、金属及塑料的水瓢还保持了葫芦瓢的造型。在出产葫芦的农村，葫芦容器的使用则是相当普遍的。不久前，我们到云南永仁县一个彝村搞调查，访问到的农户家都能见到葫芦容器。人们用它剖瓢舀水，盛粮食，收藏菜籽，做打酒的提子等。海南省东方县江边区的美孚黎用葫芦作浮水的工具。下水前，将衣服脱下装入葫芦。在水中，葫芦既可以帮助人保持浮力，又能保护衣物不被浸湿。

葫芦是一种分布广、用途多的古老植物。据考古资料，亚洲的中国、泰国、南美洲的墨西哥、秘鲁、非洲的埃及都有新石器时代出土葫芦的报道，时间从公元前1000－前7000年，有些是在人类居住的洞穴中发现的。葫芦的嫩实和叶子可供食用；干燥的果实剖开后可做各种形状的容器；小葫芦可作鱼网浮子；摇动干葫芦发出响声可作庄稼成熟时驱赶鸟兽之用；它还可以制作乐器和浮水的工具。葫芦在今天尚且应用广泛，追溯人类社会的早期，当人们受自身生产能力和劳动手段的限制，食物和用具主要取之于天然生成物之时，葫芦在人们生活中的重要性是可想而知的。正是由于它与我国古代人民的生活有密切的关系，我国最早的诗歌总集《诗经》中才有不少关于葫芦的记载，如《瓠叶》、《硕人》、《匏有苦叶》、《七月》等。

如果说葫芦作为天然容器在人们的日常生活中扮演了重要角色，它能够充当陶器模型这一作用，则在人类物质生活的进步中具有更加深远的意义。史学界和民族学界通常认为，人类在新石器时代或仰韶文化时期就发明了陶容器。"在人类的进步过程中，制陶术的出现对改善生活，便利家务开辟了一个新纪元。"[1]根据摩尔根所述，"在美国土著中，最早的陶器似乎是用灯心草或柳条作为模子制成的，一俟器皿本身坚固以后，就把模子烧掉"[2]。刘尧汉先生指出，过去的学者在推测以柳条等编筐作为陶容器的模型之前，忽略了天然模型葫芦。他认为，在人们未发明陶器以前，一定会有比陶器更为原始，更加简单易制的容器以供使用。这便是葫芦一类的天然容器。原始人类很可能在葫芦容器的外表涂敷粘土，烧煮食物，不经

[1][2] 摩尔根：《古代社会》，商务印书馆1977年8月版。

意中，水被煮干，葫芦胎被烧成灰烬，剩下粘土外壳，再加水烧煮不漏，经历多次，依然如此，从而发明了陶器的烧制方法。①我认为他的推论是很精彩的。

三 葫芦的象征性

由于与人类物质生活的紧密联系，葫芦被赋予了多方面的象征意义。我们这里想要提到的是中国许多民族中关于葫芦的传说，彝族的祖灵葫芦崇拜以及作为中国传统思想载体和表达的葫芦。

我国的汉、彝、怒、白、哈尼、纳西、拉祜、基诺、苗、瑶、畲、黎、水、侗、壮、布依、高山、仡佬、德昂、佤等民族都有关于出自葫芦的传说。在这些民族的创世纪洪水神话中，多提到一个奇异的大葫芦保存了世界上唯一的人种，一对兄妹（姐弟），使人类得以繁衍至今。我在《母体崇拜》书中引用了若干个民族的葫芦传说，以及我国著名学者闻一多先生对几十例洪水造人故事的分析。他指出："葫芦是造人故事的有机部分，是在造人故事兼并洪水故事的过程中，葫芦才以它的渡船作用，巧妙地做了缀合两个故事的连锁。总之，没有造人素材的葫芦，便没有避水工具的葫芦，造人的主题是比洪水来得重要，而葫芦则正做了造人故事的核心。"②

各民族的神话传说，在相当长的历史时期内，是一种口耳相传的故事，有的在历史典籍中有所记载，大量的则是流散在民间。在代代相传的过程中，这些故事不可避免地要补充以融进各个时代人民生产生活的某些内容。因此，每一个故事都已不可能是其早先的形态，而是既有创始时的雏形，又有后世不断增添的新内容。我们看到的神话传说，往往是几个时代的复合物，这就是所谓传承和变异。可以说，神话传说是一种历史的积淀物，其所描述的不仅是一个久远的时代，而且是一个漫长的过程。许多民族在追溯自身起源的时候，不约而同地把葫芦视为最早的祖先，使葫芦

---

① 刘尧汉：《彝族社会历史调查研究文集》，民族出版社 1980 年。
② 《闻一多全集》，第一册，三联书店 1982 年版。

从一种食物和器物上升到了令人肃然起敬的神圣地位。这种观念不仅反映在口耳相传的神话故事中,而且更具体地体现在人们对葫芦祖灵的供奉和祭祀中。

云南楚雄州南华县摩哈苴彝族现在还有四户人家供奉着祖灵葫芦。永仁县的猛虎乡、中和乡一带的彝族村庄里则有更多的人家供置葫芦祖灵。祖灵即是祖先的灵台。按当地的传统,各宗支都用特定的材料制作祖灵,如青松木、竹根、葫芦等等,用以供奉祖先和辨认同宗。在南华,用别的质料做祖灵的灵台要分成一个灵心,然后合束在灵背上。葫芦祖灵则是夫妇合体。祖灵葫芦的下腹部凿通一个中指粗的小孔,从这里放入米粒、盐、茶和碎银少许。这些东西供灵魂享用,同时象征子孙后代富裕,有饭吃。至于葫芦内的种籽则一粒也不可挖出,因为每粒种籽代表后代的一个子孙,挖出一粒,子孙就少了一个。这个夫妻合体的祖灵葫芦把彝语男女始祖"阿普朵摩若"具体化,并体现了这个词汇的确切含义。彝巫说,祖灵葫芦原来只称"阿普朵摩",意为女始祖或始祖,即以女性概括了男性。

与南华摩哈苴的彝族不同,永仁县猛虎乡的彝族供置的不是单纯的合体葫芦,而是一个松木刻制的灵牌和一个祖灵葫芦。根据当地流传的神话,住在葫芦房中躲过毁灭人类大洪水的兄妹二人是将合抱粗的竹筒插入浑圆的葫芦作为出入通道的。因此,选做祖灵的葫芦都是长颈的悬瓠。长长的葫芦颈象征那段当作门的竹筒。

葫芦祖灵供置在家中一块神圣的地方,通常是在正房。南华摩哈苴村的葫芦祖灵进门可见,永仁猛虎乡的则往往置于正房的内室,一般情况下是不给外人看的。常规的祭祖一年两次,在过年和火把节时举行,献以米、盐、酒、肉及其他美味食品,并在旁边的竹筒中焚香。家中若有人生病,杀鸡、羊后,以血祭祖灵,然后把鸡毛粘在灵位下的墙壁上,求得祖灵的保护和祝福。

虽然我们看到的葫芦祖灵只是在楚雄州的彝族山村,把葫芦作为祖先来崇拜的却不止于此。解放前,与南华相邻的景东县的苗族有几个人在一次远行逐猎过程中遇雨,到摩哈苴一位供置葫芦祖灵的李姓农民家借宿。

当他们进门看到李家的祖灵葫芦时，立刻献上猎获的麂肉并行叩拜，口称"啊，我们的祖宗就在这里了！"他们所叩拜的不是这户彝族农民的祖灵，而是作为祖灵象征的葫芦本身。因为，苗族世代传说，苗、彝、傣、汉各族同出自一个母体葫芦，所以，当他们看到彝族供置的葫芦祖灵时，就想到苗族自己的祖先而肃然起敬。

台湾高山族支系之一"派宛人"（又写成排湾人）所供奉的陶壶，与彝族的祖灵葫芦有惊人的相似之处。根据传说，他们是从陶壶里出来的一对男女的子孙。从陶壶中裂出的两个小孩，很像彝、苗、黎、壮各族出自葫芦的祖先。他们将小米种子放进陶壶，用来象征子孙和作物的繁衍①。这个供置在祖先柱上或屋后祖灵洞内的"祖灵陶壶"很像彝族的"祖灵葫芦"。

与祖灵观念有关的葫芦崇拜在现今的婚俗中也有重要的象征意义。永仁彝族的葫芦传说中，人类最早的祖先，一对兄妹成婚的时候，以葫芦凿洞，插进竹子制成葫芦笙，在婚礼上演奏。至今当地办喜事没有葫芦笙不行。一般的喇叭队都安置在院子里的厢房槽下，惟独吹葫芦笙的人被请到正房就座，以示其备受尊崇的地位。云南新平县新化乡更有在婚礼上摔葫芦的风俗，即新娘迎娶到家，尚未进门之前，由立于房门上方的一名壮年男子或成年妇女手持装满灶灰的葫芦，用力砸破于门前。在灰雾弥漫中，新婚夫妇登堂入室。当地彝族认为，摔破葫芦是人从瓜（葫芦）出和子孙繁荣的吉兆。无论从葫芦祖灵还是与之有关的婚俗中都不难看到葫芦象征着人类的生育和繁衍。

在中国的传统文化中，葫芦的象征意义远不限于以上所述。古书上记载周、汉、晋等朝代的祭祀用器是陶匏，也就是陶制的葫芦，以象征天地之性。（见《通考·郊祀考一》《汉书·郊祀志下》《晋书·礼志上》）起自东汉的道教有以葫芦为象征的仙境"壶天"，把葫芦看成一个包容日月星辰，亭台楼阁，可以对酒当歌的神仙所在。（见《后汉书·费长房传》）云南省群众艺术馆所藏的楚雄州葫芦吞口，既是宗教活动用具，又是民间艺术品。其

---

① 任先民：《台湾排湾族的古陶壶》，《中央研究院民族研究集刊》，台湾南港出版1951年版，第9期。

中有一个在葫芦瓢的下腹部画上了象征天地万物所由化生的阴阳太极图，表达了葫芦孕育宇宙间的一切，包括人类的思想。

　　象征阴阳合体、相辅相成的太极图，它结构的完美，内涵的玄妙，令中外诸多学者叹为观止。但对于它的原形，至今不得其解。我以为它或许是从合卺，即交瓢饮演变而来的。古文献《礼记·昏义》记载，举行婚礼时，夫妇要同居而食，合卺而饮，合体同尊卑。刘尧汉先生解释说，"卺"就是把葫芦一分为二成两个瓢，"合卺"是把两瓢相合以象征夫妇"合体"，回到人类共祖以葫芦为化身这个原形。俗称新婚夫妇饮交杯盏为合卺；于是夫妇成婚也称合卺。交杯盏的杯子实际上是剖葫芦成两瓢，夫妻二人用以饮酒的发展和演变。按古礼，应称"交瓢饮"才对。云南哀牢山的"罗罗"彝在日常生活中尽管早已使用陶碗瓷杯，惟在新婚夫妻饮交杯酒时要用剖葫芦所成的两瓢，以示新婚夫妇成了一个合体的葫芦。下图显示了交瓢饮与太极图之间的绝妙联系：由两瓢相交构成的准太极图无论从其形式或内涵都与《庄子·则阳篇》所表达的阴阳相照，雌雄片合的思想不谋而合。说太极图的灵感来自于此似乎不无道理。

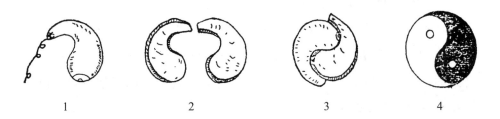

1　　　　2　　　　3　　　　4

四　母体崇拜是葫芦崇拜的根源

　　我们认为，葫芦崇拜的实质和根源是母体崇拜。以上所举葫芦传说和葫芦崇拜的例子，或多或少，或直接或间接地涉及到葫芦孕育和保护了人类祖先，生化了宇宙万物，对葫芦的祭祀又关系到子孙后代的兴旺发达。葫芦是被作为母体来崇拜的。我国若干个少数民族借助葫芦来代表母体并非出于偶然，它是以当时人类的物质生活条件为基础的。葫芦分布很广，是人类靠采集为生时的主要获取对象之一，人们对它自然是熟悉的。葫芦腹部膨大，使人很容易联想到怀孕的母体。其腹中籽种密集，正好象征人类生生不息，由此产生以葫芦为母体崇拜象征物的联想是不难理解的。

母体崇拜曾在人类文化史上产生过巨大影响，它源远流长，虽有变异，但至今在一些民族中还保存着。为什么一种极其古老的崇拜形式能有如此顽强的生命力和如此广泛的群众基础呢？石兴邦先生将半坡氏族部落时期聚落的规模与墓地埋葬人数进行对比后指出，墓地里埋葬的死者比曾经生活过的人少得多。因而推测，他们可能在捕猎时牺牲于野兽的利爪，捕鱼时葬身于河流的激浪，或者在大饥荒中陈尸野外[1]。在那种情况下，"氏族的全部力量，全部生活能力决定于它的成员的数目"。[2]对于前氏族阶段的人类当然更是如此。人类在生存竞争中时时处处感受到群体的力量与人类自身的增殖密切相关，对孕育生命的母亲自然充满了敬意。然而，母亲对人类群体的贡献远远不止是生儿育女。对老幼的照顾，火的保存，衣、食、住等生产生活文化从无到有的发展，女性都有较多的贡献。可以说，某些领域的人类文化主要是靠母亲们创造、保存和传递的。这一切就使得人类对母亲由尊敬而发展到崇拜。这种崇拜直接表现为母体崇拜。中国若干民族的母体崇拜则集中体现在葫芦崇拜上，葫芦成为母体的象征物。

彝族传说，人类共祖和万物之源共存于一个葫芦之中，那浑圆无缝的葫芦，正象征着孕育人类的母体。当他们走出葫芦，分离为个体时，才有了男女和雌雄的区分。彝族及彝语支的一些民族视普照万物的太阳为女性，月亮则为男性。对山川木石，锄犁刀斧等自然物和工具都按其相对的大小分为雌雄。凡大者为雌，小者为雄。这种分类与古老的尊阴思想一脉相承，而尊阴的活水之源则是母体崇拜——葫芦崇拜。

我们今天提倡文明礼貌，讲究"自尊"和"尊重他人"。这个"尊"字，寻根究底也离不开葫芦和母体。汉族古称母亲为"尊堂"（即屋里受尊敬的母亲），实际是称母亲为葫芦。"尊"字原作"樽"，原义是葫芦。原始

---

① 石兴邦：《半坡氏族公社》，陕西人民出版社 1979 年版。
② 普列汉诺夫著，曹葆华译：《论艺术》，三联书店 1973 年版。

时代,用葫芦"樽"象征母体生儿育女,而在母系氏族社会里,知母不知父,所"尊"者,唯母亲。到了阶级社会,母权为父权所取代,母亲的尊贵地位也随之为父亲所取代,于是便称父亲为"尊大人"。汉族称母亲为"尊堂"——"葫芦"的历史含义,由彝族的祖灵葫芦"阿普朵摩"(尊贵的母祖)得到生动、具体的表达;同样,也由各族先民出自一个葫芦母体所表达。但这个母体已不是狭义的血缘母体,而已演变为各族同源互补的文化母体。古老的葫芦文化得以广泛传播,不仅变成使秦皇、汉武向往不已的壶天仙境,而且在各民族中长久流传,并作为祖宗千古供奉,原因在于葫芦传说,葫芦崇拜与对母亲的崇拜天衣无缝的紧密结合。这是葫芦崇拜历久不衰的生命力之所在。

五 结论

本文在葫芦实用性的基础上着重探讨了葫芦崇拜、祖灵崇拜和母体崇拜之间的关系,指出母体崇拜是葫芦、祖灵崇拜的根源。当今人类学家有一种倾向,即寻找人类社会结构和心智方面的共同点,作为人类的共同财富来促进人类社会的团结、友谊和进步。母体崇拜是全人类许多民族都有过的体验,伟大的母爱历来是和平的象征,使人心心相印,从而沟通全人类的感情。我们从彝族文化的研究看手来探索人们对母体崇拜的反映,研究人类共同的深沉、博大、美好的感情,希望能够为促进各民族之间的学习、交流和共同发展尽绵薄之力。

(原载游琪、刘锡诚主编《葫芦与象征》,商务印书馆2001年版)

葫芦生殖象征意义的符号生成

罗宏杰

葫芦作为一种种植历史悠久的植物在人类生活中具有多种实用功能，这为葫芦作为一个独特民俗符号的生成提供了十分必要的条件①。但葫芦本身还不是民俗。葫芦民俗的形成历经了一个从实用到信仰的演变过程。在此过程中，葫芦不断地被抽象化、符号化，被赋予了越来越多的象征意义，使其充分具备了作为一种民俗应有的内涵。而其中，生殖象征是葫芦符号化之初的基本象征意义，也是葫芦作为一个民俗符号形成的起点。葫芦符号的生成过程，就是葫芦作为生殖崇拜物的确立过程。葫芦符号最初作为一个生殖符号的形成历经了以下几个阶段：

一　本能的启示

在探讨葫芦作为生殖符号的生成之源时，我们不能不追溯到原始人类的本能。恩格斯在谈到人类社会的发展时指出：“根据唯物主义的观点，历史中的决定因素，归根结底是直接生活的生产者和再生产。但是，生产本身又有两种。一方面是生活资料即食物、衣服、住房以及为此所必需的工具的生产；另一方面是人自身的生产，即种的繁衍。”②按季羡林先生的

---

① 我国古代至少在河姆渡时期就已种植葫芦，《光明日报》1978 年 5 月 19 日第 3 版。
② 恩格斯：《家庭私有制和国家的起源》序，人民出版社 1999 年版。

说法,恩格斯这里所说的两种生产,实际上是指人类的两个最基本的本能,用孔子的话来说就是"食、色,性也"①。恩格斯赋予生殖同生存同等重要的意义。"食",人类吃饭的本能;"色",人类生殖的本能。两者密不可分,缺一不可。没有"食",则个体难以生存,生殖也就无从谈起;而没有"色",则不能延续生育,就要断子绝孙。人类最初的生殖,是源于本能的,是一种生物现象,于主观上还谈不上生殖崇拜。但是,人类的生殖本能与生殖崇拜却有着密切的联系,生殖崇拜是建立在生殖本能基础上的。

葫芦成为生殖符号的代表,结缘于人类的两种基本本能。在原始的采集时代,葫芦就是人类的野生食物种类之一,在直接满足人类"食"的本能方面有着重要的贡献,我们可以从《诗经》中对"瓠"的反复咏叹中看出这一点。葫芦满足了人类生存的本能后,也就使人类生殖的本能得以实现。随着葫芦的其他功用陆续被原始人类发现,如葫芦可作容器储备食物,可作腰舟以助渡水等②,葫芦成了原始人类生产、生活中日渐重要的东西。加上葫芦外形与妇女生殖器、孕体等生殖形态的相似,在原始思维中"同类相生"相似律的作用下,为后来原始人在表象思维中赋予葫芦生殖象征意义奠定了基础。葫芦也就在满足人类两大本能的同时逐渐演变成了原始人类的生殖崇拜物。

二　形象符号的形成

表象是原始思维的基础。表象思维的形成使得原始人类最终挣脱了本能的束缚而开始形成了一种新的意指性的思维方式。在意指性思维活动中,原始人赋予表象某种意义,尽管这一意义最初是情感的而非解释的。但是,表象与意义的对应,标志着人类主体心理的进步,是人类作为符号动物的起点。表象的叠加与累积,最终导致了原始人类的集体表象的形成。

---

① 赵国华:《生殖崇拜文化论》,中国社会科学出版社 1990 年版。
② 宋兆麟:《腰舟考》,1996 年葫芦文化国际学术研讨会论文。

尽管表象思维的基本特征还停留在情感性、神秘性和互渗性上[①]，但这却不影响原始人表象思维的作用和意义。人类心理深处的各种无意识原型便大多来自原始人的表象思维。荣格在谈到集体表象时指出："列维一布留尔所用的'集体的表现'一词是指那些世界的原始观念中的形象符号，但也同样适用于无意识的内容，因为它实际上指的是同一事物。"[②]原始人在日常经验活动中各种表象的叠加与重复过程中发现，表象与特定的结果总是相联系的。这样，原始人逐渐建立了一种基本的主客体间意义的对应。以生殖为例，原始人并不懂得生育的奥秘，但是累积的经验重复使他们有了关于生殖的表象符号：第一，女性生殖器是生殖的表象；第二，妇女高高隆起的浑圆的腹部是生殖的表象。虽然原始人对生育还没有科学的知识，但这并不妨碍他们确立生殖表象与生殖意义之间的联系。原始人表象思维的形成直接导致了本能中生殖意识的强化。表象思维作为意指性思维的形成，首先在满足"色"的本能中便有许多意指性活动。分布于世界各地的原始生殖壁画和生殖雕像，大多数便是对女性生殖器或孕体形象的直接仿造。这些在表象思维中物化的生殖符号，最大限度地凸现了原始人类强烈的生殖愿望。葫芦最初的生殖意义就是在以满足生殖愿望为目的的表象思维意指性活动中赋予的结果。萧兵先生在谈到这一点时指出："葫芦或瓜可能与妇女的腹部或子宫发生类似的联想。"[③]事实上，葫芦（瓜）与妇女孕体或生殖器发生联想的基础就是两者形象上的相似。赵国华也认为："在母系氏族社会阶段，无论是中国的南方、西南，还是中原、西北，初民都曾以瓠、葫芦为女性生殖器的象征，实行生殖崇拜。"[④]

从考古资料来看，在黄河中上游的陕西、甘肃、青海等省的新石器时代文化遗址中均发现有葫芦生殖雕像。如陕西洛南县焦村出土的人头细颈壶、长武县支村出土的人细颈壶，甘肃秦安大地湾出土的人头彩陶瓶、秦安

---

① 列维一布留尔：《原始思维》，商务印书馆 1995 年版。

② 荣格著，冯川等译：《心理学与文学》，三联书店 1987 年版。

③ 萧兵：《楚辞与神话》，江苏古籍出版社 1986 年版。

④ 赵国华：《生殖崇拜文化论》，中国社会科学出版社 1990 年版。

寺咀坪出土的人头陶瓶,青海乐都柳湾出土的人头彩陶壶和裸体人像壶等摹仿孕体形象的葫芦形器物,都有明显的女性生殖特征[1]。其中洛南和长武的人头细颈壶,不仅形似,而且神似,圆大的腹部,仰首张口,表现了具有生殖能力的骄傲。类似的葫芦生殖形象符号,在我国远古时代就已经广为流行。"在我国汉、傣等二十几个民族中,巨腹豪乳的女神雕像与葫芦的形状正好吻合"[2]。

葫芦成为原始人类观念中的生殖形象,根植于葫芦外形与女性生殖器及其孕体的相似。这也是原始人把葫芦和生殖进行表象互渗的基础。对于原始人来说,"形象是与原本互渗的,所以,拥有形象就意味着在一定程度上保证占有原本"[3]。

正是因为葫芦形象和生殖形象的相似,在原始思维互渗律的作用下,葫芦也就成了生殖的象征了。葫芦自身多籽及繁殖力强的特征,进一步强化了葫芦的生殖象征功用。葫芦成为生殖的象征后,依照原始思维中局部代表全体的原则,葫芦籽也就随着成了生殖的象征。

大量的出土葫芦形器物中体现的生殖崇拜内涵,便是从最初的葫芦人像继承而来。但从具体的表现方式来看,有些却有了很大的发展,已不再是一种生殖形象的直接重现,其中还添加了不少抽象的生殖符号,如蛙纹、鱼纹、蝌蚪纹等,在表现葫芦生殖崇拜的同时融入了更多抽象的表现手法。

三 行为符号的诞生

在以表象思维为基础的形象符号形成后,原始人类又创造了一种意指性符号——行为符号。行为符号产生的直接动因来自摹仿。卡西尔说:"摹

---

[1] 何周德:《葫芦形器物与生育崇拜》,《考古与文物》1996。
[2] 李子贤:《傣族葫芦神话溯源》,《民间文艺集刊》1982(3)。
[3] 列维-布留尔:《原始思维》,商务印书馆1995年版。

仿是人类本性的主要本能和不可再还原的事实。"①人类最初出于本能的摹仿行为显然还不具有符号的意义，它和动物的模拟捕猎游戏之间没有本质的区别。但是当人类的摹仿行为开始带上意指性色彩时，人类的摹仿与动物的摹仿就开始有了质的区别，标志着人类行为符号开始形成。具体表现为摹仿主体通过自身的肉体动作，即在摹仿的过程中，对不在眼前的事物进行追忆性再现，创造出一种虚构的时空情景，从而来满足主体自身以期从现实情景中实现的各种幻想。如北美的狩猎舞蹈"野牛舞"。"跳这种舞的目的是要迫使'野牛出现'……大约5个或者15个曼丹人一下子就参加跳舞。他们中的每个人头上戴着从野牛头上剥下来的带角牛头皮（或者画成牛头的面具），手里拿着自己的弓或矛，这是在猎捕野牛时通常使用的武器。……这种舞蹈有时要不停地继续两三个星期，直到野牛出现为止"②。美洲的印第安人也跳类似的舞蹈③。

原始人类最初的行为符号包括法术和巫术。法术是以主体自身的摹仿性动作来影响幻想实现的对象；而巫术则意在借助外来神力来控制幻想的对象。巫术的产生可能略迟于法术。法术可能形成于前万物有灵时期，因为在法术中基本上还不具有神灵观念；而巫术则大约产生于万物有灵时期，其中体现了原始人浓烈的神灵观念。在法术思维中，主体意愿通过特定的动作来传达。曼丹人和印第安人的"野牛舞"，就是一种狩猎法术。本来，原始人类的舞蹈同野牛的出现并不具有因果联系，但在"野牛舞"这一法术行为中，两者却被看作具有因果联系。这一法术行为的实质是以自我为中心，其目的是让主体控制野牛的愿望实现。这种意愿借助"野牛舞"这一主体象征性动作为符号中介，强行投射于现实之中，便有了狩猎活动中的意指性行为。

然而，在法术中，原始人发现在大多数情况下并不能实现他们的幻想。这时，原始人认识到了自身主观意志的局限和自然客体的强大。在万

① 卡西尔：《人论》，上海文艺出版社1985年版。
② 列维-布留尔：《原始思维》，商务印书馆1995年版。
③ 普列汉诺夫：《论艺术（没有地址的信）》，三联书店1964年版。

物有灵观念的作用下，原始人形成了最初的神灵观。反映在行为符号中就是希望借助神灵的威力来实现主体的意愿。巫术就在这时出现了。原始人看到法术并不能偿其所愿带来客体的变化，于是才有所戒惧或希望，有所祈祷或反抗，乞灵于较高的力量来实现他们的愿望。巫术的出现就是这种信仰的最初形式。马林诺夫斯基在谈到巫术产生的生理基础时说："当人类遇到难关，一旦知识与实际控制的力量都告无效，而同时又继续向前追求的时候，我们普遍便会发现巫术的存在。须知人类一旦为知识所摒弃，经验所不能援助，一切有效的专门手段都不能应用之时，便会体认自己的无能，但是这时他们的欲望只是更紧迫着他，他的恐怖、希望、焦虑，在他的躯体中产生了一种不稳定的平衡，使他不得不追寻一种替代行为。"[1]这种行为就是巫术。在原始社会，巫术几乎影响到原始人生产和生活的各个方面。其中，生殖的巫术独树一帜，扮演着主体巫术的角色。原始社会中生活资料的生产在很大程度上是服务于生殖的。同时，原始人也把生殖崇拜的诸多巫术仪式应用于生活资料生产的诸多方面，比如他们在田间、果园里交媾以祈求丰收等。这些促进作物生长的巫术在弗雷泽的《金枝》中有许多的记载。在原始的生殖崇拜巫术普遍盛行的情况下，葫芦这一生殖的形象符号也就自然地发展出许多生殖的行为符号——生殖巫术[2]。

考察葫芦生殖崇拜的各种巫术，我们可以把它们大致归为两类，即顺势巫术和接触巫术。这两类巫术共同构成了葫芦生殖崇拜行为符号的丰富内涵。在相当多的典籍和民族学材料中，我们仍可窥见这些古老的葫芦生殖崇拜巫术，尽管随着时间的推移，其表现形式发生了某些变化。

我们先来看葫芦生殖崇拜的顺势巫术。顺势巫术也叫模拟巫术，体现在葫芦生殖巫术中即通过施加在葫芦身上的种种行为来达成生殖的愿望。这一巫术最生动的展现莫过于彝族古老的"破瓠成亲"仪式了。其主要过程为：成亲之日，新郎娶回新娘，跨门进屋之时，由守候在屋顶上的一名壮年男子或成年妇女，将盛满灶灰的葫芦掷破于地，顿时灰雾弥漫，新郎

① 马林诺夫斯基著，费孝通等译：《文艺论》，中国民间文艺出版社1987年版。
② 本文只讨论葫芦生殖巫术，是否存在葫芦生殖法术，我们还未发现例证。

新娘在灰雾中踏过葫芦碎片登堂入室①。

据彝巫的解释，婚礼中葫芦必须砸碎，婚育才有好兆头，才能顺利地生儿育女，繁衍子孙后代。壮年男子和成年的妇女是生殖能力的具体代表，破壶仪式的目的有二：其一，从壮年男子或成年妇女身上获得生育能力；其二，摔破葫芦，从而获得生育能力并顺利生育。灶灰即是"瓠籽"的替代物，同时也是儿女的象征物，整个仪式充满了浓厚的生殖崇拜气氛。

由破瓠成亲联系到另一个具有生殖色彩的民俗概念"破瓜"，我们推测，这两者之间有密切的联系。民间流行将女子新婚之夜称作"破瓜之夜"，意即新婚处女与男子交媾，一变而成为妇人身。"破瓜"，即意味着生育能力的获得。此处的"瓜"，即是妇女生殖器的象征。《诗经·大雅·绵》："绵绵瓜瓞，民之初生"，将"瓜瓞"和"民之初生"联系在一起，也是源于"瓜瓞"象征女性生殖器。这种观念在后世依然流行。《金瓶梅》第四回就将女人的子宫称作"葫芦"。"破壶"与"破瓜"，都是一种获得生育能力的仪式，而葫芦与瓜本来就有种属上的联系。"破瓜"很可能就是远古一种求子巫术的独特遗留。

在彝族中流行的新婚之夜新郎新娘用葫芦瓢喝交杯酒（也称作"合卺成亲"）的习俗，同时也在全国各地广为盛行②，它也是一种原始的葫芦生殖崇拜顺势巫术的变异。关于"合卺成亲"这一古俗，典籍中很早就有记录。《礼记·昏义》就详细地记录了这一过程。当新娘来到丈夫家时要"婿揖以入"，接着举行婚礼，夫妇"共牢而食，合卺而醑；所以合体同尊卑，以亲之也"。阮谌《三礼图》的解释是："破匏为之，以线连两端，其制一同匏爵。"很显然，夫妇两各用半个葫芦瓢饮酒这一仪式就是夫妇交媾的象征，也是一种生殖模拟巫术。要理解这一巫术行为的含义，我们还需上溯到葫芦的男根象征意义。葫芦是妇女生殖器的象征，这一点较为大家熟悉，而葫芦同时又是男根的象征物，这较为一般人忽视。葫芦象征男根，大约是

① 普珍：《中华创世葫芦》，云南人民出版社1993年。
② 据作者对《中国地方志民俗资料汇编》（答卷）的统计，"合卺成亲"流行于上海、江苏、浙江、四川、贵州、北京、河北、山西、内蒙古、陕西、甘肃、青海、辽宁、吉林等20多个省区。

基于以下三个方面的原因：其一，葫芦特别是亚腰葫芦与男根外形上的相似；其二，当初民认识到男根的生殖作用时，也希望男根之"种"如葫芦一样多籽及具有顽强的生命力；其三，父系氏族社会的确立，男性的社会地位得到提高，在生殖中也重新确立了男根的主导地位，把原本在母系氏族中象征女性生殖器的葫芦也赋予了男根的象征意义。葫芦象征男根，在今天我们仍可以找到民俗学的例证。在苗族的祭祖活动中，礼师手持内盛甜酒糟水的葫芦，置于下身，用以代表男根，搁到主妇的襟脚，妇女们则登上矮凳桌，撩起围裙表示受射①。

甜酒糟水是精液的象征，这是一组典型的性交表演动作。在华北、东北的民间，现今还流行把男童的生殖器戏谑地称作"亚腰葫芦"。了解到葫芦即是女性生殖器同时又是男性生殖器后，我们再来看"合卺成亲"这一古俗时，就可以清楚地发现其中原始的巫术意义：初民在"合卺"仪式中通过葫芦的交合来象征男女交媾，并希望在这一巫术行为中获得与葫芦同样旺盛的生殖能力。宋代以后，"合卺之礼"衍变成为新婚夫妇相互对饮的交杯酒，酒杯也不再采用原始的"匏尊"，但男女生殖巫术含义依然十分明显。《东京梦华录》记载当时新人互饮交杯酒之俗："用两盏以彩结连之，互饮一盏，谓之交杯。饮讫，掷盏并花冠于床下，盏一仰一合，俗云大吉"②。这里的"一仰一合"，具有明显的男女交媾象征意味。

葫芦生殖的接触巫术也同样反映在初民的葫芦生殖崇拜仪式中。主要表现为幻想通过接触葫芦而获得生育能力。对于这种巫术，我们不难找到民俗学上的例证。胡朴安《中华全国风俗志》载："贵州之中秋节，有一种特别之风俗，为各省所无者，则偷瓜送子是也。偷瓜于晚上行之，偷之时，故意使被偷之人知道，以讨其怒骂，而且骂之愈厉害愈妙。将瓜偷来后，穿以衣服，绘以眉目，装成小儿之状，乘之以竹舆。用锣鼓送至于无子之妇人家，受瓜之人须请送瓜之人食一顿月饼，然后将瓜放在床上，伴随一夜，次

---

① 覃桂清：《苗族古代的生殖器崇拜》，《民间文学论坛》1986 年第 3 期。
② 陈瑞村：《中国民间美术与巫文化》，新华出版社 1991 年版。

日清晨将瓜煮而食之，以为自此可以怀孕也。"①

其实这种习俗不独存在于贵州。《清稗类钞·迷信·食瓜求子》条记："中秋夕，徽州有送瓜之俗，凡娶妇数年不育者，则亲友必有送瓜之举。先数日，于菜园中窃冬瓜一个，须不使园主知，以彩绘人之面目，衣服裹其上，举年长者抱之，鸣金放炮，送至其家，年长者置冬瓜于床，以被覆之，口中念曰：'种瓜得瓜，种豆得豆'。受瓜者设盛宴款之，若喜事然。妇得瓜，则剖食之。"这两种"食瓜求子"之俗，是通过食瓜（包括葫芦）的接触方式来希望获得瓜（瓠）的生殖力，应该是远古瓜（瓠）生殖崇拜接触巫术的遗留。

由于葫芦的生殖象征功用及其在婚礼中的特殊功能，使得葫芦在有的地区和民族中还发展成为婚姻的象征物。如广西的瑶族，当月老去姑娘家说媒时，必须带上一只酒葫芦，将其挂在门外的篱笆上。如果女方同意，便收葫芦；如果拒绝，则偷偷地把葫芦刺破②。

其实在"诗经"时代，葫芦就已经扮演着婚姻信物的角色。《诗经·卫风·木瓜》："投我以木瓜，报之以琼琚。匪报也，永以为好也。"以瓜（瓠）为信物而定终身，是根源于瓜（瓠）生殖崇拜的深层民俗信仰的。同样反映葫芦婚姻功能的还有《豳风·东山》："有敦苦瓜，烝在束薪"等。"束薪"是性爱的象征，瓜（瓠）在这里扮演的也是生殖的角色。

葫芦的生殖崇拜意义在以巫术为基础的行为符号层面确定后，使葫芦作为生殖符号的代表向符号化的过程中又迈前了一大步。葫芦作为生殖行为符号形成的同时，也使得人类主体的心理表象外化为具有固定意义的物化符号——巫术，这为更为抽象的葫芦作为语言层面的生殖符号的形成奠定了基础。葫芦神话的产生，就标志着葫芦作为生殖语言符号的正式形成。

---

① 胡朴安：《中华全国风俗志·下篇》卷八贵州，上海科学技术文献出版社 2011 年版。
② 普珍：《中华创世葫芦》，云南人民出版社 1993 年版。

四　语言符号的确立

在巫术行为的后期,出现了一种新的形式:咒语。这种新的巫术形式为巫术注入了活力,使得原始人类无须经过繁复的动作行为而可以直接借助词语来达成自己的幻想。在这里,行动思维的万能信仰转变为语言思维万能的信仰。原始人类相信语言本身具有与指代物互渗的魔力,咒语一经说出,便能助自己实现幻想。正因为这样,法术师和巫术师的活动成为"金口玉言",呼风则风至,唤雨则雨来,都相信咒语一经说出,结果便如影随形般地出现。如加拿大的土著每次狩猎前都要不停地念咒,以期在狩猎中找到熊[1]。

这些在巫术中使用的咒语,很多就是神话的雏形。在新西兰土著毛利人的创世神话中,造物主伊奥女神说:"黑暗要由光明来补充!"光明由是应声而生;她又说:"光明要蕴含黑暗!"世界上也就有了明暗之分。美国亚利桑那州的印第安人的创世神话中说,大地之主内心想道:"某些植物,出来吧!"于是一棵胶脂树即出现了[2]。在这两则神话中,都有是围绕造物主的咒语而创世,这些咒语,是创世神话中的核心。神话的产生表明人类对语言符号的运用比咒语前进了一大步,它表明人类可以通过语言符号来感知和认识世界,从而初步形成了一个"具有系统的或概念的形式"[3],并在这一形式中进一步整合原始人类的情感、观念和信仰等。因而在神话中展现的原始人类的情感心智更为抽象同时也更为隐晦,我们往往要追溯到更深的感知层,才能理解神话原本的思想和意义。

在葫芦神话中,我们理解其中的生殖崇拜象征意义,也必须追溯到葫芦神话的感知层,这样我们才能发现葫芦神话中更为隐藏同时也更为抽象的生殖崇拜意蕴。

目前学界对于葫芦神话往往以洪水神话来涵盖或替代。的确,绝大多

---

① 列维一布留尔:《原始思维》,商务印书馆1995年版。
② 陈建宪:《神话解读》,湖北教育出版社1997年版。
③ 卡西尔:《人论》,上海文艺出版社1985年版。

数的葫芦神话中都伴随有洪水情节,而且,从分类的角度来看,葫芦神话也可以看作是广义上的洪水神话的一个子类。但如果完全以洪水神话来涵盖或替代葫芦神话,则又抹杀了葫芦神话的特质,难以说明葫芦这一独特的生殖符号在葫芦神话中的核心地位和作用。闻一多先生在论述洪水神话时曾说:"正如造人是整个故事的核心,葫芦又是造人故事的核心。"①

他在通过对49个洪水故事分析比较,认为当时救生工具有葫芦、瓜、鼓、木桶等,其中葫芦占17件,居诸救生工具之首。对于这一现象,闻一多指出:"我们疑心造人故事应产生在前,洪水部分是后来粘合上去的,洪水神话中本无葫芦,葫芦是造人故事的有机部分,是在造人故事兼并洪水故事的过程中,葫芦才以它的渡船作用,巧妙地做了缀合两个故事的连锁。总之,没有造人素材的葫芦,便没有避水工具的葫芦,造人的主题是比洪水来得重要,而葫芦则是做了造人故事的核心。"②

事实上,如果没有葫芦生殖崇拜这一原始的信仰为基础,葫芦造人的情节也就难以在洪水神话中如此流行。原始人在大多数洪水神话中传达的是一种生殖的情感、愿望,这也是葫芦在洪水神话中的核心意义所在。

对于葫芦在神话中的象征问题,学界有着不尽一致的看法。有的认为葫芦象征山洞③,有的认为葫芦象征子宫④,还有的认为葫芦象征母胎⑤,等等。其实,葫芦在神话中象征的不是某种具体东西的象征物,葫芦与山洞、子宫、母胎等本身都具有生殖的象征意义,它们之间不存在谁象征谁的问题。葫芦在神话中象征的只是一种生殖崇拜的观念。这种观念在葫芦形象符号和行为符号中就已经确立。在葫芦神话中,原始人通过语言这一新的符号系统来重新确认葫芦生殖的地位与意义。尽管符号形式不一样,但其中表达的情感和思想是一致的。

体现在葫芦中的生殖崇拜信仰结缘于人类的本能,形成于表象思维时

---

① 《闻一多全集》(一),开明书店 1948 年版。
② 《闻一多全集》(一),开明书店 1948 年版。
③ 杨长勋:《广西洪水神话中的葫芦》,《民间文艺集刊》1982 年第 6 期。
④ 过竹:《葫芦说》,《民间文学论坛》1986 年第 6 期。
⑤ 史超军:《洪水与葫芦的象征系统》,《民间文学论坛》1995 年第 1 期。

期,在经过行为和语言符号的重新确认后,葫芦本身也就成为一个生殖符号的代表了。这导致远古时期和葫芦有关的民俗都打上了深刻的生殖崇拜的烙印。原始人对生殖的普遍崇拜是促使葫芦成为生殖符号的内因;而葫芦外形与女性生殖器、孕体、男根等在形体上的相似,则是导致早期葫芦转化为生殖符号的外因。而两者的结合,促成了葫芦作为生殖象征符号的最终生成。

(《湖北民族学院学报》(哲学社会科学版)2001年第2期)

葫芦：母体的象征

——中国女性民俗文化探索之一

邢　莉

　　中国的文明源远流长。文明古国的子孙繁衍至今，其生育文化丰富多彩。送瓜求子是我国民俗活动的重要事项，求子习俗作为一种生育信仰，渗透并表现在岁时习俗、人生礼仪、交际娱乐、器物配饰以及衣食住行等方面。

　　据文献记载，我国南方各省如江苏、浙江、湖北、湖南、贵州、广东等地都有送瓜求子的习俗。《清稗类钞·迷信类·食瓜求子》条记载："中秋夕，徽州有送瓜之俗，凡娶妇而数年不育者，则亲友必有送瓜之举。先数日，于菜园中窃冬瓜一个，须不使园主知，以彩色绘人之面目，衣服裹其上，举年长者抱之，鸣金放炮，送至其家。年长者置冬瓜于床，以被覆之，口中念曰：种瓜得瓜，种豆得豆。受瓜者设盛宴款之，若喜事然。妇得瓜，则剖而食之。"

　　贵州地区送瓜求子的习俗非常有趣。《中华全国风俗志》下篇卷八载："中秋节有一种特别之风俗，即偷瓜送子是也。偷瓜于晚上行之，偷之时故意使被偷之人知道，以讨其怒骂，而且骂得越厉害越妙。将瓜偷来之后，穿上衣服，绘上眉目，装成小孩形状，乘以竹舆，用锣鼓送至无子妇人家。受瓜之人，须请送瓜之人食一顿月饼，然后将瓜放在床上，伴睡一夜，次日清晨，将瓜煮而食之，以谓自此可怀孕也。"该省贞丰县纳窝苗族在八月十五月圆的夜晚，小孩被允许去偷瓜，偷糯谷。结婚两三年仍未育的人家，青年们会偷一个大南瓜送去，送瓜即送子。来年生了儿女，还要摆酒席宴请送瓜人。

江苏食瓜求子习俗则在三月三日，即古代上巳节时，据《清稗类钞·迷信类·食瓜求子》载："三月三日上巳，若是日适为清明，江宁妇女之亟望生子者，必以野菜合瓜而煮食之。甚至谓嫠妇处女食之，亦可得弄璋弄瓦之喜。上海则亦是，所食为南瓜，且为夫妻必须同食一个瓜也。"

更有意思的是，《点石斋画报》有一幅《送瓜祝子》图。该图送瓜场面极为热闹。送瓜之人骑马乘轿而来，前拥后呼，隆重异常，接瓜之户全家倾出，恭恭敬敬。

综上所述，是中国民俗中保留的朴实的送瓜求育巫术。普普通通的南瓜，成为预兆得子的吉祥物。送瓜何以能得子呢？从植物学的观点来看，瓜与葫芦为同族。《诗经·豳风·七月》："七月食瓜，八月断壶，九月叔苴。"葫芦也称瓜。

在中华各民族的刺绣和剪纸上，广大农村妇女以瓜求子的欲望更加鲜明。有的构图在裂开的瓜瓤上，站着一个双腿叉开的小娃娃。瓜的两旁枝蔓缠绕绵绵不绝。有的构图裂开的石榴与娃娃的身体同样大，而娃娃的身体又与瓜体相重叠，娃娃服饰上的花样就是硕大的瓜子。瓜体与人体合二而一了。瓜瓞从娃娃与瓜的同体伸展出来。有的正面图形为佛手胖娃娃，而衬托胖娃娃的是一个几乎与人体相等的西瓜。有的构图干脆没有娃娃，上下左右为四个瓜体，中间以莲花相连。最有意思的是，"老鼠偷南瓜"图案由六只老鼠与南瓜组成主题纹样。南瓜中突出了种子，与葫芦同属，有"绵绵瓜瓞"之意，它象征生命，老鼠为"子神"，子神与生命结合，含义十分明显。

民间剪纸刺绣以葫芦为主体的图案更是丰富多彩，例如"子孙万代"是由石榴和笋组成的，都是多子的象征。"富贵万代"是由牡丹花和蔓草卷组成的，这是求富贵求多子的象征。"天地长春"是由天竹、瓜绵和长春花组成的。西瓜、甜瓜、黄金瓜等属葫芦科的都卷须缠络绵绵不已。我国汉、蒙、回、景颇、哈尼、苗、白、傣等民族妇女的刺绣上都有葫芦图案。生活在云南边陲的苦聪妇女在衣袖、头帕、筒裙上都绣有葫芦花或葫芦的图案，热恋中的姑娘在赠送情人的彩带、镜子带、火镰包上都绣上葫芦花，而小伙子回敬姑娘的礼物上也有葫芦图案。勤劳朴实的农村妇女还给孩子带上葫芦图案的兜兜，有的兜兜本身就呈葫芦的形状，在葫芦上绣一活泼可爱的男娃，隐喻子孙繁衍生命萌生。

葫芦的概念，有狭义和广义之分。所谓狭义，即指下部膨大，下部大于上部的缢腰状类，俗称"丫丫葫芦"。广义的葫芦，则指成熟后果皮木质化的葫芦家族。葫芦家族在植物分类学上属双子叶纲葫芦科，其主要成员有匏、壶、蒲芦等。本系列所言之葫芦，即为广义的葫芦。《诗经》里有三处使用了叠声词"绵绵"。《大雅·绵》："绵绵瓜瓞"，《集传》曰："大曰瓜，小曰瓞，瓜之近本初生者常小，其蔓不绝，至末而后大也。"绵，字从帛从系，《说文》："帛，缯也。"《礼记·礼运》："以烹以炙以为烹酪，治其丝麻以为布。""绵绵瓜瓞"，早就造成了人们对子孙繁盛的联想。

在谈到葫芦的祈生意义时，不能不谈到我国的民间乐器葫芦笙。我国南方云南、广西等部分地区流行吹葫芦笙，樊绰《蛮书》载："少年子弟暮夜游行间巷，吹葫芦笙，或吹树叶，声韵之中，皆寄情言。"葫芦笙是以一个整个的葫芦作音斗，内插铜簧或藤篾簧，铜簧的竹质音管五只，少数插六只或七只，共鸣发声。葫芦笙在唐代是包括纳西族在内的南诏各族青年特别喜爱的乐器。明代丽江迎春会，人们吹笙踏歌。我国使用葫芦笙的民族有：彝、佤、怒、纳西、傈僳、哈尼、普米、苗等。在谈到葫芦笙这种乐器的时候，不能不谈到广泛流行于贵州、广西、云南、湖南、四川等地区的芦笙。葫芦笙和芦笙是两种不同的古代乐器。南宋周去非《岭外代答》云："瑶人之乐有芦笙、佟鼓、葫芦笙、竹笛。"虽则这两种古代乐器在形状构造、音域音色方面有明显的区别，芦笙以木为音斗，葫芦笙以葫芦为音斗。但是这两种乐器有一定的联系。

吹奏葫芦笙时往往伴以歌舞。宋代黔及滇部分地方流行"瓢祈舞"。《宋史·蛮夷列传》载："至道元年，其王龙汉玸遣其使龙光进率西南诸蛮来供方物。太宗召见其使，询问地理风俗，……令作本国歌舞。一人吹瓢笙如蚊蚋。良久，数十辈联袂婉转而舞，以足顿地为节。""本国歌舞"指本地民族歌舞。瓢笙，指音斗似瓢状的笙，既可能是以木为音斗的芦笙，亦可能是以葫芦为音斗的葫芦笙。值得研究的是为何叫"水曲"？《世本纪·帝系篇》说："陆终娶于鬼方氏妹……孕三年而不育，剖其左肋，获三人焉，剖其右肋，获三人焉，其一曰樊，是为昆吾。"从音韵学上说，"昆吾"是葫芦的转音，樊就是篱笆。葫芦作为一种植物，其生存生长离不开水，所以《山海经·大荒西经》说："大荒之中有龙山，日月所入，有三泽水，名曰三淖，昆吾之所食也。"所以葫芦笙吹出的曲子叫"水曲"。其实早在汉代，司马相如的名篇《子虚赋》里谈到了"颠歌"时就说："千人唱，万人和，陵为之震动，川谷为之荡波"，其中就有葫芦笙歌。

葫芦歌舞包含着什么意蕴呢？《诗经·小雅·鹿鸣》云："吹笙吹簧，吹笙吹笙，鼓簧鼓簧。"《世本·作篇》云："女娲作笙簧。"《风俗通》云："伏羲作瑟，女娲曰：'古音乐未和，而独制笙簧，其义之何？'答曰：'女娲伏妹……人之生而制其乐以为发生之象。'"此语道出了真谛。原来女娲发明音乐，不是为了娱乐，正像古朴的岩画一样，不具备"为艺术而艺术"的功能，而包含的是一种祈生的原始感情。在原始社会，一切都表现的扑朔迷离，人们无法把握自身，更无法左右外界。于是人们便寄托于巫术。企图在这种原始的概率观念支配下寻求出路。当时的巫术与社会生活不可分割，人们生产以巫术，生育以巫术，占卜以巫术，祭祀以巫术。巫术之于初民或许就有如阳光雨露之于焦土枯禾。在原始社会繁衍子孙关系到整个人类的生存与发展，女娲所制的笙簧就是一种原始的巫术乐曲。在育龄女性怀孕之前，人们吹芦笙祈以祈求生育子女，葫芦笙为祈子的乐曲；在妇女痛苦的分娩之际，人们吹葫芦笙为妇女驱邪，企盼婴儿的平安降临，葫芦笙为婴儿的福音。这就是所谓的发生之象。

这种祈生功能至今在中国民间还有遗存。据中央美术学院教授靳之林调查，在甘肃庆阳、山西离石、蒲县、永济、陕西延长、洛川等地流行一种民间剪纸——抓髻娃娃。在结婚时，人们在洞房里到处都贴上抓髻娃娃。农村称之为喜花。这种喜花在中国广大农村的变体多种多样，十分丰富。

它的图案原型是主宰生殖繁衍之神的抓髻娃娃形象。其中有一种抓髻娃娃的形象非常有意思，它坐在一个凳子上，而其坐凳为笙形①。山西孝义有团花剪纸，抓髻娃娃胸前抱双鱼交尾，双点之间形成蝉的图案，蝉的双眼就是抓髻娃娃的双乳。阴部为象征生殖的图案。民谚曰：金蝉坐笙，代代有根根。脚踩莲花手提笙，左男右女双新人。《太平御览》引《释名》的解释很透辟："笙，生也，象物管地而生，以匏为之，其中空以受簧。"原来笙的本意是生。这不仅为葫芦笙所发出的是祈子之声作了佐证，而且也表明中华民族的生生之乐在世代绵延。从送瓜求子的民俗行为看，从民间剪纸及刺绣出现的葫芦图案看，从葫芦的原始功能看，都具有祈生的意义。为什么单单把葫芦与人的生育联系在一起呢？

"绵绵瓜瓞，民之初生"，在我国流传着的"葫芦生人"和"人从葫芦出"的传说非常丰厚。傣族的传说就是一例。其大意为：夫妻俩在地里种了一棵葫芦种子。他们辛勤地浇水，一年以后，葫芦藤上结出一个小葫芦。后来葫芦长得和大地一样大，他俩用刀轻轻地开了一个小口，葫芦里面的人就从这个口子里冲出来，向四处飞跑。许多民族有从葫芦出的传说，例如汉、彝、怒、白、哈尼、纳西、拉祜、傈僳、阿昌、景颇、基诺、苗、瑶、黎、侗、壮、布依、仡佬、佤等民族。常璩《华阳国志·中南志》记有"砂壶"的传说，据刘尧汉先生考证，"砂壶"是个成熟的葫芦。在拉祜族首府的门楣上就悬挂着葫芦。关于葫芦祈的起源，该族流传着这样的传说：天神厄莎叫扎笛和娜笛成亲繁衍人类，娜笛躲了起来，天神厄莎手把手教扎笛做了葫芦笙，又教了扎笛七十二套葫芦调，扎笛的芦笙调感动了娜笛，他们结亲，共同繁衍人类。这则传说把兄妹成亲与葫芦笙联系在一起，赋予了葫芦保留人种的神圣意义。

为什么葫芦具有生育人种或保留人种的神圣意义呢？这要从葫芦的特征谈起。葫芦，又称壶、匏等。"壶，昆吾圜器也。象形，从大，象其盖也。"葫芦体的特征有三。其一，葫芦体内中空，把葫芦籽掏出，为盛器。其二，

---

① 靳之林：《民间剪纸中保护神抓髻娃娃》，《民俗与民间美术》，湖南美术出版社1990年版。

葫芦为圆形。其三,葫芦多籽。这样葫芦就与女性自然地联系在一起。在原始社会,生育的极其重要和极其艰难都加大了人们对女性的尊敬程度。同时,原始人的思维能力极不发达,他们习惯于直观的具体的思维,缺乏抽象的逻辑的推理能力,误认为生儿育女是女性特有的本领。因而从崇拜生育发展到崇拜独具生育本领的女性。

对女性生育的崇拜,使女性受到高度的赞美。如摩西说:"那全能者必将……乳房和子宫的福都赐给你。"①作者唱道:"你妻子在你的内室,好像多结果子的葡萄,你的儿女围绕你的桌子,好像橄榄植物。"②歌德所说的"永恒的女性"即怀孕、生殖和养育的禀性。原始人进而崇拜起女性用以孕育生命的子宫。目睹那神奇的子宫不断地创造出神奇的生命,原始人感到惊喜,他们为子宫内包孕偌大的生命而惊叹。而葫芦恰恰为古代最早的盛器。上述"七月食瓜,八月断壶,九月叔苴"。就是采摘长老的果壳做壶。当然,《诗经》产生的那个时代,青铜壶早已大量出现,至于农人,仍大量使用葫芦作容器。大葫芦可以用来蒸饭,还可以装种子,装酒,装水,装火药,把葫芦一剖两半,就成了两把葫芦瓢,舀水舀米非常方便。至今在农民家庭,特别是在南方少数民族地区仍然使用。葫芦的包容功能,使原始人联想到子宫的孕育功能。

女娲氏为了部族的繁衍,特意用匏瓜造笙,"制其乐以为发生之象"。因而匏瓜也就可能被原始人奉为神圣之物。那么匏瓜到底象征什么呢?在民间流传着丰富多彩的锦瓜构图。例如:《锦瓜生子》,《锦瓜娃娃》,《盘中锦瓜》,《佛手锦瓜娃娃》等等。民间刺绣中的锦瓜生子的构图是:一个妇女两腿叉开,站在一个裂开的瓜上,瓜的最外层为绿色,然后依次为淡绿,杏黄,最里面为深粉红色,上面有深颜色的瓜籽。瓜体上还有卷曲状的瓜蔓缠绕。在民间构图中,瓜体呈椭圆形,中间的〇部位用深棕色处理。锦瓜的造型很不一般,被研究者一致认为是表示阴化观念的图式。关中妇女做一锦瓜型的针插,瓜与叶可分可合,用线将瓜体拉入其中一半,外露〇形

① 《创世纪》第四十九章。
② 《旧约全书》诗篇第一百二十八篇。

符号，总体是女人臀、阴部部位的概括。在陕西、甘肃、山西，春节时都在门楣上贴上瓜子娃娃。瓜子娃娃就是以六个南瓜分别作为头、腹、双腿，六颗黑豆分别作为双髻、双手、和双脚组成，贴在纸上，然后用纸剪裹肚贴于胸腹瓜子之上，并用笔在瓜子头部画出五官，贴在门楣。民谣说："天不怕，地不怕，就怕瓜子娃娃一把权"，瓜子娃娃被视为保护神。①关于〇形的基础观念，大约在距今5000年前后就已经产生了。青海民和县出土的马厂类型蛙纹壶上，就有〇型填在蛙肢的空间。陕西姜寨一期蛙纹彩陶盆内，有两个蛙纹和两个由拟鱼纹组成的〇型相间。半坡彩陶器表上B8式是由拟鱼纹组成的〇型，它有可能就是后来被学者们概括为"〇"的最古老的形式。《文艺类聚》卷87果部下载："朽瓜化为鱼，物之变。"朽瓜与鱼可以互变，可见瓜与鱼同属阴性。在陕西半坡、临潼姜寨、青海乐都等地的原始遗址中，出土了许多绘有鱼纹和人面鱼纹的陶器，引起了考古学家和人类学家的浓厚兴趣。学术界认为，陶器上的图纹，有些已由鱼神崇拜发展为女阴崇拜了。如鱼纹象征女子的生殖器一样，瓜也为女子生殖器的象征。黑格尔谈道："东方所强调和崇拜的往往是自然界的普遍的生命力，不是思想意识的精神性和威力，而是生殖方面的创造力……更具体地说，是对自然界普遍的生殖力的看法是用雌雄生殖器的形状来表现和崇拜的。"②

此外，圆形的葫芦还是女性美的象征。女性身体器官的特殊部位构成了女性特殊的美。女人柔软的肢体器官是她生命的中心："她的双臂和双腿，运动的功能还不如搂抱和挟持的功能更有意义，不管是拥抱一个爱侣还是一个婴儿；而且女人特有的性活动正是由身体上各窍口……乳房，子宫等处完成的……"在我国镇远一带，姑娘的胸部、臀部发达，被视为健康美，是多子的征兆。甚至有的建筑学家认为：女人所具备的特有的功能庇护，容受，包含和养育，呼唤了新石器时代的到来，而新石器时代突出地表现为一个器皿时代，"这个时代出现了各种石制和陶制的瓶、罐、瓮、桶、钵、箱、水池、谷囤、谷仓、住房，还有集团性的大型容器如灌溉沟渠和村

① 靳之林：《民间剪纸中保护神抓髻娃娃》，《民俗与民间美术》，湖南美术出版社1990年版。
② 黑格尔：《美学》（上册），商务印书馆1979年版。

庄。"如果说，这种看法是精神分析学的荒诞猜想，那么汉语中几个关于女人性征的词却可提供有力的证据：乳房，子宫，阴户，它们都以建筑空间形式为构词要素"房，宫，户"，这实际上表明个体的养育功能与集体的养育功能具有同构关系。

考古资料证明，葫芦作为盛器，早在史前时代就开始了。最原始的盛器葫芦的使用已经有七千年的历史了。虽然由于年代久远，葫芦的踪迹很难寻觅，但还是屡屡有所发现。浙江余姚河姆渡新石器时代遗址发掘出葫芦籽和破碎了的葫芦，桐乡县罗家角也出土了葫芦。历史向后推移，发掘就更丰富了，在江西、湖北、广西、四川、江苏等地的商、周、春秋墓葬中，都有葫芦和葫芦瓢出土。据生物学家研究，大自然恩赐给人类的现成的盛器并不很多，在华夏民族活动的区域内，恐怕在植物中只有葫芦一种。也有的学者认为，器皿时代的到来——陶器的源头不是编织的篮子，而是葫芦。在陕西临潼出土了人面鸟首纹彩陶葫芦瓶就是一证。

可见，在原始人的思维中，葫芦成为母体的象征，多子的象征。这就是送瓜求子的原因：原来是一种求育巫术。"童年时代的人类想像万物都是有生命的，都像人一样有性别，古人从经验中得知性的果实，性既是一种很神秘的事物，也是对生殖和生命以及任何种类的存在的最现成的解释，所以古人认定万物，动物或非动物，都是有性的，以与人生儿育女的过程相类似的方式来繁衍自己的类或其他存在物的类。"[1]葫芦可以促进妇女生子，而妇女也可以促进植物生长。原始人认为庄稼长于"大地的子宫窝"，古巴比伦的生殖女神伊士塔的塑像上长出或饰有麦穗、草叶之类，便是这种原始看法的反映。在马歇尔刊印的哈拉巴护符上，女神仰卧，植物从她的子宫里长出来，这是生殖崇拜的另一种表现形式。

在中华文明的大厦上，葫芦崇拜已成为最古老的原始基石之一。进入文明社会以后，人们已经了解生生之乐是由男女共同创造的，但是以葫芦祈求生育的观念依然存在。广西瑶族有葫芦定亲的习俗。男女相识后，男

---

[1] 魏勒：《性崇拜》，中国青年出版社1988年版。

子邀请两个男性伙伴作为媒人，除携带猪肉外，还带一装满酒的葫芦，媒人将葫芦挂在女家门前的篱笆上，如同意，就收下葫芦；如不同意，就用针将葫芦刺穿，使酒流出。

吹葫芦祈婚恋。清人贝其乔在《苗疆风俗考》云："孟春，合男女于野以择偶，名曰'跳月'……自正月初三至十三皆跳月之期……十三日跳毕，男吹芦祈于前，女牵带此之，抱场三匝，相携入丛丛间……"傣族小伙常吹葫芦笙寻找情人，傣家老人常说："葫芦笙虽小，但它可以搭桥。"葫芦笙虽为男子所吹，但是它对女性有一种不能用语言代替的感染力。

据《礼记》载："夫妇"共牢而食，合卺。《礼记》所记"三饭"，即新婚夫妇饮酒三次，前两次的酒杯为爵，后一次的酒杯为葫芦，阮谌《三礼图》云：合卺。破匏"葫芦"为之，以线连两端，其制一同匏爵。《梦粱录》云："古者婚礼合，今以双杯彩线连足，夫妇传饮，谓之交杯。"云南哀牢山彝族婚俗中，仍然流传着由巫师将葫芦破成两瓢，新婚夫妇交瓢饮酒的习俗。在民间剪纸中，人们用两个碗一仰一合扣在一起来代替葫芦。这时人们科学地认识到生育的真正原因之后，依然用葫芦这个原型象征生命的意义。当然这里已经不是原始的祈生意义了，而是儒学生殖思想潜化的结果。《礼记·郊特牲》云："天地合而后万物兴焉。"《易经》："天地感而万物化生。"《易经·序卦》："有天地然后万物生焉。"《易经·系辞下》云："天地氤氲，万物化醇，男女媾精，万物化生。"《礼记·乐记》："地气上齐，天气下降，阴阳相摩，天地相荡……而百化兴焉。"他们以天地之间的关系来解释男女之间的关系，把万物的生长和人类的繁衍都看作天经地义的事情，生生化化，无有穷极。对此孔子在《礼记·哀公问》里说的更透彻："合二性之好，以继先圣之后，以为天地宗庙社稷之主，君何谓已重乎？天地不合，万物不生，大婚万世之嗣也，君何谓已重焉？"婚礼的意义在于奏出一曲生生交响乐。生殖思想决定了儒学锋芒的具体指向，重视婚配的主张表现了儒家强烈的现实性和积极的入世精神。在中国的传统文化中"天地"与"男女"互相对应，天地和男女的这种关系行为承担着维持宇宙永恒的责任，这两种化生即"两种生产"的责任无与伦比的重大。不仅儒家，道家也以生殖为本。《老子》第26章云："天下有始，以为天下母。既得其母，以知其子，既知其子，复守其母，没身不殆。"《老子》所谓"子"，亦即赤子，婴儿，这是他所标榜的最完美最纯粹最理想最自由的生命状态。何以如此？因为婴儿不离开母体也。老子要归复到这一婴儿的赤子状态，也就是回到母腹中去，回到母亲子宫里去，回到万物根本中去。母腹，母体，子宫都是永葆生命活力的强盛不息的源泉，"夫物云云，各归其根"，这正是中国人所梦寐以求的生存境界。

葫芦崇拜早已成为遥远的过去，但是作为中华民族的一种文化情结，存在于人们的习俗之中，而葫芦的形象又特别受到妇女的钟爱。它在很大程度上反映了中华民族的一种"集体无意识"其后世绵延不绝的以母亲为崇高神圣的表征的传统，其根源即出于斯。

（《温州师范学院学报》（哲学社会科学版）2003年第6期）

传说记忆与族群认同

——以盘瓠传说为考察对象

万建中

　　传说是一个社会群体对某一历史事件或历史人物的共同记忆。关于族群（ethnic groups）的概念，以马克思·韦伯（Max Weber）所下的定义最为流行，他有一篇较短的文章，题目就是《族群》（The Ethnic Group），该文说，"如果那些人类的群体对他们共同的世系抱有一种主观的信念，或者是因为体质类型、文化的相似，或者是因为对殖民和移民的历史有共同的记忆，而这种信念对于非亲属社区关系的延续是至关重要的，那么，这种群体就被称为族群。"①自从挪威著名人类学家弗雷德里克·巴斯（Fredrik Bath）编撰《族群与边界》（Ethnic Groups and Boundaries）之后，人类学家们认识到族群的意义不是关于社会生活或人类个性的某种基本事实，而是一种社会建构物（social construction），是社会构拟于某一人群的边界制度。族群是一个共同体，内部成员坚信他们共享的历史、文化或族源，而这种共享的载体并非历史本身，则是他们拥有的共同的记忆（shared memories）。传说恰恰是一个族群（并不一定具有血缘关系）对相似性认同的一种主观的信念（subjective belief），一种在特定聚落范围内的共同记忆。本文所讨论的盘瓠传说，并不是关于"殖民和移民的历史"，而是和祖先历史或与祖先生死攸关的历史事件（当然并非历史事

---

① 乔健：《族群关系与文化咨询》，周星、王铭铭《社会文化人类学讲演集》，天津人民出版社1997年版。

实）。

族群认同（ethnici dentity）指族群身份的确认。对此，国内学者的意见比较一致："民族（族群）认同即是社会成员对自己民族（族群）归属的认知和感情依附"[①]；"所谓民族认同，是指一个民族的成员互相之间包含着情感态度的一种特殊认知，是将他人和自我认知为同一民族成员的认知。"[②]郝时远先生有数篇论文对"族群"的概念作了辨析，并致力于这一概念运用的本土化，他说："一个族群的自我认同是多要素的，即往往同时包括民族归属感、语言同一、宗教信仰一致和习俗相同等。"[③]本文所考察的盘瓠传说，神奇般地包含有"一个族群的自我认同的多要素"，它同时对苗、瑶、畲等族群、族群历史、族群认同和族群边界进行了建构和解释，并将族群、族群历史、族群认同和族群边界聚合为一个有机的整体，不断强化着族群中人的认同和归属意识。

一　盘瓠传说的记忆文本

盘瓠传说最早的文献记载是《风俗通》，其后较详细记载有晋干宝的《搜神记》及其后的《后汉书·南蛮传》。盘瓠传说在中国许多少数民族地区广为流传，大意是说：盘瓠本是龙犬，只要罩上金钟，蒸上七天七夜，就永远变成人形。可是高辛王后见婿心切，急于把金钟揭开，因只蒸了六天六夜，盘瓠从足部到颈部已成人形，但头部仍保持着龙犬的原来面目。[④]瑶族流传的《盘王的传说》的结尾部分是这样的：

犬对妻说："我入蒸笼里蒸七天七夜就可以变成人形。你千万不要中途打开锅盖。"犬入蒸笼。到第六天，犬妻不放心，把锅盖打开了。由于日子不足，犬虽变成人形，但小腿和头顶的毛还未褪净。因此，瑶人有

① 王希恩：《民族认同与民族意识》，《民族研究》1995 年第 6 期。
② 王建民：《民族认同浅议》，《中央民族大学学报》1991 年版第 2 期。
③ 郝时远：《对西方学界有关族群释义的辨析》，《广西民族学院学报》（哲学社会科学版），2002 年第 4 期。
④ 高明强：《创世的神和传说》，上海三联书店 1988 年版。

缠头和绑腿的习俗。①

瑶族这一传说还出现在汉文文献《过山榜》（又叫《评王券牒》或《盘古圣皇榜文》）中。《过山榜》叙述道：龙犬盘护（即盘瓠）帮助评王咬死敌对的高王之后，得与评王的宫女结为夫妻，在"青山白云之地"安居，生了六男六女。盘瓠的岳父评王很喜欢这些外孙，赐各人一姓，共十二姓：盘、沈、包、黄、李、邓、周、赵、胡、雷、郑、冯。一天，盘瓠在山里打猎，不幸被山羊用角顶翻落崖身死。他的子女寻找良久，发现父亲的尸体挂在悬崖的大树上。儿女们攀援陡壁，砍倒大树。为了祭奠父亲，把树干砍短、掏空作为鼓筒。射杀山羊，剥皮做鼓面，涂上黄泥为的是敲打时更响亮，称为黄泥鼓。祭奠时敲打，作为纪念。后来，这十二姓子女从南京十宝店（殿）乘船迁徙他处。途中遭逢狂风，海浪滔天，姓沈的一船被海浪掀翻吞没，所以至今盘瑶中已无姓沈的人家（另一说包姓被淹死）。其他十一姓人家惊恐万分，便在船头祭祀、祈祷、许愿，希望盘王多多保佑旅途平安。此时，盘王果然差遣五旗兵马暗中保护，风平浪静，十一姓子女才能平安地靠岸登陆。盘瑶认为这是盘王显圣护佑的结果。此后便在广州连州、乐昌等地立庙，把盘王作为神，供奉庙中。

又有传说，盘瑶原来曾居住叫作千家洞的地方，环境很好。千家洞中也建有一座盘王庙，后来因遭官军围困攻打，盘王庙被捣毁，居住在洞内的盘瑶被迫四散迁徙。在大家分别的前夕，将一只牛角截为十二段，每户分执一段，以便他日相会时，以牛角拼凑还原为证，表明大家原是兄弟姐妹或兄弟姐妹的子孙。②

钟敬文先生在《盘瓠神话的考察》一文中，曾转录了两则盘瓠传说，它们分别由怀清及魏人箕收集记录，其一曰：

> 昔某皇帝患烂足疾，国内的医生都不能医好。皇帝便下命令谁能够医好烂脚便把皇女嫁他。某天，有一匹狗来对皇帝说，你的脚让我舐三天一定会好的。皇帝起初不相信它。后来觉得有点奇怪便让它试试看，

---

① 《瑶族民间故事》，上海文艺出版社 1980 年版。
② 胡起望、范宏贵：《盘村瑶族》，民族出版社 1983 年版。

却意外地有了效果。因为舐过一次而大大减少了痛苦，便让它继续舐下去。第三天，脚竟完全好了。于是，狗便向着皇帝要求皇女。但是，皇帝和皇女因为它是畜生而不允许它。狗便说："请你把我藏在柜中，49天之后我便成为一个漂亮的人了。"皇帝照着它的话做了。皇女非常懊丧地在第48天就把柜子打开来。这时狗的身体已经变成人样，只有头还没有变成。他因为皇女不守戒约而不能变成完全的人样，所以很恨皇女。这时候皇帝和皇女已经不能找出口实来拒绝他，便招他做了驸马。他们所生的五个孩子由皇帝赐以五姓，即雷、蓝、钟、鼓、盘。现在多数的畲民都是从这五人出来的。

其二曰：

从前，某个贤明的国王有一个非常美丽的女儿，国王十分地溺爱她。某一天皇女突然不见了，国王十分焦急地使下臣们各处搜查，但是半个月还一点消息都没有。国王深思之后，贴出一张布告。说是有谁找到了皇女，便招他作女婿。这张布告贴出没几天，某一天黄昏时候，一只硕大的狗带皇女到宫里来。国王大为欢喜，可是，看到带皇女回来的却是一个畜生，不觉烦恼起来。但是因为他不想失信，便对狗说："皇女当然要下嫁给你了，而你又是兽类，怎么好呢？"狗听了频频摇动尾巴对王说："把我放在铜柜内七天，我可以变成漂亮的人。"王就命侍臣照办了。宫女们听说狗要变成人，觉得很奇异，但因为国王的禁令还不敢打开铜柜。到第六天夜晚，一个宫女终于打开来看了。那只狗的身体和手脚已经变成人的样子，只有头还没有变成。因为被人打开来看了，已经不能再变。国王为了履行自己的约言，不得已把皇女给它。狗和皇女就是后来畲民的始祖。[①]

犬变人形的情节不仅在苗、瑶、畲等西南少数民族盘瓠传说中存在，在其他民族流传的盘瓠传说及其异文中也普遍存在。譬如，朝鲜族就流传这样的传说：

---

① 钟敬文：《盘瓠神话的考察》，《钟敬文学术论著自选集》，首都师范大学出版社1994年版。

从前黄帝轩辕氏有一个最爱的女儿,为了选女婿而用绳作一个大鼓挂在门前,布告说:如果有人打这个大鼓使鼓声传到内庭去,便收他作女婿。某一天有了鼓声,出来一看,见是狗在打鼓。叫它再打,它又举起脚来,真的发出像皮大鼓一样的声音。只得依照约言把女儿给了它。狗伴着女子,日里是狗,夜晚就变成美少年,言语应对也和人一样。某天狗对妻子说,明晚为了要完全变做人,须得禁闭在房内。房内如果有痛苦的声音也切不可偷看。第二晚果然房内有痛苦的声音,妻子忘记戒约跑去偷看,狗已经脱去皮毛几乎是完全的人形,但是只有头上还剩有些皮毛,因为被妻子所窥,已经不能再脱了。现在的□□人是他们的后裔,所以头上留长发作标志。[①]

"盘瓠"融合了龙(蛇)与犬的两种图腾文化,远连高辛帝喾,承接商周英雄传说的精华,成为图腾、英雄和祖先三者的合体。显然,它是传说,是信仰,不是这些民族史实的复述。盘瓠传说实际上就是盘瓠部族共同体设立的社会契约,是圣经,它成为连接盘瓠部族各个支系的纽带。既然他们的祖皇履行了契约,将自己的女儿许配给了盘瓠(狗),那么作为盘瓠部族的后裔,更应该一如既往地崇拜盘瓠,并以"缠头和绑腿"、"留长发"等作标志。

二 祖先历史的口承延续

盘瓠传说不仅维持了关于族源的记忆,而且尽到了为族源信仰进行诠释(事实上所有的族源信仰都需要诠释)的义务。在盘瓠传说中,其后代试图将盘瓠由犬体变化为人形,显然,这是图腾观念淡化后方会萌生的思想。盘瓠传说中的犬变人形的情节在图腾信仰盛行的时代是不可能被编制的。

随着人类控制自然能力的逐步增强,原始图腾观必然会发生变化:人

[①] 钟敬文:《盘瓠神话的考察》,《钟敬文学术论著自选集》,首都师范大学出版社1994年版。

们已不再盲目地祀奉龙犬图腾,竟然发展到对它品头论足起来。一方面传统的图腾观以其神圣的不容怀疑的传播形式流布下来,这主要得力于祭祀仪式和民俗惯性;另一方面,龙犬又毕竟为异类,奉其为祖先,这对已成为大自然主人的瑶、苗、畲等民族来说,委实难以接受。传说中使这一矛盾得到圆满化解,它让族民们轻而易举地达至心理的平衡和满足:他们的祖先本可以成为地道的神人的,只是由于凡人不听从神犬的告诫,冒失的行为中断了神转化人的进程,祖先为犬的形象才一直延续下来。故而龙犬——盘瓠理应受到尊敬。这充分展露了古人在刚刚取得了支配自然地位之后,图腾和祖先观念上的尴尬心态。

关于犬的故事,民间极多,干宝《搜神记》有《义犬冢》条,狗对主人的忠诚曾为其赢得极高的声誉。但晚近以后,狗的形象被极度丑化。此传说在一定程度上还可抵御外族对犬祖先的鄙夷和敌视。这也诠释了何以其他以动物为图腾的民族没有刻意让动物化人并在其间穿插传说故事的原因。

以口承文本的形式来清除后人可能产生的对盘瓠始祖不敬的邪念,从而坚固全族族民祖先信仰的支柱。这既是族民们在精神生活方面睿智的凸现,也充分显示了他们利用传说来强化信仰观念的天赋。在这里,传说已不仅是对现实生活中同类习俗的观照,还是族民们信仰活动中不可或缺的口头叙事范式。这种范式在其他信仰活动中有时也被恰到好处地利用。此种口承文本有效地消解了瑶、苗、畲等族的后世族民对始祖盘瓠"出身"及长相的忧虑和失望,从而保持了对犬祖先的接受和认同。

不同族群的盘瓠传说或多或少有些差异,口耳相传的过程本身也会产生差异,但传说的基本情节是完全一致的。因为它们都释放出诠释和认同的双重功能。关于神圣祖先的历史,是不能有多种说法的,否则,因其不确定性便会导致"祖先"不断遭受质疑,传说所承受的诠释和认同功能就不可能得到落实。尽管盘瓠传说的汉文本早已被制造出来,但当地族民并不依据这些文献文本来演述传说,更何况像《过山榜》这样的文献,过去秘藏在少数个人手里,被视作是祖传下来的一件重要遗物而加以保管,不给人看。盘瓠传说在漫长的流传过程中，形成了自足的自控又自动的运动形态。而且，盘瓠传说的演述是一种集体行为，演述者的任何增删和修改都会得到及时的纠正，因为盘瓠传说早已完成了自我纠正的过程。我们现在见到的文本，也是最终定型的文本，是族民集体创造的产物，得到了祖祖辈辈的认定。故此，它具有相对的稳定性，是族民共享的关于祖先的口述史，我们似可称之为口头凝固的文本。

传说记忆并非只存在于大脑中，也外显于表演仪式中，或者说是不断重复的表演仪式让族群中人获得了连续的传说记忆。传说记忆实在就是仪式行为。我国瑶、苗、畲许多民族的先民视盘瓠为始祖，认为自己是盘瓠的后代。这种观念在这些民族祭祀盘瓠祖先的仪式中亦有反映。瑶族每年旧历十月十六日为盘王节。三年一小祭，五年一大祭。大祭之时，举寨出动，数百名瑶族男女击盘鼓跳舞，唱《盘王歌》。此外，每年正月岁旦还要举行祭盘瓠的仪式。史料记载"正月家人负狗环行炉灶三匝，然后举家男女向狗膜拜。是日就餐，必扣槽蹲地而食，以为尽礼。"[1]在《查亲信歌》中瑶族唱道："五家七姓龙犬子，同支宗祖一家亲。"长期以来，毗邻而居的茶山瑶人、壮族和汉族，都把狗肉视为美味，而盘瑶等直到如今还保留不食狗肉的禁忌。"瑶族各群体共同禁忌是吃狗肉，其故有三：（1）狗肉是族内图腾，（2）吃狗肉者死后不能升天，（3）吃了狗度戒作法时不灵。"[2]"对盘瓠的图腾崇拜，还表现在'跳盘王'的祭神仪式上。解放前在未婚青年男女协助巫师娱神祀祖的歌舞表演中，人们要穿上有狗尾巴的花衣，甚至伴有狗的种种模拟动作，以祈求图腾物保佑民族人丁兴旺。"[3]畲族过去也有祭盘瓠的仪式，每三年一祭，祭祀仪式上悬挂画有盘瓠犬形象的"祖图"，供"狗头杖"，参加祭典仪式的人戴狗头狗尾帽，唱"狗皇歌"。苗族祭盘瓠的历史也有千余年之久，据汉文史料记载，唐代苗族就盛行盘瓠

① 刘锡蕃：《岭表纪蛮》。
② 李远龙：《广西防城港市的族群认同（上）》，《广西民族学院学报》（哲学社会科学版）1999年第1期。
③ 蓝翔、张呈富、窦昌荣：《华夏民俗博览》，陕西人民出版社1991年版。

祭,历经宋、元、明代,一直延续至清朝。视犬为他们的祖先或与他们的祖先有血缘联系,他们对犬的膜拜自然是无条件的,任何对犬不恭的想法和行为,都是对祖宗的亵渎,要受惩罚。

为了保持不食狗肉和任何对犬不恭的想法和行为这类文化符号的神圣性及神秘性,人们让它附会在一个"真实可信"的传说之上,并成为口述史世代传播下来。传说诠释了禁忌的起源,并纳入了深入人心的祖先崇拜的意识。这样,已具威慑力和权威性的传说便成为族群内成员相互(主要是年长的对年轻的)训诫的宗教式话语。超越了祖先崇拜辐射的区域,这话语便不起作用。甚至还有这样的情况,尽管族群成员的理性与智慧的程度足以使他们认识到触犯禁忌(吃狗肉)绝不会招致事实上的惩罚,但他们对祖先生而有之的情感及敬畏也足以使他们负担不起亵渎祖先的罪名。如果说禁忌本身带有宗教性,那么,其与祖先的附和则肯定使这种宗教意味得以强化。将禁忌的动因置于祖先身上,从而使传说成为族源史并获得巨大的成功,这是长期以来族群成员集体智慧和愿望的结晶。

三 口传记忆的认同功能

盘瓠传说所构拟的祖先的"历史",属于美国人类学者凯斯(Charles F.Keyes)指称的"民间历史"(folk histories),即韦伯所谓的"共同记忆"(shared memories)的一部分。这一特定的民间历史显然是由认同的需要设定的。凯斯认为,文化认同本身并不是被动地一代一代传下来的或者以某种看不见的神秘的方式传布的,事实上是主动地、故意地传播出去的,并以文化表达方式不断加以确认(constantly revalidated in cultural expressions)[1]。在这里,祖先的历史并不要求局外人看中的所谓的"客观与真实",重要的是形成了源远流长的社会记忆。在瑶、苗、畲这些族

---

① 乔健:《族群关系与文化咨询》,周星、王铭铭:《社会文化人类学讲演集》,天津人民出版社1997年版。

群内人的意识中，这段构拟的历史是值得崇信的，并一代一代深深地镌刻在族民们的脑海中，在对祖先共同的追忆中延续着族群的认同。

20世纪下半叶，族群认同理论出现了根基论观点（即原生论，Primordialisms），主要代表人物有希尔斯（Edward Shills）、菲什曼（fishmasn）、格尔兹（Cliford Geertz）等人。根基论认为，族群认同主要来自天赋或根基性的亲属情感联系。对族群成员而言，原生性的纽带和情感是与生俱来的、根深蒂固的。最能够激发这种根基性亲属情感和先祖意识的莫过于族群起源（ethnogenesis）的传说，这种传说让族内人在对祖先共同的依恋中构成了强烈的集体意识。族群认同是以族源认同为基础的，是以对相同族源的认定为前提的。族源是维系族群成员相互认同的"天赋的联结"（primordial bonds）。"祖先崇拜被解释为一种政治制度，通过向宗族成员灌输有关意识而获得社会整合与团结的效果。"①瑶、畲、苗等族群组织一直强调共同的继嗣和与盘瓠的血缘关系，有了共同的祖先、历史和文化渊源，便容易形成凝聚力强的群体。耐人寻味的是，瑶、畲、苗等族群生活之地，绝大多数村寨并没有共同的祭祀盘瓠的神庙，都在各家堂屋内供奉一个盘王神位。据说，这与他们原本为游耕民族有关。于是，祭祀盘瓠的集体活动主要就是口承传说的流传。通过盘瓠传说的演述，瑶、畲、苗等族民众坚守着自己是盘瓠子孙的信念。在瑶族内部，《过山榜》声称十二姓瑶人本是一家，"正是树开千枝，如木皆本乎根，如水之分家，万派本乎源"。②这对不同支派不同姓氏的瑶人保持共同的族群认同有莫大的帮助。盘瓠传说在回答"我是谁"、"我从哪来"等本原问题的时候，也充分展示了其在凝聚族群认同及维持族群边界中的重要功能。有趣的是，西南少数民族的族源认同的功能也得到弗雷德里克·巴斯（Fredrik Bath）的关注，他在《族群与边界》（Ethnic Groups and Boundaries）一书的序言中说："瑶族是位于中国南部边区的许多山区民

---

① 金光亿：《文化与政治》，周星，王铭铭：《社会文化人类学讲演集》，天津人民出版社1997年版。
② 黄钰：《评皇券牒集编》，广西人民出版社1990年版。

族中的一个。……认同和识别在复杂的仪式用语中表达出来,尤其明显地包含在祖先崇拜中。"①

不仅如此,传说还为这些族群的祖先——盘瓠构拟了一段"坎坷"的带有传奇色彩的经历。传奇性是民间传说在艺术上最突出的一个特点,能使作品产生一系列悬念,以层出不穷的期待来激发听众的好奇心。盘瓠传说以曲折离奇、变幻莫测的故事情节,唤起人们去猜测在一件事结束之后将会有什么新的事件和人物出现,引起人们的期待之情。然而,偶然、巧合的情节又不断地使事情的发展产生各种使人难以意料的波折,出现种种复杂的纠葛。在这一系列的变化中,人们的好奇心时而被激起,时而得到满足,不断引起人们的兴趣,把听众的心牢牢地扣住。这正是盘瓠传说能为代代族民既可"传",又能"说"的主要原因。仅仅标榜盘瓠为自己族群的祖先或提供某种祖先意象是远远不够的,民间口述史的话语形式拒绝刻板的记录,必须要有引人入胜的翔实说明即历史事件,因为后代族人会不断地追问。于是,传说的叙事魅力正好满足了人们探询的欲望并一代一代流传了下来。"任何事物都不能从人类文化中彻底消除记忆存储和口传传统。除非人类丧失听说能力,否则,书写文本或印刷文本不可能取代口传传统。"②而每一次演述传说,都使这一共同的记忆得以强化,传说圈内的族民在社会化过程中,逐渐地便获得了他们所出生的族群的历史和渊源。这个族群的历史和文化将会控塑他们的族群认同意识。

演述传说的主体是老年人,他们最拥有建构和传播本族群历史的话语权力和权威。在这共同记忆的情境之中,"祖先"、"族源"和"老人"等观念有着举足轻重的认同功能。"因为老人是作为'久远的话语和习俗'的传递者,经由他们的经验,'历史'也蕴含着'传承'与'改变'并存的性质。换言之,他们所认为的历史是具有政治的权威与权力的过去事物,而愈是久远的历史则愈具有权威与权力。但这种权威与权力的基础,则来自其文

---

① 弗雷德里克·巴斯著,高崇译:《族群与边界·序言》,《广西民族学院学报》(哲学社会科学版)1999年第1期。

② 爱德华·希尔斯著,傅铿、吕乐译:《论传统》,上海人民出版社1991年版。

化上对于祖先、起源、老人等概念所赋予的价值。"①老年人是以见证人的身份叙述祖先历史的,他们用第一人称的口吻叙述事情发展的经过,绘声绘色,手舞足蹈,似乎说的就是历史本身,说话本身就是历史,俨然就是祖先历史的重现。与其说老年人是在演述,不如说是在主持追念祖先、强化族群记忆和"族别维护"(boundary maintenance)的仪式。

为什么以狗作为始祖,而不以其他动物或植物作为始祖呢?《盘村瑶族》一书是这样解释的:"盘瑶世世代代居住在深山里,人烟稀少,野兽经常出没,不论出猎、采集,还是在家,都需要狗的保护。狗能保护他们的生命安全,也能保障他们取得食物——兽肉、野生植物。在实际生活中,狗是他们的保护者。"②或许正是在对狗顶礼膜拜、不食狗肉这一点上,当地人发现了与周边的差异,于是构建出关于狗的传说,并使之与祖先联结起来,成为族群共同记忆。传说和狗肉的食用禁忌是指示或指明族群成员身份的显性要素,成为族群中人认定或表达自己身份的重要方式,即族群象征(symbolic ethnicity),或称为族界表识(ethnic boundary markers);两者共同使一族群与另一族群判然有别。这些不食狗肉的族群认定盘瓠是他们各自的祖先,他们皆归属于远古的盘瓠部族,遗留着"缠头和绑腿"、"头上留长发"和不食狗肉等独特的族群文化表征,而且,文化表征又最容易为族外人所注意和认可。可以说,传说是族群在认同过程中找到的最佳的文化表现方式之一,它最大的作用就是支持对于族群的认知。不食狗肉的习俗是一个外显的极易辨认的文化符号,它使得传说有了坚实的现实生活基础,拉近了祖先传说与现实生活之间的距离。

传说和习俗的关系是互动的,它们互相印证,构成了一个有机的统一体,为族群的自我认同提供了基础,诸如归属感、表达记忆的口承文本、认同共同的祖先和一致的禁忌习俗等等。"如果我们将ethnic group的识别纳入到'民族共同体'这一范畴,我们也就找到了'族群认同'的最基本要素或基础,而其他要素只是基于这一基础来强化和表现其外在特征的成

---

① 黄应贵:《时间、历史与记忆》,《广西民族学院学报》(哲学社会科学版)2002年第3期。
② 胡起望,范宏贵:《盘村瑶族》,民族出版社1983年版。

分。"①"民族共同体"的构成"必须同时具有并表现出四种特征：（1）相信他们惟一归属；（2）相信他们有共同的血统；（3）相信他们的文化独特性；（4）外人根据上述条件（不论真假）看待该聚集体及其成员。因此，除非这四个条件同时具备，并且对成员或非成员都有效，否则就不能把一个集体或聚集体称为'民族'（ethnic），'民族性'的概念也不适用于该集体或聚集体及其成员。"②盘瓠传说及其所宣扬的习俗恰恰满足了上述四个方面的要求，为"民族共同体"的形成和维护起到了其他文化形态难于胜任的作用；它是瑶、畲、苗等族群对他们之所以共享裔脉（share descent）的理解或文化阐释，而这，恰恰是维系族群的意识系结（ideological knot）。

（原载《广西民族大学学报》（哲学社会科学版）2004年第1期）

---

① 郝时远：《对西方学界有关族群释义的辨析》，《广西民族学院学报》（哲学社会科学版），2002年第4期。

② M·G·史密斯：《美国的民族团结和民族性——哈佛的观点》，《民族译丛》1983年第6期。

神话传说与族群认同

——以五溪地区苗族盘瓠信仰为例

明跃玲

近年，尽管族群的概念有许多争论，用族群及族群理论进行民族学社会学研究的还是很多，如骆伟的《岭南族群与谱牒探研》、刘朝晖的《乡村社会的民间信仰与族群互动：来自田野的调查与思考》等。[1]这些研究主要是从券碟、族谱以及民间信仰等方面论述族群认同。本文试以五溪苗族的盘瓠神话为例，根据弗雷德里克·巴斯的族群互动的理论，探讨神话传说对族群认同的影响。

在族群的形成过程中，每个族群对自己的发源地都寄予深厚的感情，留下许多动人的传说。如在我国南方苗、瑶、畲等族群中，就流传着盘瓠的神话传说，这些传说作为族群的精神象征与文化符号广为流传反映着这些群体的族群认同。

一 苗族盘瓠神话的文本形态

在中国的苗族中，村寨民众的根基历史就是千百年来一直流传着的"奶夔爸狗"的故事，即辛女和盘瓠的神话传说，他们认为自己是"奶夔爸狗"的后裔，在谈到村寨来源时几乎都用这个故事。如《狗父神母》、《神犬翼洛》，还有一则《姑娘嫁盘瓠》的神话是这样说的：从前，某人的女儿养

---

① 罗柳宁：《族群研究综述》，《西南民族大学学报》（人文社科版），2002 年第 4 期。

着一条狗，挺喜爱它，带它同吃同睡，结果生了一男一女，某人感到难堪，叫女儿一家乘船远走高飞。船漂到辉州，女儿一家住了下来，狗经常进山捕鸟猎兽给全家吃。孩子长大后，带狗去打猎，狗老得跑不动，孩子就打死了它。母亲知道后很伤心，才告诉儿女那狗是他们的父亲。他们后来婚配，繁生出了苗族。

这个神话虽有后人加工的成分，但大致保存了原始的风貌。人与兽结婚生人，在创始这种神话的人们看来，不足为奇。因为他们的意识中，物与人区别还不大，图腾的影响占主导地位。当他们能逐渐把人与物区分开来时，图腾影响日渐减少，人兽婚就过于荒诞了。因此他们予以改编，将狗从普通之物提升为奇异之物。这样，便有了在五溪地区的苗族中，流传的《辛女与盘瓠》的传说。这里的五溪地区是指"今湖南沅陵以西沅水主干的五条支流，即酉水、武水、沅水、巫水流域"①也就是史书上所称的"五溪蛮"居住地。五溪地区长期以来一直是巴人、苗人、僚人三大族群共居之地，由于汉族史官对当地蛮族一时区分不了，就统称为"五溪蛮"。五溪地区苗族的盘瓠神话与南方其他苗族不一样，其故事情节如下：1.盘瓠是由顶虫而变的神犬。2.高辛王欲杀犬戎，盘瓠请战，衔敌首而归，高辛王许以辛女。3.盘瓠建功后与辛女成婚，扎入深山密林，难觅踪迹。4.盘瓠与辛女生了六男六女。5.儿子们以犬父为羞，将父亲打死在山沟，只有辛女永久思念。

显然这二则神话传说都属于次生神话，是由原生态的犬祖神话演变而来，都来源于晋干宝的《搜神记》及南北朝时范晔的《后汉书·南蛮传》，但在盘瓠出生与盘瓠的作用这两个情节中有所不同。前者认为盘瓠是义犬，属有用型，后者认为盘瓠是神犬，属有功型。他们互为异文的原因是因为前者源于干宝的《搜神记》单行本，后者源于丛书本，然而更主要的原因是神话传说是一种历史记忆，历史记忆不仅仅是时间、事件的堆积，它只有通过情节化的叙述才能变成历史，从这个角度来说，叙述历史事件的神话传

① 彭武一：《湘西溪州铜柱与土家族历史源流》，中央民族学院出版社1981年版。

说又是一种口承文本，每一次讲述都有讲述人的创造与幻想，它不可能等同于历史，那些把盘瓠神话与苗族历史视为一体认为是对少数民族的羞辱的说法是幼稚的。传说中的创造与幻想反映了历史记忆"遗忘"与"记忆"的重要特征，它与真实的历史必然有一定距离，更何况口耳相传的过程本身也会有差异。不过重要的不是盘瓠传说所反映的历史的真实性，而是无论怎样遗忘，怎样创造，它的犬生人这一基本母题是完全一致的，它释放出的诠释和认同功能已作为一种共同记忆深深地印在五溪苗族民众的心中，诠释着祖先崇拜的渊源，凝聚着苗族的族群认同。

二　五溪苗族盘瓠神话的演变

每一个族群对自己的来源都有共同的记忆，这种共同记忆具有凝聚族内人，区分族外人的重要意义。五溪苗族与南方其他地区的苗族一样，有共同的历史记忆，拥有盘瓠这一共同的神话传说，共同信奉盘瓠祖先。所不同的是，它与周边的瑶、畲等族群"杂处五溪之内"，共同信奉盘瓠祖先，在多方杂处的族群边缘中不断地与周边族群实现文化的交融与汇通，因此，其文化呈现多元混合态势。他们为了避免被周边民族所同化，只有在盘瓠神话中吸纳主流文化楚汉文化的因素，使传说内容更丰富，形式更多样化，从而固守盘瓠神话这个族群认同的标志。

春秋战国以后，随着楚国的覆灭，楚民族相当一部分逐渐被汉族所征服并融化，而逃亡武陵山区的苗蛮诸部族，特别是"唯聚居在五溪的苗族，因山势高峻，交通闭塞及对楚文化深深的眷恋，仍较好地保留大量楚国文化遗风，尤其在原始信仰的巫风方面"。①他们认为日月星辰，山川草木俱有灵异，因此一举一动都需探知神意，取得神灵许可，大至邦国政事，小至生疮长疖，都要祈求神鬼，并且鬼神不分，所谓"三十六堂神，七十二堂鬼"。无论媚神或驱神都由巫师主持，所以巫风巫舞盛行神话传说之所以

① 陆群：《民间思想的村落》，贵州人民出版社 2000 年版。

神秘，是因为"在任何时候，神话都是巫术的保状，是巫术团体的谱系，是巫术权利（说它为真实可靠的权利）的大宪章。"①五溪苗族的盘瓠神话与周边群族不同的原因，就是因为它浸染了楚国的巫风巫舞，他们祭祀盘瓠的跳香会，即是神话传说的延续，也是一曲具有楚巫色彩的祭祀歌舞。首先要举行安坛仪式，选择吉日请所祭之神天皇大帝下凡。巫师身着血色法衣，手持法刀法剑，歌舞礼神，"与《东皇太一》中'吉日兮良辰，穆将愉兮上皇'的气氛非常相似。"②在大旋场一曲中，巫师讲述了天地产生，人类繁衍，跳香古根后便开始独舞。在由十五张大方桌垒成的祭台上，巫师一边口吹牛角，一边单脚独立用脚后跟在一块茶枯饼上有节奏地旋转，枯饼转通的那一瞬间众人欢腾，巫师也在非常鲜活的想象中进入迷狂状态，手舞足蹈地媚神、降神。这偃塞、雄强与婀娜交织的舞蹈使人想起《九歌》中"驾龙舟兮乘雷，载云旗兮委蛇"的场面。

　　五溪苗族的盘瓠神话不仅受楚汉文化的巫文化影响，楚国丰富的文化底蕴也深深地浸润到这片神奇的土地。楚汉文化中与神秘巫风相联的便是浪漫奔放的诗风，春秋战国以来屈原、刘禹锡、王昌龄等诗人曾被贬官来到五溪，不仅在沅水留下屈望村的地名，还留下《九歌》、《涉江》、《竹枝词》、《卢溪别人》等潇洒飘逸的诗篇。这些文人骚客中丰富的文化底蕴影响着五溪苗族，他们把从楚汉文化传承的浪漫风格倾泻在神话传说中，用自己的奇妙想象演绎着盘瓠神话，给盘瓠构拟了一段带有传奇色彩的经历。南方其他少数民族的盘瓠神话一般只提到盘瓠之死，而五溪苗族的神话却讲述了盘瓠之死的奇特过程，并留下一连串的地名。据说盘瓠的六个儿子从水牛口中得知盘瓠是自己的父亲后，感到羞愤，要杀掉父亲。他们把盘瓠引到一个小山冲，一路追杀。辛女听到这一消息后哭得死去活来，抱住盘瓠的尸体不放。六个儿子从辛女手中抢过盘瓠，将其抛向江心。辛女见不到盘瓠踪影，只有站在溪边久久伫立，化为岩石。后人将辛女停留的地方叫辛女村，辛女寻夫的溪叫辛女溪，辛女抱尸的滩头叫娘抱滩，辛女伫立的

---

① 马凌诺斯基：《巫术、科学、宗教与神话》，中国民间文艺出版社1986年版。

② 林河：《古傩寻踪》，湖南美术出版社1997年版。

地方叫辛女岩。这些地名都在《辰阳风土记》及明代泸溪的《县志》中有记载，历经无数朝代，依然不变。这就是现在李家田的辛女溪村，上堡的辛女桥、辛女岩、辛女坪、黄狗坨、达岚的狗老坡寨等。如今从辛女岩顺沅水北行，两岸石壁林立，在石壁洞隙间，可看见辛女在盘瓠死后回宫时护送她的白龙化成的白龙岩的，用过的床机化为的床机岩，乘坐的沉香船化为的石壁仙舟。这些遗迹除石壁仙舟毁于民国时期国民党士兵的枪战中外，其余还历历在目，可谓"事事有具，言不虚发"①。

五溪苗族的盘瓠神话不仅外显于相关的地名遗迹中，而且还保存在当地的文人诗里。正如钟敬文所说："世界上许多开化比较早的民族，他们的原始神话、传说的保存，除靠史学家、宗教家等以外，主要是诗人、文士、美术家的功劳。"②五溪苗族不属于开化比较早的民族，但由于受主流文化楚汉文化潇洒飘逸的诗风所影响，其盘瓠神话又以文人诗的形式保留至今。在沅水苗族中，最早记录盘瓠神话的不是史料，而是明朝永乐元年泸溪县令王珩的诗《辛女朝云》，它描绘了耸立在沅水东岸辛女岩的景色。其他有关盘瓠神话的地名白龙岩、沉香船、石壁仙舟等也留在当地的文人诗里，一并载入清代李涌主编的《泸溪县志》中。

正是因为文人诗的记载，使五溪苗族的盘瓠神话事件化、事实化，并有了"凭照"式的依据，以圣言的形式固定下来。也正是因为文人诗的形象描写，人们在牢固的记忆中对盘瓠神话产生了无限想象的空间，每一次想象都有一种新的体验，新的满足，从而坚定了自己是盘瓠子孙的信念。由于受神秘巫风及浪漫奔放的楚汉文化影响，五溪苗族的盘瓠神话展开了想象的翅膀，增加了历史叙事的情节性和传奇色彩，使得传说内容更丰富，更具模仿性和权威性。那些有关盘瓠神话的遗迹及文人诗，又以眼前实物的形式时刻唤起人们的记忆，从而强化了五溪苗族的族群认同。

---

① 林河：《古傩寻踪》，湖南美术出版社1997年版。

② 钟敬文：《论民族志在古典神话研究上的作用》，《钟敬文民间文学论集》，上海人民出版社1982年。

三　五溪苗族盘瓠神话的族群认同功能

本文之所以用族群理论讨论五溪苗族的盘瓠神话，是因为族群（ethnic groups）专指共处于同一社会体系中以语言和文化认同为特征的群体，强调的是社会群体的文化特征。而民族（nation）则具有民族国家的意味，突出其政治含义。正如徐杰舜先生所说："族群强调的是文化性，而民族强调的是政治性。"①五溪苗族在与周边族群互动与交融中，在根基性的情感纽带中具有苗族的认同意识，又在语言、服饰等客观文化特征中，与主流文化汉族有认同意识，是一群不能仅仅用"苗族"来理解的多元文化群体。当然无论哪一种认同，都是建立在宗教、语言、服饰等文化特征的层面上。五溪苗族这一在宗教、语言、服饰等文化特征中有共同意识的群体正符合周大鸣"我国的少数民族和汉族中的不同支系，皆可称为族群"②的观点。因此从文化性、学术性的角度看，本文用族群这一概念比用民族更确切。族群认同指族群身份的确认，是"社会成员对自己族群归属的认知和感情依附"③。当然，现今的族群定义已不同于传统意义的相互排斥、相互歧视的团体，族群间的各成员在其族群边界中需要交流与互动，族群认同意识也是在族群间互动的基础上发展起来的。所以尽管族群边界的维持取决于文化特质的维持，但语言、服饰等文化因素因互动而存在着渗透与变异，使得族群边界表现出相当的开放性。族群认同就是建立在发展开放的文化认同的基础上。本文所考察的五溪苗族尽管与南方其他地区的苗族一样都信仰盘瓠，以盘瓠为祖先，但在与周边族群的交流中，为了避免被同化，只有通过不同的盘瓠神话形态，发展自己的文化特征，以强化其族群意识。

文化特征是重要的族群边界，也是维持族群边界的重要因素。尽管在族群互动中，这些文化特征会变化，甚至是新制造的，但仍然是原文化的

---

① 徐杰舜：《论族群与民族》，《民族研究》2002 年第 1 期。
② 周大鸣：《论族群与族群关系》，《广西民族学院学报》2001 年第 3 期。
③ 王希恩：《民族认同与民族意识》，《民族研究》1995 年第 6 期。

继承。服饰作为族群文化内涵的显要符号和标志，是族群中人认定或表达自己身份的重要方式。南方其他地区苗族从盘瓠神话"好五色衣"中衍生出色彩绚丽的服饰标志，而五溪苗族却在此基础上发展自己的服饰。他们在与周边族群互动交融的同时，还与楚国灭亡以后流散在五溪流域的楚汉文化交流，在长期的整合中，衣袖、裤腿上色彩斑斓的绣花已变为简洁的滚边；层层褶叠、娥冠高耸的花帕变成随意挽在头上的绣有黑色卍字花纹的粗布白头帕；银光闪闪的首饰只留有耳环与手镯。只有在出嫁、过节、走亲戚时，才穿上鲜艳夺目的红衣裳。这样既保持了族群成员敬奉盘瓠祖先这一共同记忆，又显示出与南方其他苗族不同的文化形态。

与服饰一样，语言也是族群成员自我认同的显要因素。它是传递文化的主要机制，在某种程度上是以符号的形式象征族群性，因此可称得上是维系族群认同的基础。五溪苗族的语言与其他信奉盘瓠神话的各群族一样，属于汉藏语系的苗瑶语族，都具有"言语侏离"的特点。为了在同一信仰的族群边界中维护自己的族群意识，在与楚汉文化的交融整合中，五溪苗族的语言呈现出自己的特色，他们操着一种"诘屈聱牙"的瓦乡话，不仅外人不知晓，就是同一地区不同流域的苗族也不知晓，以至于现今的语言研究专家中国社科院的王辅世、湖南师范大学的鲍厚星两先生都认为瓦乡话属于汉语的一种方言①。这是因为春秋以来，由于楚国的灭亡汉族人口沿五溪流域大量迁入，五溪苗族的语言在与不同文化的交融与聚合的态势中呈现出这种异源聚合的发展趋势。在这种强大的外来文化夹缝中生存的五溪苗族，凭借着"诘屈聱牙"的瓦乡话这种独特的语言，显示出既要不被楚汉文化所同化，又要与信仰同一祖先的南方其他地区的苗族有区别的独特的文化表征，在复杂的族群边界中固守着族群认同。

尽管由于族群间成员的互动与交流，出现一定的文化差异，但是"我们基本上着眼于这么一个事实：族群是其成员们自我归属和认同的范畴"②。在现代族群意识中，族群认同往往表现为主观认同，需要不断地

---

① 杨蔚：《沅陵乡话研究》，湖南教育出版社 1999 年版。
② 王希恩：《民族认同与民族意识》，《民族研究》1995 年第 6 期。

表述和证实。我们既然"把族群视为'文化群体',那么各族群的宗教信仰也就与语言等一样,可以被看作是族群的文化特征之一。"[①]五溪苗族的族群认同不仅直接以神话传说的形式及文化表征来表现,而且还经常在宗教仪式及生活习俗中展演盘瓠神话,通过宗教仪式及生活习俗这个群体成员共享的文化符号,有效地把个体与群体联系起来,使得神话传说有了坚实的生活基础,达到维护族群边界,巩固族群认同的目的。五溪苗族与南方其他地区的苗族一样,具有共同的宗教信仰,崇拜盘瓠这一共同祖先。他们尽管共享同一宗教信仰,但展演盘瓠信仰的方式却不同。南方其他地区的苗族在其神话的影响下以椎牛、椎猪的方式祭祀盘瓠。椎牛由苗巫把牛系在神柱上,牛被刺倒后正式祭神,然后众人各饮牛血,谓之"吃牯脏"。椎猪多为族祭或家祭,族人或家人于屋中摆上供品,默默祷告就行。受本族奇特而神秘的盘瓠神话影响,五溪苗族便以跳香、划龙舟的方式祭祀盘瓠和辛女。据《辰阳风土记》及清代陆次云的《峒溪纤志》载,明朝时五溪苗族就盛行这些祭祀盘瓠和辛女的仪式,沅水流域的上堡乡侯家村人说,每年农历七月二十五,他们便在辛女岩顶上的盘瓠庙前跳香,祭祀辛女娘娘,周围沅陵、辰溪的人也来,很热闹。他们"云集于庙,扶老携幼,环宿庙旁凡五日。祀以牛豕酒醆,椎鼓踏歌欢饮而还"[②]。《峒溪纤志》还描述了跳香的具体仪式,"揉鱼肉于木槽,扣槽群号以为礼"。"群号"的原因是"自云狗种,欲祖先闻其声而为之垂庇也。"仪式由巫师主持,请神敬神以后,在跳香殿前众人围着巫师翩跹起舞。整个仪式既充满神秘的巫风,又有欢快场面,完全保留了苗族先民人神共乐的遗风,具有群聚性与狂欢性。其目的是"表示族员与图腾有同一性质,彼此有亲缘关系","使氏族的'神话过去'复活在氏族成员的精神中,使之振奋起为生存所必需的集团意识——社会意识"[③]。如今盘瓠庙、辛女祠已夷为断壁残垣,但跳香祭祖的仪式仍延续着,盘瓠辛女的传说仍流传不衰。

---

① 马戎:《民族社会学:社会学的族群问题研究》,北京大学出版社 2004 年版。
② (明)无名氏:《辰阳风土记》。
③ 钟敬文:《盘瓠神话的考察》,《钟敬文民间文学论集》,上海人民出版社 1998 年版。

为了强化"神话过去",五溪两岸的苗族还以划龙舟的仪式祭盘瓠。据沅陵苗族说,盘瓠被六个儿子打死抛到溪沟,辛女便和女儿们每人驾了一只独木舟,满江寻找盘瓠尸体。划龙舟就是为了寻找盘瓠祖灵。如今划龙舟成了他们的一种祭祖节日,每年的五月初一,族长便带领族人到沅江河畔盘王庙前,摆刀头牙盘,燃纸钱圣香,祭酒献茶各三杯,并唱起《接龙歌》:"且艄停来慢艄停,慢慢艄停将歌论,别人划船端阳节,船溪(村)划船有根本。盘瓠原居辰州府,辰州府内有家门(亲属),庙堂设在木棺上,赫赫威灵多显神……"唱完歌后,将一对龙头从庙里抬出,全村人敲锣打鼓放炮竹送上船,装成龙舟推下水,再邀兄弟船只参加祭祖赛舟,龙船划至十一日才上岸。清洗龙船后,还要举行送神仪式,将一对龙首送回盘瓠庙内,愿盘瓠保佑人畜平安。

五溪苗族不仅像南方其他苗族一样为了表示对盘瓠的崇拜,把不食狗肉当作一种禁忌,而且爱狗敬狗,把祖先崇拜的信念渗透到日常生活中,从而经常强调共同的历史与渊源,以控塑人们的族群认同意识。他们家家养狗,狗已成他们生活中不可缺少的一部分。每家饲养的狗,任何人不许随意打骂,逢年过节或举办红白喜事,主人必以丰富的肉饭给狗饱吃一顿。这种习俗今日仍存。在泸溪达岚岩门村的先冲寨中,全寨二十多户人家,无论大小男性都喜欢以狗取名,就是做了父亲或爷爷,人们叫起名字来,仍是什么"亮狗、六狗、焕狗"的,老人说,他们祖先摇庄到此是黄狗领的路,住下后添子发孙,兴旺起来了,以后儿孙取狗名表示吉利。狗不仅与苗族人的生活息息相关,而且还是一种神灵,时刻庇护着人们。在天旱无雨时,他们抬狗求雨。前面是两人抬着穿上衣裤的狗,后面是手捧高香、头戴杨柳野藤蔽日的人群,他们在烈日炎炎中鸣锣击鼓。若落大雨,便杀猪祭之。五溪苗族对盘瓠的信仰便在生活习俗中表现出来。所以说神话传说诠释了生活习俗的来源,生活习俗又使"已具威慑力和权威性的传说成为族群内成员相互(主要是年长的对年轻的)训诫的宗教话语"[1],从而不断地强化着族

---

[1] 万建中:《传说记忆与族群认同》,《广西民族学院学报》(哲学社会科学版),2004年第1期。

群成员的自我认同和归属意识。

　　族群认同的标志是文化特点。族群成员为了证明本族群的存在,常使用一些文化符号"使同一族群的人感到彼此是自己人"①。在族群凝聚力不断增强的过程中有关族群起源的神话传说逐渐被加工或神话,最终被固定下来,作为一个象征控塑着本族群的族群认同。杂居于周边族群的五溪苗族又以不同的传说、独特的地名以及服饰语言等显性的文化特征诠释盘瓠神话,维持着本族民众的族群意识。在族群边界的互动中,为了避免族群认同的削弱而导致被周边民族所同化,他们又通过宗教仪式及生活习俗等自我认同和归属意识,维护族群边界。他们把这种从内部构建独特文化表征的方式作为维持族群内聚力的有效手段,从而控塑着自己的族群认同。所以说神话传说带来的共同记忆对族群认同起着至关重要的作用。

　　　　　（原载《广西民族大学学报》（哲学社会科学版）2005年第3期）

---

① 雷海:《对"族群"概念的再认识》,《广西民族研究》2002年第4期。

后　记

　　扈鲁先生提议编撰《葫芦文化丛书》，是一项非常有意义的工作，不但能丰富民俗研究的内容，也能向一般读者普及葫芦文化的知识。葫芦虽然是一个常见之物，但对它的丰富内涵，它的历史，以及它在传统文化中的重要地位，不要说一般读者不明白，就是民俗学研究专家也未必十分清楚。记得季羡林先生参加了1996年在北京召开的国际葫芦文化研讨会后就说，这"对于我无疑是一次启蒙活动"，"我学得了大量有益的关于葫芦的知识"。我想对他是如此，对广大读者乃至学者们更是如此。这一次的《葫芦文化丛书》规模宏大，内容相当丰富，在一定程度上是对既往葫芦文化研究的一次检阅。

　　我负责的这卷为"研究卷"，即有关葫芦文化研究的论文，内容涉及葫芦文化历史、民俗、工艺及与神话传说、宗教信仰的关系等。就本卷而言，因为搜集到的材料十分丰富，现在选出的只有三十余篇，所以远远称不上"集成"，只能说是"选编"。比如仅以"盘瓠"为题讨论葫芦与民族信仰关系的论文，近些年就有二百余篇，其中虽不乏精辟之论，但内容重复、相似者亦不少，再加上字数所限，所以只选出几篇以作代表。与此论题相对照的是，研究者对葫芦工艺的关注甚少，所以也很少见到内容扎实不尚空谈的论文。葫芦工艺出自民间，也为社会下层所关爱。但研究者关心的常常是高大上的论题，对这种来自民间的"手艺"既不熟悉，也无心在这上面花费自己的精力。作为一个更注重葫芦工艺的研究者，我对此感到失望；同时，也希望有更多的研究者能在这方面多着些力气，使我国独特的葫芦器工艺能有一个更大的发展和提高。

孟昭连

2016年9月于天津